山东省软科学重点项目"山东省产业重大关键共性技术遴选模式研究"（项目编号：2016RZC01006）

为　山东省科学院杰出青年基金项目"区域创新体系理论与实证研究"（2015～2017年）　　　　　项目成果

山东省科学院智库专项"山东技术预见与创新评估研究"（2016～2018年）

山东省生物技术领域
发展报告

SHANDONG PROVINCE BIOTECHNOLOGY
DEVELOPMENT REPORT

李海波◎主编

胡志刚　汝绪伟　陈　娜　李　钊◎副主编

科学出版社

北　京

图书在版编目（CIP）数据

山东省生物技术领域发展报告/李海波主编. —北京：科学
出版社，2018.6
ISBN 978-7-03-057724-5

Ⅰ．①山⋯　Ⅱ．①李⋯　Ⅲ．①生物工程-研究报告-山东
Ⅳ．①Q81

中国版本图书馆CIP数据核字（2018）第115760号

责任编辑：邹　聪　朱萍萍　王勤勤 / 责任校对：邹慧卿
责任印制：张克忠 / 封面设计：有道文化
编辑部电话：010-64035853
E-mail: houjunlin@mail.sciencep.com

科 学 出 版 社 出版
北京东黄城根北街 16 号
邮政编码：100717
http://www.sciencep.com

北京画中画印刷有限公司 印刷
科学出版社发行　各地新华书店经销
*

2018年6月第　一　版　开本：720×1000　1/16
2018年6月第一次印刷　印张：19
字数：270 000
定价：98.00元
（如有印装质量问题，我社负责调换）

本书编委会

　　21世纪被称为生物技术的时代，生物技术已经成为世界各国科技和经济竞争的焦点。前三次工业革命的出现，使得人类面临空前的能源与资源危机、生态与环境危机的多重挑战，以生物技术为主导的第四次工业革命——"绿色工业革命"呼之欲出。生物技术可以解决人类社会发展面临的健康、食物、资源、环境等重大问题，被公认为当前最具潜力、发展最快的前沿技术。因此，加速生物产业和生物经济发展对未来人类实现科学发展、和谐发展、绿色发展具有重要战略意义。

　　现代生物技术最早起源于19世纪中叶的发酵和酿造技术。进入20世纪后，随着微生物学的发展，基于发酵的生物技术不断产生新的效用，其中影响最大的是青霉素的发现，开启了抗生素生产和生物制药产业的新纪元。20世纪后半叶，以细胞工程、基因工程和酶工程等前沿技术为代表的现代生物技术诞生，并被广泛应用到制造、环保、农业、食品、能源等各个生产领域。例如，在基因工程领域，通过直接操纵有机体基因组，改变细胞的遗传物质，可以改良或产生新的生物体。转基因作物诞生于20世纪90年代，科学家们通过现代分子生物技术，将生物的基因进行转移和改造，从而大大提高了作物的耐病虫害性、产量质量和营养品质。近年来，基因组编辑技术、新一代系统设计育种技术、合成生物技术和生物4D打印技术等新技术的出现，进一步增强了人类改造生物的能力，并展现出令人期待的应用前景。

　　山东省是国内较早开展现代生物工程技术研究开发和生产的省份之一，

经过 30 多年的发展，已经在生物医药、生物医学工程、生物农业、生物制造、生物育种、生物海洋、生物能源、生物环保等研究和开发方面取得了一系列的重要成果。在《山东省"十三五"战略性新兴产业发展规划》中，山东省确立了"瞄准生物技术、基因工程等前沿技术方向，大力发展生物医药、生物医学工程、生物农业、生物制造等产业，建设技术先进、产业密集、特色明显、国际化程度较高的全国重要生物产业集聚地"的发展方向，并制定了"到 2020 年，力争国家级企业技术中心达到 20 家，产值过百亿元企业达到 10 家"的发展目标。

为了实现这一目标，山东省只有立足于当前生物技术发展的科学基础和技术优势，通过跟踪国际生物技术的热点和前沿方向，并结合地区经济社会发展的战略需求，超前部署前瞻性技术研究，积极开辟新的生物产业发展方向和重点领域，才能真正落实山东省生物技术产业的创新驱动发展战略。

在这一背景下，山东省科技发展战略研究所依托山东省科学院智库专项、山东省科学院杰出青年基金和山东省软科学重点资助项目，基于多年来在产业重大关键共性技术遴选、技术预见和创新评估领域的研究经验，借助文献计量学、专利计量学先进方法和最新可视化技术，对国内外期刊论文、申请和授权专利进行了系统的分析和解读。研究于 2016 年春季立项，历时近一年半完成，最终形成了这部著作。

本书通过翔实可靠的统计数据和生动直观的知识图谱，全面展现了山东省所属科研机构取得的科技成果和成就，系统分析了山东省生物技术领域的发展态势和趋势。全书分为论文分析报告和专利分析报告两个部分，并在总论部分介绍了本书采用的研究方法和技术路线。在论文分析报告中，分别对山东省在国外 SCI 期刊和国内 CSCD 期刊上的论文表现进行了分析，统计了其学科分布、机构分布和主题分布等，并选取生物工程、生物农业、生物医学和生物遗传四个主要领域，识别其在近年来的研究热点和动态。在专利分析报告中，基于山东省在生物技术领域的专利申请和专利授权数据，对专利申请人、发明人和 IPC 分类情况进行了系统而深入的分析，绘制了山东省生物技术领域的专利地图。

项目组组长李海波负责研究总体策划和研究框架设计，胡志刚负责文献检索和数据处理，汝绪伟、陈娜和李钊负责分析解读和政策建议。大连理工大学的刘则渊教授和侯海燕教授担当项目顾问，对本书提出了很多好的建议。大连理工大学科学学与科技管理研究所的研究生任佩丽、孙太安、林歌歌、王嘉鑫等全程参与了研究项目的实施和本书初稿的撰写。

作为山东省科学院在智库建设上的一次重要尝试，本书的出版承载了山东省科技发展战略研究所和山东省科学院的殷切期望。本书的出版还要感谢院所领导的大力支持。

由于项目组成员的水平有限，书中难免存在不足之处，敬请各位同行和专家批评指正。

山东省技术预见和创新评估项目组

2018 年 4 月

C目 录
CONTENTS

第二部分　专利分析报告

第一章

总　论

第一节　生物技术的概念

一、生物技术的定义和分类

按照经济合作与发展组织（Organization for Economic Cooperation and Development，OECD）的定义，生物技术（biotechnology）是应用自然科学及工程学原理，依靠生物制剂（biological agent）的作用将物料进行加工以提供产品为社会服务的技术。生物技术起源于发酵技术，并率先出现在 19 世纪晚期的德国。20 世纪中期开始，现代生物技术出现并得到迅猛发展，以基因工程、发酵工程、细胞工程、酶工程为代表的新技术和新工艺开始大量出现，并在农业、医药、能源和环境等领域开展了广泛的应用。

按照生物技术的科学内涵，OECD 在 2004 年发布的生物技术统计框架中，将现代生物技术分为七大项，分别是：①关于 DNA/RNA 的生物技术，包括基因组学、药物基因组学、基因探针、基因工程、DNA/RNA 测序/合成/扩增、基因表达谱和反义技术的应用；②关于蛋白质和其他分子的生物技术，包括蛋白质和肽的测序/合成/工程（包括大分子激素），改进大分子药物的输送方法，蛋白质组学，蛋白质的分离和纯化、信号传导、鉴定细胞受体；③细胞培养和组织培养工程，包括细胞/组织培养、组织工程（包括组织支架和生物医学工程）、细胞融合、疫苗/免疫兴奋剂、胚胎操纵；④生物技术制作技术，包括使用生物反应器的发酵、生物处理、生物浸出、生物漂白、生物硫化、生物修复、生物过滤和植物修复；⑤基因和 RNA 载体，包括基因治疗、病毒载体；⑥生物信息学，包括基因组数据库、蛋白质序列的构建，复杂生物过程建模（包括系统生物学）；⑦纳米生物技术，包括应用纳米/微细加工的工具和工艺来构建设备，研究药物递送、诊断等方面的生物系统和应用。

按照其应用领域，生物领域也可以形象地分为红色生物技术、绿色生物技术、白色生物技术和蓝色生物技术。红色生物技术指的是生物技术在医药健康领域的应用，如利用基因重组技术等进行组织器官培养和抗生素的生成，并最终实现其在临床上的应用。绿色生物技术指的是农业生产中所使用的生物技术，包括优质作物的筛选和育种、转基因作物的设计和栽培，目标是培育出对人类和环境都友好的新作物。白色生物技术又被称为工业生物技术，是指将生物技术用于工业领域，尤其是化工领域，如可以进行或加速生物降解的新型化合物、可再生材料等。蓝色生物技术指的是生物技术在海洋领域的应用，主要是海洋和水产养殖等。

二、生物技术的发展历程

生物技术起源于酿造技术，最典型的是啤酒的工业生产。在 19 世纪晚期的德国，酿酒业对国民生产总值的贡献和钢铁一样多，对酿酒业的征税是政府收入的重要来源之一。在 19 世纪 60 年代，发展酿酒技术是众多研究机构和咨询公司追逐的热点，其中最著名的是成立于 1875 年的卡尔斯伯格研究所。它开创了纯酵母的生产工艺，为稳定、持续的啤酒生产提供了可靠的技术保障。

在第一次世界大战期间，为了解决战争期间的物资匮乏，发酵技术进入了全盛时期。分子生物学之父马克斯·德尔布吕克（Max Delbrück）种植了大量的酵母，来满足德国 60% 的动物饲料需求，而发酵产生的混合物乳酸则被用来制造当时匮乏的液压油和甘油。英国化学家哈伊姆·魏茨曼（Chaim Azriel Weizmann）用玉米淀粉的发酵来解决当时英国丙酮短缺的问题。随着食品短缺的蔓延和资源的衰退，发酵工业的潜力超过了传统的酿造工艺，"生物技术"应运而生。

1919 年，匈牙利的卡罗伊·埃赖基（Károly Ereky）最早提出了"生物技术"这个术语，用来定义将生物原材料转化为更有用的工业产品的一类技术，他也因此被称为生物技术之父。埃里克指出，生物技术可以为社会危机提供解决方案，如食品和能源短缺。这个论断在第一次世界大战之后迅速传播开来。"生物技术"这个术语开始进入德国字典，并被追求利润的商业咨询公司带到了大洋彼岸的美国。美国的埃米尔·西伯（Emil Siebel）创建了发酵技术研究所，建立了自己的"生物技术局"，专门为发酵非酒精饮料提供技术支持。

基于发酵的生物技术不断产生新的效用，其中最具戏剧性的是青霉素的发现。青霉素使用的是一种深层发酵技术。20 世纪 40 年代，青霉素被英国科学家发现，并在美国率先进行工业生产。青霉素一经问世，就被医生冠以"神药"的殊荣，大大地提高了人类的寿命，开启了世界制药工业的新纪元。

在 20 世纪 60 年代，单细胞蛋白的生产一度勾起人们对生物技术解决粮食问题的巨大期望。单细胞蛋白，也叫微生物蛋白，是用工农业废料及石油废料培养得到的微生物菌体，被认为可以解决第三世界国家的饥饿问题，可以弥补世界上发达国家和欠发达国家之间的"蛋白质鸿沟"。但是，由于公众拒绝将食品和石油联系在一起，这一试图解决世界饥饿问题的单细胞蛋白项目最终走向失败。到了 70 年代，随着石油价格的上涨，科学家又尝试反过来利用农业剩余农产品发酵用于合成燃料，为解决能源危机提供一种替代方案，但是由于技术成本过高而没有成功。

　　虽然生物技术解决粮食危机和能源危机的尝试都没有完全实现，但是生物技术显示出了广阔的应用前景和价值。随着基因工程的兴起，生物技术在20世纪后半叶迎来了真正的高潮。

　　基因工程，又称遗传工程，是现代生物技术的基础。1953年，美国科学家詹姆斯·杜威·沃森（James Dewey Watson）和英国科学家弗朗西斯·哈利·康普顿·克里克（Francis Harry Compton Crick）发现了DNA的结构，为重组DNA技术奠定了基础；1972年，美国科学家保罗·伯格（Paul Berg）首次在体外完成了两种DNA分子的重组，成了基因工程的开拓性人物。基因技术是革命性的生物技术，它给人类带来的前景令人无比期待，同时也令人恐惧。公众担忧基因工程将带来伦理问题和道德风险，就连保罗·伯格本人都写信给 *Science* 期刊，认为基因工程具有潜在的破坏性，应该暂停发展，直到其后果和影响被充分评估。但是，科学技术的突破和商业领域的热情，最终让人们站到支持基因工程的阵营中。基因工程作为生物技术的突破口，在蛋白质合成和生物制药领域不断发挥着越来越重要的商业价值。1978年，美国加利福尼亚大学（University of California）首次申请了一项关于基因的专利。该基因是一种产生人类生长激素的基因，因此开启了基因可以获得专利的法律原则。自第一份基因专利以来，人类基因组的20 000多个基因中，接近20%已经获得专利。

　　在药物治疗方面，科学家利用基因工程来合成一些简单的人类蛋白质。例如，人工合成的胰岛素可用于治疗1型糖尿病、人工合成的生长激素以及可以预防和治疗病毒性疾病的干扰素都显示出巨大的应用前景。到了1980年后，艾滋病的出现又为基因工程提供了新的潜在市场。此外，基因工程还涉足农业领域。自从1994年引进了转基因黄酮类土豆后，转基因作物的生产已经得到极大发展。目前，转基因作物已经在包括中国、美国在内的20多个国家商业化种植。美国90%以上的玉米、大豆和棉花是通过转基因种植得到的。此外，生物技术用于畜牧业也正变得越来越普遍，转基因畜牧业已经箭在弦上。

　　在21世纪，生物技术的巨大潜力正在被不断地释放出来。生物技术将在与众多领域的交叉融合中催生出更多令人期待的新兴技术和产业，攻克一个又一个世界性的人类难题。作为 21 世纪最具活力和富有朝气的高新技术，生物技术现在已成为各国发展经济必不可少的竞争热点。来自政府部门的支持已经取代生物技术本身或其经济利益，成为推动生物技术发展的最大动力。

目前，在生物技术相关领域，占据主导地位的仍是美国、日本和欧洲地区的发达国家，其中又以美国处于绝对领先地位。这些国家和地区凭借大量的研发人才储备、巨额的研发资金投入、先进的大型仪器设备，抢占了生物技术的制高点。生物技术是美国高新技术发展的核心动力之一，不仅技术发展最早、研发实力最强，而且拥有布局完整的产业链结构和强大有力的专利保护制度。世界上约有一半的生物技术公司都在美国，近一半的生物技术专利也掌握在美国手中。日本在生物技术的发展势头也很迅猛，通过在美国设立生物技术研发机构以及积极开拓欧洲和亚洲市场，日本已经成为全球仅次于美国的生物技术强国。相对于美国和日本，欧洲地区的生物技术起步较晚，大多数生物技术公司都是科技型中小企业，资本市场结构不合理，人才和技术的储备相对较弱，在一些涉及生物技术的法律法规等政策方面也不够完善，缺少相对应的激励机制。

第二节 山东省生物技术发展现状和规划

一、山东省生物技术的发展现状

山东省是国内较早开始现代生物工程技术研究开发和生产的省份之一。经过 30 多年的发展，山东省已经在生物医药、生物医学工程、生物农业、生物制造、生物育种、生物海洋、生物能源、生物环保等研究和开发方面取得了一系列的重要成果。

山东省生物资源丰富，具有发展生物技术产业的良好基础。山东省具有温润的气候和充足的光照，加上多种多样的地形地貌，孕育出丰富的动植物资源和种类。山东省境内有植物3100多种；陆栖野生脊椎动物450种，占全国陆栖野生脊椎动物种数的21%；陆栖无脊椎动物的数量占全国同类物种之首。山东省是我国重要的农产区，粮、棉、油、蔬菜、水果、肉类、水产等产量居全国前列，农产品进出口占全国农产品进出口总量的1/4，连续17年保持全国第一。山东省拥有全国1/6的海岸线，海洋生物资源极其丰富。作为农业、海洋、医药以及中药材资源大省，山东省在发展生物技术方面具有得天独厚的条件和优势。

进入21世纪以来，山东省在农林生物、生物医药、生物制造、海洋生物等领域的一大批高技术成果实现了产业化，并一直保持快速、健康的发展态势。现有省级以上生物技术研发机构近50家，布局在包括基因工程、食品发酵、中药研制和海洋生物技术等领域。根据山东省发展和改革委员会制定的《山东省生物产业发展规划（2008—2012年）》，山东省在农林生物、生物医药、生物制造等领域的主要优势表现在以下几方面。

在农林生物领域，山东省转基因抗虫棉的产业化开发居国内领先地位，脱毒甘薯、马铃薯等的产业化开发已产生巨大经济效益；利用生物技术选育的小麦、玉米等作物新品种已大面积推广；利用胚胎移植技术进行优质肉牛、波尔山羊等的良种繁育，形成了国内最大的牛胚胎移植群体；利用转基因生物技术培育林木、花卉新品种取得较大进展。针对黄河三角洲地区盐碱、干旱、瘠薄的地理环境，利用生物技术对四倍体刺槐、苜蓿、狗牙根草抗旱、耐盐碱基因转导成功，已进入田间推广。利用无花果、薄荷等植物开发生物制剂产品，技术达到国内领先水平，现已研制出高效、低毒、低残留的防治病虫害新型生物制剂。此外，山东省在水产良种引进、海水生态养殖、海洋生态修复、海洋精细化工生产、海洋生物资源养护及加工利用和深水网箱设计制造等领域的产业化一直走在全国前列。海洋天然产物的筛选提取、海洋药物的研究和产业化也取得显著成绩。

在生物医药领域，山东省一直处于全国首位，2014年全省规模以上医药企业达到741家，实现产值3831亿元。拥有鲁南制药集团股份有限公司、齐鲁制药有限公司、新华制药股份有限公司、山东先声麦得津生物制药有限公司、山东东阿阿胶集团有限责任公司、威高集团有限责任公司、山东新华医疗器械股份有限公司等一批全国知名的生物制药高新技术企业。海洋药物产业发展迅速，开发出我国第一个现代海洋药物藻酸双酯钠，海洋药物研究成果 2009 年曾获得国家技术发明一等奖。海洋生物医药是引领性、战略性新兴产业，是世界各国发展海洋经济重点培育的新动能。近年来，山东海洋生物医药以年均超过 18% 的速度增长，成为海洋经济中发展最快和潜力最大的产业之一。2016 年，山东省海洋医药增加值达 180 亿元，占全国总增加值的一半以上。

在生物制造领域，轻工食品生物技术和产业化已达到或接近国际先进水平，以玉米芯为原料制备功能糖已实现产业化，产量占全国功能糖总产量的一半以上。酶工程技术具有较高水平，纤维素酶已应用于工业化生产，无污染（生物酶）制浆新工艺已在造纸行业推广。在生物能源领域，以秸秆、玉米芯废渣、木薯等非粮食作物为原料制备燃料乙醇取得重要进展，建有国内首条万吨级纤维废渣制备燃料乙醇生产线。以棉籽油、豆油、油脚为原料生产生物柴油发展迅速，生物质能发电技术开始起步。在生物环保领域，运用全封闭生物脱臭装置治理污染走在全国前列。在造纸领域，应用生物酶液预浸催化剂低温无压蒸解反应制浆法，使逆向回用水及中段过滤处理用水利用率达 90%。

二、山东省生物技术的发展规划

山东省人民政府和有关部门一直大力支持生物技术产业的发展。在《山东省高新技术产业发展"十五"计划及 2010 年规划目标》《山东省中长期科学和技术发展规划纲要（2006—2020 年）》《山东省生物产业发展规划（2008—2012 年）》《山东省高技术产业发展"十一五"规划》《山东省战略性新兴产业发展"十二五"规划》《山东省"十三五"战略性新兴产业发展规划》等发展规划中均重点提及生物技术。不过，随着生物技术研究的进步和产业化的发展，山东省生物技术的发展重点不断发生变化。

2002 年，山东省将生物技术发展的重点放在疾病治疗剂、诊断试剂、预防药物与兽用治疗药上，其中基因重组药物集中在蛋白质、多肽、酶、激素、疫苗、细胞生长因子及单克隆抗体等。2003 年则以基因工程制药、农业生物、现代中药、海洋生物四大领域为重点，加大自主开发和引进消化吸收相结合的力度，促进生物产业的快速发展。《山东省高新技术产业发展"十五"计划及 2010 年规划目标》中对生物工程产业制定的方针是围绕基因工程、细胞工程、酶工程、发酵工程、生化工程"五大技术"研究开发，重点发展农业生物工程、生物工程创新药物、新兴轻化工及食品生物工程产业。《山东省中长期科学和技术发展规划纲要（2006—2020 年）》制定了未来山东省生物技术产业发展方向：围绕生命科学基础研究和重大生物技术研究，开展生物信息学、功能基因、蛋白质、糖生物学研究，发展细胞工程、酶工程、发酵工程、生物炼制等重大生物技术，集中突破生物催化与生物转化两大工业生物技术，重点在中医药现代化、创新药物与生物制品、资源高效利用、生物材料与特种功能性产品、生物安全关键技术与标准等领域提高研究开发水平，努力抢占生物技术制高点。

《山东省高技术产业发展"十一五"规划》中生物产业的发展重点为：①围绕农业结构的优化升级；②加快生物医药产业的发展；③扩大现代生物技术在传统中医药领域的应用；④结合轻工、食品产业的发展，以开发多功能、保健食品为重点，加快现代发酵工程技术的推广应用，提高农产品精深加工的档次和产品附加值；⑤重视高效能生物质原料的育种和种植。《山东省战略性新兴产业发展"十二五"规划》中对新医药和生物产业的发展要求是，面向健康、粮食、环境等重大需求，以新医药、生物育种、生物制造为重点，加强自主创新，推进产业化，促进产业集聚，打造生物经济强省。《山东省"十三五"战略性新兴产业发展规划》中生物产业的发展目标是，瞄准生物技术、基因工程等前沿技术方向，大力发展生物医药、生物医学工程、生物农业、生物制造等产业，建设技术先进、产业密集、特色明显、国际化程度较高的全国重要生物产业集聚地。

第三节 研究方法和技术路线

本书主要采用文献计量学和专利计量学的研究方法，通过分析 2011~2015 年山东省生物技术领域的论文产出和专利产出，统计得到其主要高产机构和高产作者，识别当前研究热点和研究前沿。

一、文献计量分析

文献计量分析指的是利用数学统计和可视化的方法，研究文献中各要素的分布结构、增长规律及关联特征的一门定量学科。文献计量学的计量对象主要是期刊或会议论文等；文献计量要素主要是文献中的结构化和非结构化信息，如标题、作者、机构、关键词、引文等；文献计量方法除了采取数学、统计和可视化的方法之外，还常常借助信息检索、特征抽取、文本分析、机器学习等计算机技术。

（一）文献计量数据来源

文献数据库是文献计量分析中不可或缺的数据来源。按照收录论文的国别，文献数据库可以分为国际论文数据库和国内论文数据库。常用的国际论文数据库包括 Web of Science、Scopus、the Engineering Index（EI）、PubMed 等；常用的国内论文数据库包括中国知网（China National Knowledge Infrastructure，CNKI）、万方数据库、维普网、中国科学引文数据库（Chinese Science Citation Database，CSCD）等。为展现山东省生物技术领域在国际和国内的论文产出情况，作者分别选取 Web of Science 和 CSCD

两个数据库作为数据来源进行分析。

Web of Science 是全球出现最早、用户最多也是最受认可的综合性引文索引数据库。常用的科学引文索引（SCI）、社会科学引文索引（SSCI）和艺术与人文科学引文索引（A&HCI）以及会议论文索引（CPCI）等，都出自 Web of Science。Web of Science 共收录了国际权威期刊 10 000 余种，覆盖了包括自然科学、工程技术、生物医药和人文社科在内的各个领域。Web of Science 是国内高校和科研机构在统计科学论文产出时最常用的国际论文检索平台。例如，科学技术部及其下属的中国科技信息研究所，每年会对我国与其他各国在 Web of Science 上的发文量、被引量进行统计和比较，并作为衡量我国科研水平和实力的重要评价指标。

CSCD 则是统计国内科技论文产出的常用数据库。它由中国科学院文献情报中心于 1989 年创建，收录我国数学、物理学、化学、天文学、地理学、生物学、农林科学、医药卫生、工程技术和环境科学等领域出版的 1200 余种科技核心期刊。2007 年，CSCD 与汤森路透（Thomson Reuters）合作，实现与 Web of Science 的跨库检索。CSCD 具有严格的选刊标准和国际化标准的数据质量。在国内科技论文评价和统计时，CSCD 受到各科研机构和国内高校科技管理部门的热烈欢迎，常被称为中国的 SCI 数据库。

在 Web of Science 的 SCI 子数据库和 CSCD 子数据库中，分别检索研究主题为"生物技术"、产出机构为"山东省"、时间跨度为 2011～2015 年的研究论文，下载得到的检索结果题录数据作为文献计量分析的数据基础。具体采用的文献检索策略如下：

首先，检索全部"生物技术"领域的研究论文。在 Web of Science 中，选择所有与"生物技术"有关的学科类别。依据《学科分类与代码》（GB/T 13745—2009）设计检索策略：SU=("Life Sciences & Biomedicine" OR "Biochemistry Molecular Biology" OR "Biodiversity & Conservation" OR "Biophysics" OR "Biotechnology Applied Microbiology" OR "Cell Biology" OR "Developmental Biology" OR "Evolutionary Biology" OR "Life Sciences Biomedicine Other Topics" OR "Marine & Freshwater Biology" OR

"Mathematical & Computational Biology" OR "Microbiology" OR "Reproductive Biology" OR "Biomedical Social Sciences" OR "Immunology" OR "Physiology" OR "Genetics & Heredity" OR "Nutrition & Dietetics" OR "Neurosciences & Neurology" OR "Plant Sciences" OR "Entomology" OR "Zoology" OR "Virology" OR "Anthropology")。

其次，检索来自山东省的研究论文。选取地址字段作为检索项，以山东省及其各地级市的名称作为检索词，设计检索式为：AD=shandong OR AD=（QINGDAO OR YANTAI OR WEIFANG OR JINAN OR JINING OR LINYI OR TAIAN OR WEIHAI OR HEZE OR ZIBO OR LIAOCHENG OR DONGYING OR QUFU OR ZAOZHUANG OR LAIWU OR RIZHAO OR DEZHOU OR BINZHOU）。使用"AD=JINAN"会导致检索结果中包含来自"暨南大学"的论文，因此利用"NOT OG=JINAN UNIVERSITY"进行排除。上述研究结果进一步与山东省143所高校的中英文进行补充检索，确保检索结果没有遗漏。

最后，将前两步的检索结果合并，并选择发表于2011～2015年的科技论文，最终得到发表于SCI子数据库中的国际论文13 638篇和发表于CSCD子数据库中的国内论文5411篇。

（二）文献计量分析方法

书中所采用的文献计量分析方法主要包括统计分析方法和可视化方法两种，其中统计分析方法主要展现文献的分布和趋势特征，而可视化方法则主要展现文献中所蕴含的结构和模式特征。

1. 统计分析方法

对文献的统计分析，主要采用数学、统计学等计量方法，研究文献情报的时空分布、数量关系、变化模式和定量规律，进而研究一个领域的主要研究方向、热点和前沿。在本书中，作者所采用的统计分析主要包括：

（1）机构分析和作者分析。利用机构分析方法，可以识别一个学科领域或其子领域的高产机构、高被引机构等，找到该机构的主要研究方向、研究成果和研究优势，找出未来发展的竞争对手或合作伙伴。利用作者分析方法，可以识别出一个学科领域及其子领域的高产作者，分析这些科研人员的主要学术贡献和学术影响，更好地进行技术预警和定向监测。

（2）学科分析和词频分析。学科分析和词频分析分别是从宏观层面、微观层面对文献中的研究主题进行统计。很多研究领域都同时属于多个领域，因此通过学科分析可以找出与该领域相关的主要学科。利用词频分析方法可以揭示一个学科领域的微观研究方向，找出研究中出现的新兴主题和热点主题。

（3）引文分析和影响力评价。科学论文的影响力通常用它的被引次数来进行测度。通过引文分析的方法，可以对论文或论文作者的被引次数进行统计，并从中找出影响力最大的论文、论文作者或机构。此外，一篇论文的被引次数多少，也代表了该论文是否处于该领域的研究热点和前沿位置，是否具有广阔的研究前景。

2. 可视化方法

利用文献可视化方法，可以挖掘某个学科领域的热点分布和结构关系，并以生动形象的科学知识图谱进行展示。常用的文献可视化工具有CiteSpace、VOSviewer、BibExcel、Pajek、UciNet 等。在本书中，作者借助莱顿大学（Leiden University）开发的 VOSviewer 可视化工具，直观地显示某科学知识领域的信息全景，识别出该科学领域中的关键文献、热点研究和前沿方向，生动地揭示该科学知识领域的知识宏观结构及发展脉络。

（1）机构或作者合作网络图谱。通过绘制机构或作者合作网络，可以清晰地展现某个学科领域的主要科研机构和科学家，以及这些机构和学者之间的合作关系、合作强度，找出具有集群效应的高产区域和集合体。此外，通过合作网络，还可以识别出处于合作网络中心的科研机构和科学家。这些科研机构或科学家处在合作网络的交叉点上，是连接整个科学共同体的关键节点。

（2）学科共现或共词网络图谱。在文献数据库中，一篇文献常常同时被归为多个不同学科。因此，可以通过学科的共现关系识别出一个研究领域所属的主要学科及其之间的关系。共词网络的构建也一样，通过关键词的共现网络，结合聚类分析和特征词抽取技术，可以找出该研究领域的研究主题分布和规模，并演示出时间维度下各研究主题的结构变化。

（3）共被引网络或文献耦合网络图谱。利用共被引分析，可以建立被引论文之间的联系，发现经常被一起引用的文献集合。通过计算文献之间的共被引强度，可以识别出文献中潜在的关联关系。文献耦合网络是共被引网络的反面，是基于施引论文在引文上的相似性来构建它们之间的联系。文献耦合分析常用来展现文献的前沿和交叉领域。

（三）研究技术路线图

本书的技术路线图如图 1-1 所示，主要是通过统计分析和可视化分析的方法，对国际和国内生物技术领域的论文数据进行解读。首先，在整理生物技术定义、分类的基础上建立文献研究分析方法和数据获取方式，构建山东省生物技术领域生物科学与技术分析的内容和标准。国内数据采用 CSCD 论文为数据源，国外数据以 SCI 论文为数据源，建立检索策略获取山东省生物科学与技术分析的研究对象。其次，通过对文献数据的发文量、产出机构、学科分类、研究主题和高被引文献的统计分析掌握山东省生物科学与技术领域发展总体现状，突出山东省生物科学与技术领域中的优势与强势学科、研究分布情况和主要研究优势领域。再次，对山东省生物技术研究的主题领域进行进一步的分析研究，获得山东省生物技术领域主题的知识图谱。通过知识图谱对生物技术重要的研究领域进行划分，以更直观、及时、全面地掌握该领域研究的主题领域信息。最后，通过统计分析与知识图谱相结合发掘出山东省生物技术领域中的优势领域与强势领域，从而通过文献数据预见山东省生物技术领域未来的发展趋势。

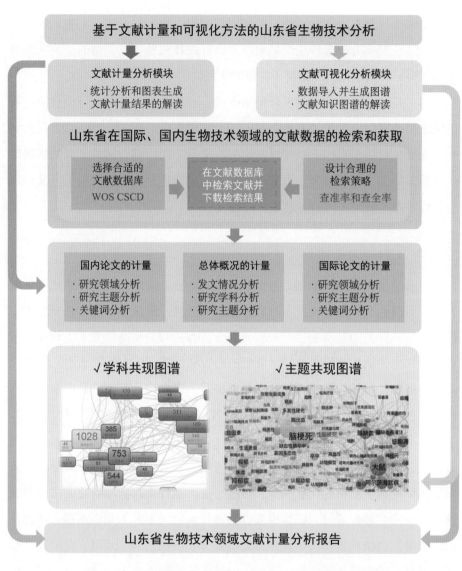

图 1-1　山东省生物技术领域文献计量分析研究技术路线图

二、专利计量分析

　　与文献计量分析类似，专利计量是将数学和统计学的方法运用于专利研究中，以探索和挖掘专利中的申请人、发明人、专利类别等计量对象的分布规律。通过对专利的计量分析，可以洞察技术或产业的发展状况，辨认竞争对手的技术活动重点和实力，判断行业的竞争态势和趋势。如果说文献计量主要分析的是一个领域的科学成果，那么专利计量则是对该领域的技术成果进行分析。

（一）专利计量数据来源

常用的专利数据库有德温特世界专利数据库（Derwent World Patents, WPI）、美国专利及商标局（United States Patent and Trademark Office，USPTO）、国家知识产权局、中国知识产权网（CNIPR）、大为专利数据库、SooPat 等。在本书中，作者使用的是中国知识产权网的 CNIPR 专利数据库。

CNIPR 专利信息服务平台（http://search.cnipr.com/）是中国专利文献法定出版单位和国家知识产权局对外专利信息服务的统一出口单位，拥有权威、完整的中国专利文献数据库，另外还提供了包括美国、日本、英国、德国、法国、加拿大、欧洲专利局（European Patent Office，EPO）、世界知识产权组织（Word Intellectual Property Organization，WIPO）、瑞士等 98 个国家和组织的专利检索。通过吸收国内外先进专利检索系统的优点，CNIPR 提供了中外专利混合检索、IPC 分类导航检索、中国专利法律状态检索、运营信息检索等信息检索。检索方式除表格检索、逻辑检索外，还提供二次检索、过滤检索、同义词检索等辅助检索手段。此外，还内置了机器翻译功能、分析和预警功能、个性化服务功能。借助 CNIPR 专利数据库，不仅可以对专利进行检索，还能分析、整理出其所蕴含的统计信息或潜在知识，并以直观、易懂的图或表等形式展现出来。

在本书中，作者采用 CNIPR 专利信息服务平台作为山东省生物技术专利检索工具，能够保证数据来源的权威性、准确性。在检索策略上，采用经济合作与发展组织关于生物技术专利的检索策略，对山东省生物技术专利进行了检索。

CNIPR 专利信息服务平台提供了对专利"所属省份"的检索项，因此很容易查到来自"山东省"的专利。但是如何确定生物技术领域的专利，则需要在保证查全率和查准率之间做出权衡。不同于论文检索时常用的关键词策略，专利检索时一般采用国际专利分类号（International Patent Classification，IPC）进行检索。IPC 分类是目前国际唯一通用的专利文献分类和检索方法，该体系根据 1971 年《国际专利分类斯特拉斯堡协定》编撰而成，广泛应用于各国专利文献的分类和检索中，按五级分为八个部（A~H），部以下又分为大类、小类、大组、小组。IPC 分类代码的设计是基于发明专利的应用领域，因此生物技术有关的专利实际分布在各个不同的类或组中，给检索带来了很大困难。

在本书中，作者借鉴 OECD 的检索方法。OECD 在 2005 年出版的 *A Framework For Biotechnology* 报告中，选取了 A01H1/00、A01H4/00、A61K38/00 等 30 个 IPC 分类代码作为生物技术的专利类别。但是，随着 IPC 分类代码版本的更新和生物技术的进一步发展，作者发现这一检索策略会漏掉大量本该属于生物技术领域的专利信息，因此在 OECD 建议的 IPC 分类号基础上，结合当前我国的实际情况进行了部分扩展，作者设计了包含了表 1-1 中列出的 39 个不同级别的 IPC 分类号的检索策略，共检索得到 2011~2015 年山东省生物技术领域的申请发明专利 75 949 件，授权发明专利 17 262 件。

表 1-1 基于 OECD 方案扩展后的生物技术领域的 IPC 分类号

	IPC 分类号	说明
生物制造	A23G	可可；可可制品，如巧克力；可可或可可制品的代用品……
	A23L	不包含在 A21D 或 A23B 至 A23J 小类中的食品、食料或非酒精饮料……
	C07G 13/00	未知结构的维生素（维生素 K1 入 C07C 50/14；泛酸入 C07C 235/12……）
	C08L 91/00	油、脂肪或蜡的组合物；其衍生的组合物
	C12P	发酵或使用酶的方法合成目标化合物或组合物……
	G01N27/327	生物化学电极〔5〕
生物医药	G01N 33/50	生物物质（如血、尿）的化学分析；生物特有的配体结合方法的测试……
	A61B	诊断；外科；鉴定（分析生物材料入 G01N，如 G01N33/48）
	A61F	可植入血管内的滤器；假体；为人体管状结构提供开口或防止其塌陷的装置……
	A61G	专门适用于病人或残疾人的运输工具、专用运输工具或起居设施……
	A61H	理疗装置，如用于寻找或刺激体内反射点的装置；人工呼吸；按摩……

续表

	IPC 分类号	说明
生物医药	A61K 38/00	含肽的医药配制品……
	A61K 39/00	含有抗原或抗体的医药配制品（免疫试验材料入 G01N 33/53）
	A61K 48/00	含有插入到活细胞中的遗传物质以治疗遗传病的医药配制品；基因治疗
	A61L	材料或消毒的一般方法或装置；空气的灭菌、消毒或除臭……
	A61M	将介质输入人体内或输到人体上的器械……
	A61N	电疗；磁疗；放射疗；超声波疗……
	A61P	化合物或药物制剂的特定治疗活性
	C07G 11/00	抗生素
	C07G 15/00	激素 C07G 17/00 其他未知结构的化合物
	C07H	糖类；及其衍生物；核苷；核苷酸；核酸……
	C07K 4/00	在未确定或仅部分确定的序列中含有最多 20 个氨基酸的肽；其衍生物〔6〕
	C07K 14/00	具有多于 20 个氨基酸的肽；促胃液素；生长激素释放抑制因子；促黑激素……
	C07K 16/00	免疫球蛋白，例如，单克隆或多克隆抗体〔6〕
	C07K 17/00	载体结合的或固定的肽（载体结合或固定的酶入 C12N 11/00）；其制备〔4〕
	C07K 19/00	混合肽〔6〕
	C12Q	包含酶或微生物的测定或检验方法……
生物农业	A01C	种植；播种；施肥……
	A01G	园艺；蔬菜、花卉、稻、果树、葡萄、啤酒花或海菜的栽培；林业；浇水……
	A01H	新植物或获得新植物的方法；通过组织培养技术的植物再生
	A01K	畜牧业；禽类、鱼类、昆虫的管理；捕鱼；饲养或养殖其他类不包含的动物……
	A01N	人体、动植物体或其局部的保存；杀虫剂，作为消毒剂作为农药或作为除草剂……
	A01P	化学化合物或制剂的杀生、害虫驱避、害虫引诱或植物生长调节活性
	C05G	分属于 C05 大类下各小类中肥料的混合物……
	C12M	酶学或微生物学装置……
	C12N	微生物或酶；其组合物……
生物环保	C05F	不包含在 C05B、C05C 小类中的有机肥料，如用废物或垃圾制成的肥料
	C02F	水、废水、污水或污泥的处理……
	C11D	洗涤剂组合物；用单一物质作为洗涤剂；皂或制皂；树脂皂；甘油的回收
	C12R	与涉及微生物之 C12C 至 C12Q 小类相关的引得表〔3〕
	C12S	使用酶或微生物以释放、分离或纯化已有化合物或组合物的方法……

（二）专利计量分析方法

专利计量学的研究对象主要是专利文本。在专利文本中，主要包含申请与授权、申请日期与授权日期、专利申请人与专利发明人、IPC 专业分类代码这些信息。在本书中，与文献计量分析类似，作者同样采用统计分析方法和可视化分析方法两种方法对山东省的生物技术专利情况进行分析。

1. 统计分析方法

统计分析又可以分为对申请专利的计量分析和授权专利的计量分析。专利申请和专利授权分别代表专利的未来潜力、既有基础。一般而言，专利权的获得，要由申请人向国家专利机关提出申请，经国家知识产权局依照法定程序审查批准后，才能取得专利权。其中，审批过程可能长达数年，因此专利申请和专利授权之间存在一定的时滞。

（1）申请专利分析。申请专利分析指用专利申请数据作为分析单元，通过统计专利申请量中出现的申请人的频次进行分析和判断。通过对 2011~2015 年生物领域内山东省各专利申请人的专利数量进行组合对比分析，可以反映出山东省专利申请的技术领域、发展水平、演变过程和发展趋势。

申请专利分析的主要计量要素包括申请人、发明人和 IPC 分类代码。一般情况下，专利发明人与专利申请人为同一人。但是，在职务发明中，申请人为发明人所在的单位。申请人在专利获得授权后就是专利权人，享有专利财产权；而发明人仅享有名誉权而不享有财产权。

IPC 分类代码是国际通用的专利文献分类方法。我国国家知识产权局对专利的分类就采用 IPC 分类体系。IPC 按部、大类、小类、大组、小组五级分类，部以下的分类会阶段性调整、增加，从而形成新的 IPC 版本。在本书中，作者将对大类、小类和组一级的申请专利 IPC 分类进行统计分析。

（2）授权专利分析。授权专利分析是对获得授权的专利进行统计分析。申请专利和授权专利的不同在于，并不是每个申请专利都能获得授权，尤其是发明专利，审查周期较长，审查过程特别严格。通俗地讲，授权专利就是几年前的申请专利，当然只包括其中质量较好而获得授权的专利。

授权专利分析也包括对申请人、发明人和 IPC 分类代码的分析。由于已经获得授权，这里的申请人其实是专利权人。对于专利权人和发明人的分析，可以探知当前的核心技术掌握在哪些科研机构、企业或高校手中。通过 IPC 分类分析，则可以知道哪些领域的专利布局最多、技术实力最强、在国内的占比最高。

2. 可视化方法

专利可视化分析，又称专利地图分析（patent map），是借由专利地图分析工具或可视化手段，将专利数据转化成图谱信息，已被广泛应用于竞争情报分析和知识产权战略制定中，为政府、科研院所或企业提供直观、及时、全面的专利信息，指导政府部门及高新技术企业与相关科研机构进行知识产权管理、专利战略布局、专利技术研发。

与统计分析相比，专利可视化作为专利分析的一种研究方法和表现形式，更生动也更直观，而且它可以对专利文献中蕴含的技术信息、经济信息、法律信息等进行深度挖掘与缜密剖析，展现出统计分析中不易察知的规律和特征。

在本书中，作者主要借助由莱顿大学开发的 VOSviewer 工具，对专利的标题进行文本分析。通过抽取标题中的主题词并计算它们之间的共现关系，可以展现专利主题词所形成的聚类网络，并展示出这些专利的主要布局和特征。

（三）研究技术路线图

通过 CNIPR 专利数据库，检索 2011～2015 年山东省生物技术领域的专利申请量和授权量。通过 IPC 分类号，确定山东省专利申请量和授权量主要集中的领域，从而确定山东省专利的强势领域和优势领域。

本书使用山东省生物领域在 CNIPR 专利数据库中申请和授权的专利数量相关数据，对山东省生物技术领域的发展总体概况及其在主要 IPC 分类中主要研究领域进行分析。首先对山东省生物技术领域的发展总体概况进行统计，通过 2011～2015 年山东生物技术领域专利申请量和授权量年代分布、历年发明专利申请量和授权量 IPC 分布、主要的专利申请人和专利发明人、山东省生物技术领域申请和授权专利的优势领域等方面进行分析。然后针对山东省生物技术领域专利授权量，利用信息可视化的方法，借助 VOSviewer，对山东省生物技术领域专利授权量进行分析，从中分析出各个方向的研究主题、研究热点、主要的申请人和授权人。

山东省专利申请量报告包括：专利申请的总趋势分析，包括山东省每年的专利申请量以及每年山东省专利申请在全国的占比、发明专利申请年代分布、历年发明专利申请量的 IPC 分布，这里主要是集中在生物领域 IPC 大类、小类和大组的专利申请量；对专利申请人进行分析，有利于政府、企业掌握主要的研发单位和个人了解主要的竞争对手，为政府投资决策和企业专利布局调整提供有价值的信息；对专利发明人的统计分析，有利于政府和企业掌握该领域的主要研究人员，为政府制定投资和奖励政策、企业发掘高层次技术人才提供依据。优势领域是通过计算山东省生物技术发明专利申请量在全国的发明专利申请总量的占比得到，分别从该领域发明申请所属的 IPC 技术领域大类、小类和大组的角度进行统计，最后对山东省生物领域申请的发明专利进行聚类分析。

山东省专利授权量报告包括：专利授权的总趋势分析，包括山东省每年的专利授权量以及每年山东省专利授权量在全国的占比、专利授权的各领域产量的分布，这里主要是集中在生物领域 IPC 大类、小类和大组的专利授权量；通过统计专利授权的申请人数量、具体各个专利授权的申请人优势 IPC 领域，统计专利授权的发明人、专利授权的优势领域和强势领域，进一步统计 IPC 小类下山东省和全国在生物领域获得专利授权量，得到各分支领域的占比情况。为了更具体地了解山东省生物领域获得授权的发明专利主要在哪些大组上具有优势，又进一步统计分析了 IPC 大组在全国的占比。最后对山东省生物领域获得授权的发明专利进行聚类分析。

专利申请量和授权量的研究流程和技术路线图如图 1-2 所示。

基于专利计量和可视化方法的山东省生物技术分析

专利计量分析模块
· 专利统计及图表生成
· 基于统计图表的解读

专利可视化分析模块
· 数据导入和专利图谱绘制
· 基于专利地图的解读

山东省生物技术领域的专利数据的检索和获取

选择合适的
专利数据库

CNIPR专利数据库

在专利数据库中
进行专利检索然
后下载检索结果

设计合理的
专利检索策略

基于OECD策略

专利申请量统计
· 专利申请人分析
· 专利发明人分析
· 专利申请类别分析

专利授权量统计
· 专利权利人分析
· 专利发明人分析
· 专利授权类别分析

IPC分类号计量
· IPC大类分析
· IPC小类分析
· IP大组分析

√全局网络

√局部网络

山东省生物技术领域专利计量分析报告

图 1-2 山东省生物技术领域专利计量分析研究技术路线图

第一部分

论文分析报告

第二章
山东省生物技术领域论文发展总体概况

作为科技产出的主要表现形式，科技论文的发表量可以作为评价山东省生物技术领域科研产出率和科研水平的重要指标。按照常用的论文统计口径，分别以 Web of Science 数据库中收录的 SCI 论文作为国际论文产出的数据来源，CSCD 论文作为国内论文产出的数据来源。

2011~2015 年，山东省生物技术领域共发表国际 SCI 论文 13 638 篇和国内 CSCD 论文 5411 篇，分别占全国总量的 7.85% 和 8.17%。在本书中，笔者将分别从国际 SCI 论文和国内 CSCD 论文两个方面，对山东省在 2011~2015 年生物技术领域的发文年份、高产机构、高被引文献、各研究子领域的热点和前沿等角度进行分析。

第一节　发文量分析

基于 Web of Science 数据库，检索并统计 2011~2015 年山东省在生物技术领域的论文产出情况，包括国际 SCI 论文产出和国内 CSCD 论文产出，绘制出各年的发文量走势，如图 2-1 所示。

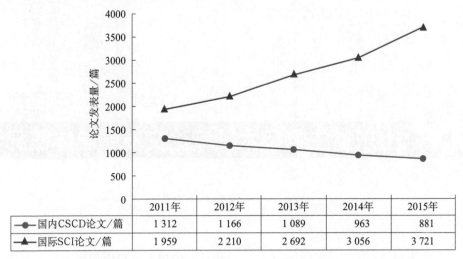

	2011年	2012年	2013年	2014年	2015年
━●━ 国内CSCD论文/篇	1 312	1 166	1 089	963	881
━▲━ 国际SCI论文/篇	1 959	2 210	2 692	3 056	3 721

图 2-1　国际 SCI 论文与国内 CSCD 论文发表量的趋势图

在 2011～2015 年，山东省生物技术领域国际 SCI 论文的发表量为 13 638 篇，发表论文数量逐年攀升，从 2011 年的 1959 篇增长到 2015 年的 3721 篇，增长了近一倍。国际 SCI 论文的年增长量高达 18%，显示出强劲的增长势头。

在 2011～2015 年，山东省在国内 CSCD 收录期刊上共发表生物技术领域的论文 5411 篇。但是，与国际 SCI 论文的增长趋势正相反，国内 CSCD 年发表论文的数量逐年下降。2011 年发表国内 CSCD 论文 1312 篇，至 2015 年下降到 881 篇，下降了近 1/3。这主要是由于当前我国科研机构的评价导向中，更看重国际期刊论文，从而导致科研人员更愿意在国际期刊上发表论文，进而减少了在国内期刊上的发文量。

为了更好地展现山东省在全国生物技术领域的地位，作者还统计了全国内地（不含港澳台地区）在生物技术领域的产出总量，并计算出山东省在全国的占比，如图 2-2 所示。

2011～2015 年，在国内 CSCD 期刊上全国共有 66 231 篇论文发表，年发文量从 2011 年的 15 954 篇逐渐下降到 2015 年的 10 950 篇。其中，山东省发表的论文量占比在 7.67%～8.49%，约占全国总量的 1/12，在波动中基本保持稳定。

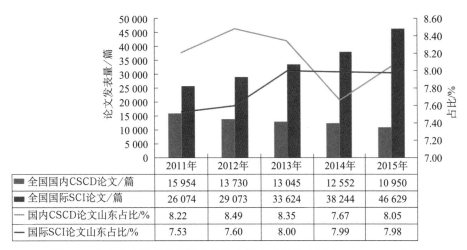

	2011年	2012年	2013年	2014年	2015年
■ 全国国内CSCD论文/篇	15 954	13 730	13 045	12 552	10 950
■ 全国国际SCI论文/篇	26 074	29 073	33 624	38 244	46 629
— 国内CSCD论文山东占比/%	8.22	8.49	8.35	7.67	8.05
— 国际SCI论文山东占比/%	7.53	7.60	8.00	7.99	7.98

图 2-2　山东省生物技术领域论文发表量占全国的比例（2011～2015 年）

2011～2015 年，在国际 SCI 期刊上全国共有 173 644 篇论文，年发文量从 2011 年的 26 074 篇上升到 2015 年的 46 629 篇。山东省在国际 SCI 期刊上发表的论文量占全国的占比平稳上升，从 2011 年和 2012 年的 7.5% 左右上升到 2013～2015 年的 8% 左右。总体来看，近年来山东省在国际 SCI 论文产出上的占比与国内 CSCD 论文产出方面基本一致，都维持在 8% 左右，高质量论文的数量已经有了很大提升。

第二节　主要产出机构分析

为了识别出山东省在生物技术领域的主要研究机构，分别统计了山东省各研究机构在国内 CSCD 期刊和国际 SCI 期刊上的发文量及其在山东省的占比。

一、国内 CSCD 期刊论文产出机构分析

从国内 CSCD 期刊论文的产出来看，2011～2015 年，在生物技术领域

山东省发表论文最多的五家机构分别是中国海洋大学（552篇）、山东大学（475篇）、山东农业大学（417篇）、中国科学院海洋研究所（299篇）和青岛农业大学（284篇）。这五家机构的发文量在山东省的占比都超过了5%。尤其是中国海洋大学、山东大学和山东农业大学，发文量都超过了400篇，是山东省在生物技术领域贡献最高的研究机构。

表2-1列出了发文量最高的前20家科研机构，这些机构的发文量占比基本都在1%以上。其中高校15家，以农业院校、医学院和师范院校为主；科研院所5家，分别为中国科学院海洋研究所、中国水产科学研究院黄海水产研究所、国家海洋局第一海洋研究所等国家级科研机构。

表 2-1 山东省在生物技术领域国内 CSCD 论文产出最高的 20 家机构（2011~2015 年）

序号	高产机构	发文量 / 篇	占比 / %
1	中国海洋大学	552	10.20
2	山东大学	475	8.78
3	山东农业大学	417	7.71
4	中国科学院海洋研究所	299	5.53
5	青岛农业大学	284	5.25
6	中国水产科学研究院黄海水产研究所	230	4.25
7	青岛大学	183	3.38
8	鲁东大学	146	2.70
9	潍坊医学院	123	2.27
10	山东省农业科学院	120	2.22
11	山东师范大学	109	2.01
12	国家海洋局第一海洋研究所	105	1.94
13	济宁医学院	71	1.31
14	泰山医学院	67	1.24
15	滨州医学院	66	1.22
16	曲阜师范大学	62	1.15
17	山东中医药大学	61	1.13
18	中国科学院烟台海岸带研究所	56	1.03
19	临沂大学	49	0.91
20	聊城大学	45	0.83

二、国际 SCI 期刊论文产出机构分析

从国际 SCI 期刊论文的产出来看，2011~2015 年，在生物技术领域山

东省发表论文最多的五家机构分别是山东大学（3680篇）、中国海洋大学（1719篇）、山东农业大学（1103篇）、中国科学院海洋研究所（1092篇）和青岛大学（781篇）。这五家机构的发文量在山东省的占比都超过了5%，其中山东大学的占比甚至超过了山东省的1/4，表明在国际产出上，论文发表量的不均衡程度更高。

此外，可以看出，这五家机构与在国内CSCD期刊发表论文最高的四家机构相同，反映了这四家机构在山东省处于稳定的高产地位。但是，这四家机构的排序又有所不同。在国内CSCD论文产出上，中国海洋大学的论文量高于山东大学；而在国际SCI论文产出上，山东大学的论文几乎是中国海洋大学的两倍。

表2-2展示的是山东省在国际SCI期刊上发表生物技术领域论文最多的20家发文机构，这些机构的发文量都在山东省的占比基本为1%以上，是山东省国际显示度最高的研究机构。

表2-2　山东省在生物技术领域国际SCI期刊中发表论文最高的20家机构（2011～2015年）

序号	机构	发文量/篇	占比/%
1	山东大学	3 680	26.99
2	中国海洋大学	1 719	12.61
3	山东农业大学	1 103	8.09
4	中国科学院海洋研究所	1 092	8.01
5	青岛大学	781	5.73
6	中国水产科学研究院黄海水产研究所	447	3.28
7	青岛农业大学	441	3.23
8	山东省农业科学院	348	2.55
9	中国科学院烟台海岸带研究所	286	2.10
10	山东师范大学	236	1.73
11	济南大学	221	1.62
12	青岛科技大学	206	1.51
13	国家海洋局第一海洋研究所	195	1.43
14	山东省医学科学院	186	1.36
15	烟台大学	184	1.35
16	泰山医学院	174	1.28
17	潍坊医学院	165	1.21
18	山东中医药大学	165	1.21
19	滨州医学院	140	1.03
20	聊城大学	127	0.93

三、山东省在国内和国际发文量最高的主要研究机构

山东大学发表论文最多的学院分别是生命科学学院、药学院、山东大学齐鲁医院以及威海校区的海洋学院。生物科学在山东大学有悠久的历史，1901年山东大学堂（山东大学前身）创办时，就开设了生物学方面的课程。1930年正式设置生物学系，中国科学院院士童第周、曾呈奎以及著名昆虫学家曾省、微生物学家王祖农等先后担任过系主任，为山东大学生物学科的发展做出了贡献。2011～2015年，山东大学植物学与动物学、生物与生物化学学科排名进入美国基本科学指标数据库（Essential Science Indicators，ESI）全球科研机构排名前1%，学院科技论文SCI收录在中国生物领域排名第六。

中国海洋大学的论文产出集中在海洋生命学院、水产学院、食品科学与工程学院、医药学院、环境科学与工程学院。中国海洋大学的前身山东海洋学院最早就是以山东大学迁往济南后留在青岛的海洋系、水产系、海洋生物专业等为基础组建的。现拥有海洋科学、水产学、食品科学与工程、环境科学等国家重点学科，并在地球科学、植物学与动物学、农学、生物学与生物化学、环境学与生态学、药理学与毒理学等9个学科领域跻身美国ESI全球科研机构排名前1%。

山东农业大学以其在生物农业领域的强大研究实力，在国内CSCD论文和国际SCI论文产出方面都位居第三，其主要高产学院是植物保护学院、生命科学学院、园艺科学与工程学院、林学院和农学院等。山东农业大学是农业农村部、国家林业局和山东省共建高校，作物栽培学与耕作学、果树学为国家重点一级学科，拥有作物生物学国家重点实验室、土肥资源高效利用国家工程实验室等科研平台。

中国科学院海洋研究所具有强大的科研实力，国内CSCD论文产出和国际SCI论文产出都位列山东省生物技术研究领域的第四位。中国科学院海洋研究所创建于1950年，在1954年更名为中国科学院海洋生物研究室，由童第周担任研究室主任。目前，中国科学院海洋研究所主要从事海洋经济动植物的生物学和人工养殖原理研究，此外还在海洋环境与生态系统动力过程、

海洋环流与浅海动力过程以及大陆边缘地质演化与资源环境效应等领域开展了许多开创性和奠基性工作，在海洋科学领域具有国际影响力。中国科学院烟台海岸带研究所正式成立于 2009 年年底，是我国专门从事海岸带综合研究的唯一一家国立研究机构，主要研究全球气候变化和人类活动影响下海岸带陆海相互作用、资源环境演变规律和可持续发展，拥有中国科学院海岸带环境过程与生态修复重点实验室等。

此外，由原莱阳农学院更名组建的青岛农业大学，在医学领域具有较强实力的青岛大学以及隶属于农业农村部的中国水产科学研究院黄海水产研究所，在国内 CSCD 论文和国际 SCI 论文产出上也都具有举足轻重的地位。

第三节 学科领域分析

学科领域有很多种划分方式，为保持国内外论文划分标准一致，这里选取的学科领域划分参照的是 Web of Science 数据库中所使用的学科划分标准。在 Web of Science 数据库中，每本期刊被划分到五大学科类别及其下设的 151 个学科领域。这一学科领域的划分标准全面、系统而且细致，且会随着新兴领域的出现持续进行更新，因此在世界范围内被广泛认可和使用。原学科领域的名称为英文，为了方便阅读，书中均翻译成了中文。

本节中将分别介绍山东省在生物技术领域的强势学科和优势学科。强势学科是指山东省在这一学科领域的发文量绝对值高，意味着该学科的学术成果多，研究力量强，学科地位高，相对其他学科比较强势。优势学科则是指山东省在这一学科领域的发文量在全国的占比相对较高，意味着山东省在该领域相对于国内其他省份具有明显的优势地位。

一、国内 CSCD 论文学科领域分布

统计山东省生物技术领域的国内 CSCD 论文在各学科的发文量及其在全部论文的占比，识别出山东省目前国内 CSCD 发文量较高的强势学科（表 2-3）。

表 2-3　山东省生物技术领域强势学科的国内 CSCD 期刊论文发表量（2011～2015 年）

研究方向	发表量 / 篇						占比 / %
	2011 年	2012 年	2013 年	2014 年	2015 年	总计	
植物学	204	167	157	103	112	743	13.73
神经科学与神经学	159	196	162	115	106	738	13.64
遗传学	140	152	124	102	85	603	11.14
动物学	118	105	91	67	44	425	7.85
微生物学	93	61	67	60	50	331	6.12
生命科学生物医学其他主题	11	3	36	131	104	285	5.27
生物化学与分子生物学	72	64	37	31	52	256	4.73
农　学	41	58	47	45	28	219	4.05
渔　业	33	55	37	33	24	182	3.36
一般内科	33	35	25	39	32	164	3.03
生物技术与应用微生物学	42	27	32	24	20	145	2.68
数学与计算生物学	36	36	20	12	13	117	2.16
昆虫学	23	19	22	28	18	110	2.03
细胞生物学	38	22	9	10	17	96	1.77
环境科学与生态学	9	32	14	9	9	73	1.35
药理学	14	12	4	6	8	44	0.81
生物物理学	7	8	9	5	6	35	0.65
生理学	11	3	6	5	8	33	0.61
肿瘤学	5	0	4	6	12	27	0.50
林　学	7	6	3	4	7	27	0.50

从国内 CSCD 期刊发表的论文量来看，植物学（743 篇）、神经科学与神经学（738 篇）和遗传学（603 篇）是山东省生物技术领域的论文高产领域，论文的发表量都超过了 600 篇。

其中，植物学是生物学的分支学，主要研究植物的形态、分类、生理、生态、分布、发生、遗传、进化等，目的在于开发、利用、改造和保护植物资源，让植物为人类提供更多的食物、纤维、药物、建筑材料等。植物学在 2011 年发表的论文量最多，超过了 200 篇，之后论文量开始下降，2014 年的发文量达到最低值 103 篇，与 2011 年相比下降了 49.51%，2015 年发文量略有回升。

神经科学是指寻求解释神智活动的生物学机制，即细胞生物学和分子生物学机制的科学。作为从内科学中派生的学科，神经学是研究中枢神经系统（Central Nervous System，CNS）、周围神经系统及骨骼肌疾病的病因、发病机制、病理、临床表现、诊断、治疗及预防的一门临床医学门类。神经科学与神经学 2012 年的发文量达到 2011～2015 年的最高值，相比 2011 年上升了 23.27%，然后发文量持续下降，2015 年相比 2012 年的最高值下降了 45.92%。

遗传学是研究生物遗传和变异规律的科学，与动植物育种、人类健康、疾病诊断等关系密切。遗传学和神经科学与神经学的走势相同，2012 年略有上升之后持续下降，2015 年相比 2012 年下降了 44.08%。图 2-3 中显示了排在前三个强势学科的发文量走势，与山东省在生物技术领域的整体走势相同，各学科基本都呈现出相同的下降趋势和下降幅度。在排名前 20 的强势学科中，除生命科学生物医学其他主题、一般内科、肿瘤学等之外，基本都可以看出同样的趋势。

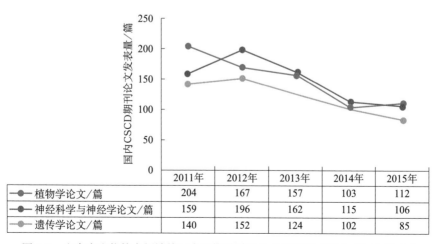

	2011年	2012年	2013年	2014年	2015年
植物学论文/篇	204	167	157	103	112
神经科学与神经学论文/篇	159	196	162	115	106
遗传学论文/篇	140	152	124	102	85

图 2-3 山东省生物技术领域前三个强势学科的论文发表量（国内 CSCD 论文）

论文发表量绝对值可以衡量山东省生物技术领域科研重点领域，而通过计算各学科论文发表量在全国的占比，则可以识别山东省生物技术领域科研产出的优势。为此，对山东省在各研究方向的发文量在全国该学科发文量的占比进行了统计，见表2-4。

表2-4 山东省生物技术领域优势学科国内 CSCD 期刊的论文发表量占比（全国）单位:%

序号	研究方向	2011 年	2012 年	2013 年	2014 年	2015 年	总计
1	渔 业	16.02	24.02	20.00	20.50	19.05	20.07
2	环境科学与生态学	6.25	22.54	10.85	8.26	6.87	11.15
3	动物学	9.92	10.85	9.82	9.40	8.27	9.82
4	生理学	9.48	5.17	10.34	9.80	13.33	9.62
5	神经科学与神经学	7.67	9.28	8.58	7.87	7.82	8.30
6	药理学	10.69	12.37	3.57	5.50	8.25	8.06
7	生物化学与分子生物学	7.38	8.01	5.94	6.31	11.23	7.64
8	微生物学	8.51	6.42	6.98	7.40	6.20	7.16
9	遗传学	6.66	7.84	7.39	6.96	6.73	7.14
10	肿瘤学	6.58	0.00	5.19	8.22	15.19	6.89
11	生命科学生物医学其他主题	8.80	13.04	7.66	5.55	6.62	6.27
12	细胞生物学	7.65	7.89	3.25	4.02	6.34	6.11
13	一般内科	5.37	6.34	5.02	6.61	5.88	5.86
14	植物学	6.04	6.01	5.74	4.57	5.15	5.58
15	数学与计算生物学	7.03	6.30	4.90	3.68	4.55	5.56
16	农 学	3.88	6.17	5.41	4.79	3.50	4.76
17	生物技术与应用微生物学	4.39	4.49	5.20	5.11	4.61	4.71
18	昆虫学	3.54	3.82	3.98	6.45	4.20	4.29
19	生物物理学	2.63	3.90	5.59	3.07	5.83	3.90
20	林 学	4.12	4.32	2.10	3.01	5.56	3.80

从在国内 CSCD 期刊发表的生物论文的产出量来看，山东省在全国占比最高的优势学科包括渔业、环境科学与生态学、动物学、生理学、神经科学与神经学。

渔业主要包括水产养殖和海洋渔业，水产养殖是人为控制下繁殖、培育和收获水生动植物的生产活动，也包括水产资源增殖。海洋渔业是通过在海洋中捕捞、采集和养殖水生动植物获得水产品的一类生产活动。位于青岛的中国水产科学研究院黄海水产研究所、中国海洋大学、中国科学院海洋研究所等机构，在渔业研究领域都具有强大的研究实力，在国内乃至全球也处于领先地位。从国内核心论文的数量来看，山东省在渔业领域的发文量占全国的 1/5 左右，领先优势明显。

环境科学与生态学也是山东省的优势学科领域，发文量占全国的 1/10 左右。环境科学研究的是生物与受人类干预的环境之间的相互作用的机理和规律，生态学研究的是生物与其原生自然环境相互关系的科学。山东省的海洋资源丰富，因此中国科学院海洋研究所、中国海洋大学、国家海洋局第一海洋研究所等在这方面表现突出。

山东省在动物学领域的发文量约占全国的 10%，是排在第三的优势学科。动物学作为生物学的一大分支，研究范围涉及动物的形态、生理构造、生活习性、发展及进化史、遗传及行为特征分布以及与环境间相互关系。山东省在动物学领域的优势也主要表现在海洋生物学领域，与水产学具有非常高的相关性，因此山东省表现优异的机构仍然集中在中国科学院海洋研究所、中国水产科学研究院黄海水产研究所、中国海洋大学等机构。

从排在前 20 的优势学科来看，山东省的优势学科主要可以分为三个领域：①基础生物学，植物学、动物学、农学、渔业、遗传学、昆虫学、林学、细胞生物学、微生物学、药理学、环境科学与生态学、生命科学生物医学其他主题等；②医学，神经科学与神经学、一般内科、生理学、肿瘤学等；③交叉学科，生物化学与分子生物学、生物技术与应用微生物学、数学与计算生物学、生物物理学等。

二、国际 SCI 论文学科领域分布

本节统计了国际 SCI 期刊上山东省发表论文的强势学科和优势学科。表 2-5 展示的是 2011～2015 年，山东省在国际 SCI 期刊上论文发表量最高的前 20 个学科领域。从论文发表数量来看，产出较高的领域主要有生物化学与分

子生物学、生物技术与应用微生物学、海洋与淡水生物学、细胞生物学、化学等。

表 2-5　山东省生物技术领域各研究方向的国际 SCI 期刊论文发表量（2011～2015 年）

序号	研究方向	发表量 / 篇						占比 / %
		2011 年	2012 年	2013 年	2014 年	2015 年	总计	
1	生物化学与分子生物学	528	642	718	838	1 058	3 784	27.75
2	生物技术与应用微生物学	335	303	480	522	539	2 179	15.98
3	海洋与淡水生物学	303	312	345	324	419	1 703	12.49
4	细胞生物学	223	239	304	307	349	1 422	10.43
5	化　学	159	194	256	333	480	1 422	10.43
6	神经科学与神经学	188	254	253	312	340	1 347	9.88
7	植物科学	188	193	269	310	384	1 344	9.85
8	遗传学	114	180	223	277	422	1 216	8.92
9	免疫学	174	178	236	227	278	1 093	8.01
10	生物物理学	123	134	195	242	262	956	7.01
11	微生物学	139	153	196	193	243	924	6.78
12	药理学与制药	91	99	141	156	175	662	4.85
13	渔　业	90	115	135	99	139	578	4.24
14	海洋学	124	84	107	112	132	559	4.10
15	农　业	66	88	122	122	127	525	3.85
16	环境科学与生态学	66	96	88	117	141	508	3.72
17	研究与实验医学	69	80	92	63	106	410	3.01
18	兽医学	40	38	74	118	116	386	2.83
19	科技类其他主题	55	51	62	83	103	354	2.60
20	动物学	56	50	76	80	87	349	2.56

　　生物化学与分子生物学旨在分子水平探讨生命的本质，即研究生物体的分子结构与功能、物质代谢与调节。生物化学与分子生物学是目前自然科学中进展最迅速、最具活力的前沿领域。山东省在该领域共发表论文 3784 篇，占全部生物技术领域论文总量的 27.75%，远超其他学科领域。

　　生物技术与应用微生物学是微生物学中的应用方向，主要包括显微技术、无菌技术、分离纯化技术、生长测定技术、类群检测技术和育种技术等。山东省在该领域共发表国际 SCI 论文 2179 篇，是对山东省生物技术领域贡献仅次于生物化学与分子生物学领域的第二大领域，占全部生物技术领域论文总量的 15.98%。

山东省国际 SCI 论文产出排在第三的是海洋与淡水生物学，共发表论文 1703 篇，占全部生物技术领域论文总量的 12.49%。海洋与淡水生物学是研究生活在水中的植物和动物的形态、分类、生态，阐明其生命活动的各种规律，并探讨其控制利用的学科，它同时也是研究水生生物的种类、组成、演替、生命活动的规律及其与环境之间相互关系的综合性学科。

可以看出，与国内 CSCD 论文产出的高产学科领域不同，山东省在国际 SCI 论文产出更偏重生物学的基础理论，尤其是处于前沿领域的生物化学与分子生物学、细胞生物学、遗传学等。这表明，山东省在前沿领域可以紧跟科学发展前沿，具有令人期待的发展前景。

从论文年产出量的变动情况来看，山东省在国际 SCI 期刊论文的产出量增长迅速，如图 2-4 所示。在生物化学与分子生物学方向，科技论文产出量从 2011 年的 528 篇增长到 2015 年的 1058 篇，增长了近一倍；在生物技术与应用微生物学方向，科技论文产出量从 2011 年的 335 篇增长到 2015 年的 539 篇，增长了约 60%；在海洋与淡水生物学方向，科技论文产出量从 2011 年的 303 篇增加到 2015 年的 419 篇，也增长了 30% 以上。

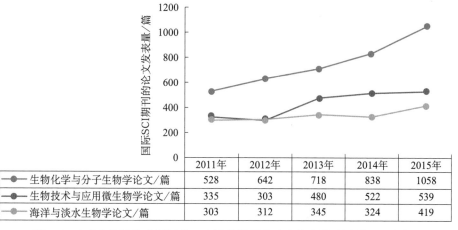

	2011年	2012年	2013年	2014年	2015年
生物化学与分子生物学论文/篇	528	642	718	838	1058
生物技术与应用微生物学论文/篇	335	303	480	522	539
海洋与淡水生物学论文/篇	303	312	345	324	419

图 2-4　山东省生物技术领域前三个强势学科的论文发表量（国际 SCI 论文）

为了识别山东省的优势领域，进一步统计了山东省在生物技术领域的国际 SCI 论文产出在全国的占比情况，见表 2-6。在国际 SCI 期刊上，山东省生物技术领域的优势研究领域主要有海洋学、渔业、海洋与淡水生物学、兽医学等，在全国生物技术领域该方向占比均超过 20%，是山东省具有突出竞争优势的学科方向。

表 2-6 山东省生物技术领域优势方向的国际 SCI 期刊论文发表量占比   单位：%

序号	研究方向	2011 年	2012 年	2013 年	2014 年	2015 年	总计
1	海洋学	60.49	48.28	51.69	50.22	51.36	52.44
2	渔业	28.66	35.06	30.07	22.60	25.89	27.98
3	海洋与淡水生物学	30.06	31.14	28.44	24.05	26.47	27.68
4	兽医学	25.00	23.88	22.22	17.55	20.74	21.64
5	科技类其他主题	12.28	11.77	12.71	11.70	10.56	11.68
6	免疫学	10.51	9.80	10.87	9.55	10.04	10.13
7	环境科学与生态学	9.75	11.44	9.13	9.79	10.41	10.10
8	微生物学	8.14	7.91	9.62	9.20	9.77	9.00
9	生物物理学	7.49	8.01	8.80	8.91	8.96	8.56
10	生物技术与应用微生物学	7.63	7.64	8.83	9.21	8.43	8.43
11	动物学	7.69	6.41	7.14	9.04	10.14	8.21
12	化 学	7.61	8.00	8.51	7.73	8.44	8.08
13	遗传学	6.49	7.49	7.72	7.61	9.08	7.93
14	农 业	5.95	7.10	8.20	8.98	8.15	7.77
15	研究与实验医学	6.55	5.40	7.80	9.23	7.59	7.61
16	植物科学	6.41	7.73	6.94	7.98	7.30	7.31
17	生物化学与分子生物学	6.40	6.68	6.97	6.97	6.32	7.08
18	药理学与制药	6.24	6.15	7.46	7.24	7.57	7.02
19	细胞生物学	6.06	5.95	6.72	7.00	7.59	6.84
20	神经科学与神经学	6.04	5.46	6.41	6.55	7.13	6.41

山东省在海洋学领域的国际 SCI 期刊发文量超过了全国总量的一半，是山东省最具优势的学科领域。海洋学是研究海洋的自然现象、性质及其变化规律以及海洋开发利用的研究领域。依靠中国海洋大学、国家海洋局第一海

洋研究所等机构在该领域的领先优势，山东省在海洋学及其相关学科，如渔业、海洋与淡水生物学等领域，也都居于全国领先的位置，占比超过全国的1/4。

兽医学也是山东省的优势学科之一，占全国国际 SCI 期刊论文总量的21.64%。兽医学主要研究如何预防和治疗家畜、经济野生动物、观赏动物、昆虫和鱼类的疾病，也包括对人畜共患疾病、公共卫生、环境保护、实验动物等领域的研究。

此外，在免疫学、环境科学与生态学等领域，山东省的占比也都超过了10%，具有较高的领先优势。但山东省在神经科学与神经学、细胞生物学、生物化学与分子生物学等前沿领域相对于国内先进水平还有较大差距，还有较大的提升空间。

第四节　研究主题分析

一、国内 CSCD 论文研究主题分布

为展现山东省在生物技术领域的主要研究主题，对国内 CSCD 期刊文献的关键词进行统计，得到山东省在生物技术领域前 20 个高频关键词，见表 2-7。该表除展现关键词的词频之外，还给出该关键词所涉及的学科领域以及发文量较高的年份。

表 2-7　山东省生物技术领域前 20 个高频关键词（国内 CSCD 论文）

序号	关键词 （关键词英文或拉丁学名）	研究方向（发文量）	年份（发文量）	频次 / 次
1	遗传多样性 （Genetic diversity）	遗传学（23）、渔业（12）、动物学（11）	2011（15）、2012（14）、2015（11）	60

续表

序号	关键词 （关键词英文或拉丁学名）	研究方向（发文量）	年份（发文量）	频次/次
2	基因克隆 （Gene cloning）	遗传学（25）、渔业（11）、植物科学（6）	2012（16）、2014（15）、2013（9）	55
3	大鼠 （Rat）	神经科学与神经学（34）、一般内科（8）、动物学（6）	2012（14）、2013（11）、2015（10）	52
4	原核表达 （Prokaryotic expression）	遗传学（22）、农业（7）、渔业（6）	2013（12）、2012（11）、2014（10）	48
5	生长 （Growth）	植物科学（20）、渔业（11）、遗传学（8）	2015（13）、2014（10）、2013（9）	48
6	克隆 （Cloning）	遗传学（24）、渔业（6）、植物科学（5）	2013（10）、2012（10）、2014（9）	43
7	脑梗死 （Cerebral infarction）	神经科学与神经学（38）、一般内科（5）、生命科学生物医学其他主题（1）	2012（11）、2014（10）、2013（8）	41
8	温度 （Temperature）	植物科学（16）、动物学（8）、渔业（5）	2015（13）、2014（12）、2011（6）	40
9	物种多样性 （Diversity）	微生物学（12）、动物学（10）、植物科学（8）	2011（14）、2015（8）、2012（7）	39
10	基因表达 （Expression）	遗传学（19）、微生物学（4）、生物化学与分子生物学（4）	2012（11）、2014（9）、2011（9）	38
11	花生 （Peanuts）	植物科学（13）、农业（7）、生命科学生物医学其他主题（6）	2012（9）、2011（9）、2013（8）	35
12	群落结构 （Community structure）	动物学（15）、植物科学（11）、生命科学生物医学其他主题（3）	2012（9）、2014（7）、2015（6）	33
13	磁共振成像 （Magnetic resonance imaging）	神经科学与神经学（18）、一般内科（12）、肿瘤学（1）	2012（9）、2011（7）、2013（6）	32
14	光合作用 （Photosynthesis）	植物科学（20）、生命科学与生物医学类其他主题（6）、农业（5）	2013（9）、2015（7）、2014（7）	31

续表

序号	关键词 （关键词英文或拉丁学名）	研究方向（发文量）	年份（发文量）	频次／次
15	序列分析 （Sequence analysis）	遗传学（14）、农业（6）、植物科学（4）	2011（10）、2012（8）、2014（6）	31
16	浮游植物 （Phytoplankton）	植物科学（26）、动物学（2）、生命科学生物医学其他主题（2）	2012（10）、2011（8）、2015（5）	31
17	生物量 （Biomass）	动物学（17）、植物科学（6）、生命科学生物医学其他主题（6）	2014（9）、2011（7）、2013（6）	31
18	微卫星 （Microsatellite）	渔业（13）、遗传学（10）、动物学（7）	2011（10）、2012（7）、2013（5）	30
19	大菱鲆 （*Scophthalmus maximus*）	动物学（14）、渔业（8）、遗传学（4）	2011（10）、2013（8）、2014（5）	30
20	盐胁迫 （Salt stress）	植物科学（16）、生命科学生物医学其他主题（6）、农业（6）	2013（11）、2014（7）、2015（6）	29

通过高频关键词可以看出，2011～2015年山东省生物技术领域的热点主题群有生物多样性（基因多样性与物种多样性）、表达（原核表达与基因表达）、疾病研究（脑梗死、磁共振成像）、动植物研究（浮游植物、大菱鲆、拟芥蓝、大型底栖动物）、胁迫（盐胁迫、干旱胁迫）等。

二、国际 SCI 论文研究主题分布

在国际 SCI 期刊论文中，山东省生物技术领域的高频关键词列表见表 2-8。词频最高的关键词有细胞凋亡（Apoptosis）、多态性（Polymorphism）、氧化应激（Oxidative stress）、阿尔茨海默病（Alzheimer's disease）、炎症（Inflammation）、基因表达（Gene expression）等。

细胞凋亡是因生理或病理性因素导致的细胞坏死，与癌症发生和各种自体免疫性疾病之间的关系有很多研究，是目前热门的研究主题。科学家希望通过激发癌细胞的细胞凋亡以达到消弭癌症的目的。此外，细胞凋亡在

神经退化性疾病中（如阿尔茨海默病、帕金森病等）也扮演着重要的角色。2011～2015 年，山东省共有 371 篇研究（细胞）凋亡的论文，占山东省生物技术领域全部论文产出的 2.72% 左右，相关研究热点包括细胞氧化应激、细胞增殖、细胞自噬、活性氧簇与线粒体等，主要研究机构包山东大学、济南大学、青岛大学等。

多态性在生物学中是指一个物种的同一种群中存在两种或多种明显不同的表型。多态性是自然界中的常见现象，与生物多样性、遗传变异以及适应有关。它通常能让一个在不同环境中生活的种群保持形态上的多样性。山东省在多态性研究主题下共发表论文 188 篇，相关研究热点包括荟萃分析、阿尔茨海默病、感受性、Epstein-Barr 病毒等，主要研究机构包括青岛大学、山东大学、中国海洋大学等。

氧化应激是指体内氧化与抗氧化作用失衡，导致中性粒细胞炎性浸润，蛋白酶分泌增加，产生大量氧化中间产物。氧化应激是由自由基在体内产生的一种负面作用，并被认为是导致衰老和疾病的一个重要因素。山东省在氧化应激研究主题下共发表论文 157 篇，相关研究热点包括细胞凋亡、炎症、中华蜜蜂、抗氧化剂等，主要研究机构包括山东大学、山东农业大学、青岛大学等。

表 2-8 山东省生物技术领域前 20 个高频关键词（国际 SCI 论文）

序号	关键词（关键词英文或拉丁学名）	研究热点（发文量）	主要研究机构（发文量）	频次 / 次
1	细胞凋亡（Apoptosis）	细胞氧化应激（27）、细胞增殖（19）、细胞自噬（18）、活性氧簇（14）、线粒体（13）、神经再生（12）、细胞周期（12）、肝癌（10）、半胱氨酸蛋白酶（10）等	山东大学（133）、济南大学（69）、青岛大学（42）、中国科学院（26）、中国海洋大学（13）	371
2	多态性（Polymorphism）	荟萃分析（37）、阿尔茨海默病（31）、研究协会（11）、协会（9）、感受性（9）、Epstein-Barr 病毒（8）、鼻咽癌（8）、单倍型（7）、帕金森病（7）、遗传关联（6）等	青岛大学（66）、山东大学（53）、中国海洋大学（19）、济南大学（10）、济宁医学院（6）	188

续表

序号	关键词（关键词英文或拉丁学名）	研究热点（发文量）	主要研究机构（发文量）	频次/次
3	氧化应激（Oxidative stress）	细胞凋亡（27）、炎症（12）、中华蜜蜂（10）、抗氧化剂（9）、帕金森病（8）、活性氧簇（7）、自噬（6）、核因子（6）、阿尔茨海默病（5）	山东大学（50）、山东农业大学（24）、青岛大学（21）、中国科学院（13）、济南大学（12）、济宁医学院（6）、中国海洋大学（5）	157
4	阿尔茨海默病（Alzheimer's disease）	多态性（31）、相关研究（13）、荟萃分析（11）、联系（9）、生物标记（9）、淀粉样蛋白-β（7）、细胞凋亡（7）、淀粉样蛋白（6）、β-淀粉样蛋白（6）	青岛大学（70）、中国海洋大学（32）、山东大学（26）、青岛精神卫生中心（5）	142
5	炎症（Inflammation）	氧化应激（12）、转录因子（11）、动脉粥样硬化（7）、脂多糖（7）、（细胞）凋亡（6）、巨噬细胞（6）、神经保护作用（5）、急性肺损伤（4）、肥胖（4）	山东大学（57）、青岛大学（9）、济南大学（9）、中国科学院（7）、山东中医药大学（6）、潍坊医学院（5）、烟台大学（4）	130
6	基因表达（Gene expression）	半滑舌鳎（8）、大菱鲆（6）、大菱鲆红体病虹彩病毒（4）、牙鲆（4）、克隆（4）、鲶鱼（4）、生长（4）、抗病毒反应（4）、鳗弧菌（4）	中国海洋大学（40）、中国科学院（20）、山东农业大学（19）、中国水产科学研究院（12）、济南大学（9）、山东大学（8）、青岛农业大学（8）、山东省农业科学院（6）	128
7	荟萃分析（Meta-analysis）	多态性（37）、基因多态性（12）、阿尔茨海默病（11）、预后（10）、帕金森病（8）、肥胖（6）、肺癌（5）、缺血性脑卒中（5）、脑胶质瘤（4）	山东大学（54）、青岛大学（27）、济南大学（7）、中国医学科学院（7）	127
8	中国（China）	新物种（16）、自杀（9）、分类（8）、黄海（6）、精神障碍（4）、血清阳性率（4）、心理解剖（4）、直翅目（3）、鳃虱科（3）	中国科学院（33）、山东大学（20）、中国海洋大学（13）、山东农业大学（10）、中国科学院大学（9）、山东省疾病预防控制中心（6）、青岛农业大学（5）、济南大学（5）	103

续表

序号	关键词（关键词英文或拉丁学名）	研究热点（发文量）	主要研究机构（发文量）	频次/次
9	帕金森病（Parkinson's disease）	铁（11）、荟萃分析（8）、多态性（7）、氧化应激（6）、促进者（5）、6-羟多巴胺（5）、α-突触核蛋白（5）、（细胞）凋亡（5）、血红素加氧酶-1（4）	青岛大学（34）、山东大学（16）、首都医科大学（6）、济宁医学院（5）、济宁市医科学会（5）、山东科技大学（5）、潍坊医学院（5）、中国科学院（4）	101
10	增殖（Proliferation）	（细胞）凋亡（19）、入侵（14）、迁移（10）、骨肉瘤（8）、区别（8）、卵巢癌（5）、细胞周期（5）、神经干细胞（4）、预后（4）	山东大学（43）、济南大学（20）、温州医科大学（5）、青岛大学（5）、中山大学（4）、上海交通大学（4）、聊城市人民医院（3）	98
11	新物种（New species）	分类（23）、中南海（18）、中国（16）、形态学（12）、甲壳动物（7）、系统发育（6）、利用（6）、海洋纤毛虫（6）、十足目（5）、鳃虱科（4）	中国科学院（60）、中国海洋大学（31）、中国科学院大学（14）、山东师范大学（11）、山东农业大学（7）	98
12	先天免疫（Innate immunity）	C型凝集素（16）、模式识别受体（8）、吞噬（8）、栉孔扇贝（8）、实时荧光定量PCR（8）、日本对虾（7）、大竹蛏（6）、海湾扇贝（6）、小虾（5）	中国科学院（40）、山东大学（35）、中国科学院大学（13）、中国海洋大学（7）、山东省海洋资源与环境研究所（7）、中国水产科学研究院（6）、山东师范大学（4）	98
13	生长（Growth）	生存（8）、多宝鱼（7）、凡纳滨对虾（6）、刺参（6）、大黄鱼（5）、蜕皮（4）、微藻（4）、能量分配（4）、能源预算（4）	中国海洋大学（47）、中国科学院（23）、中国水产科学研究院（9）、济南大学（8）、青岛农业大学（7）、中国科学院大学（5）、山东大学（4）	97
14	神经再生（Neural regeneration）	神经再生（26）、资助论文（15）、（细胞）凋亡（12）、海马（10）、外周神经损伤（10）、脑损伤（8）、神经元（6）、国家自然科学基金资助（6）	济南大学（20）、山东大学（18）、青岛大学（18）、泰山医学院（7）、香港大学（7）、首都医科大学（6）、山东中医药大学（5）、中山大学（4）	95

续表

序号	关键词 （关键词英文或 拉丁学名）	研究热点（发文量）	主要研究机构（发文量）	频次／次
15	分类 （Taxonomy）	新物种（23）、形态学（9）、系统发育（9）、中国（8）、利用（7）、形态（6）、海洋纤毛虫（6）、枝角类（5）、自由生活海洋线虫（4）	中国海洋大学（38）、中国科学院（32）、中国师范大学（14）、山东农业大学（10）、济南大学（8）、中国科学院大学（8）、上海海洋大学（8）	93
16	表达 （Expression）	克隆（12）、净化（8）、脊尾白虾（5）、cDNA（4）、基因克隆（4）、表征（3）、半滑舌鳎（3）、三疣梭子蟹（3）、多态性（3）	中国海洋大学（16）、山东大学（12）、中国水产科学研究院（12）、中国科学院（11）、济南大学（9）、山东农业大学（9）、青岛大学（6）、山东省农业科学院（6）	82
17	转录因子 （NF-kappa B）	炎症（11）、肿瘤坏死因子（6）、小胶质细胞（5）、促分裂原活化蛋白激酶（4）、（细胞）凋亡（4）、Akt（4）、骨关节炎（3）、诱导型一氧化氮合酶（3）	山东大学（36）、济南大学（11）、青岛大学（6）、青岛农业大学（6）、中国科学院（3）、中国水产科学研究院（3）	79
18	自噬 （Autophagy）	（细胞）凋亡（18）、氧化应激（6）、脑梗死（4）、ATG5（4）、发起人（4）、控制与通信（4）、帕金森病（4）、p53 蛋白（4）、雷帕霉素（4）	山东大学（31）、济南大学（17）、中山大学（7）、中国科学院（5）、青岛大学（4）、济宁医学院（4）、中国海洋大学（3）、中国水产科学研究院（3）	72
19	乳腺癌 （Breast Cancer）	预后（7）、转移（7）、（细胞）凋亡（6）、入侵（5）、敏感性（5）、多态性（5）、迁移（4）、荟萃分析（4）、增殖（3）	山东大学（28）、青岛大学（12）、济南大学（7）、山东省肿瘤医院（4）、中国科学院（4）、中国海洋大学（3）	70
20	免疫反应 （Immune response）	栉孔扇贝（8）、牡蛎（5）、中华绒螯蟹（4）、DNA 疫苗（4）、文蛤（3）、大菱鲆（3）、佐剂（3）、鳗弧菌（3）、细菌的挑战（3）、棘刺蛤仔（3）、（细胞）凋亡（3）	中国科学院（35）、中国海洋大学（9）、中国水产科学研究院（8）、山东大学（5）、青岛农业大学（5）、山东农业大学（4）、济南大学（3）	69

第五节 高被引文献分析

一、国内 CSCD 论文高被引论文分析

在 CSCD 引文数据库中，检索出第一作者机构属于山东省的高被引论文，并统计山东省在生物技术领域被引次数最高的论文，可以得到山东省生物技术领域研究的高影响力论文列表，见表 2-9。

表 2-9 山东省生物技术领域前 20 篇高被引论文（国内 CSCD 论文，截至 2016 年）

序号	标题	作者（第一作者机构）	发表年份	期刊（期刊卷号）	被引频次/次
1	种植密度对高产夏玉米登海 661 产量及干物质积累与分配的影响	刘伟（山东农业大学农学院）、张吉旺、吕鹏、杨今胜、刘鹏、董树亭、李登海、孙庆泉	2011	作物学报（37）	35
2	花生抗旱性鉴定指标的筛选与评价	张智猛（山东省花生研究所）、万书波、戴良香、宋文武、陈静、石运庆	2011	植物生态学报（35）	30
3	山杏叶片光合生理参数对土壤水分和光照强度的阈值效应	夏江宝（滨州学院）、张光灿、孙景宽、刘霞	2011	植物生态学报（35）	24
4	海滨沙地砂引草对沙埋的生长和生理适应对策	王进（鲁东大学生命科学学院）、周瑞莲、赵哈林、赵彦宏、侯玉萍	2012	生态学报（32）	21
5	脊尾白虾热休克蛋白 HSP 70 基因的克隆及其表达分析	韩俊英（中国水产科学研究院黄海水产研究所）、李健、李吉涛、常志强、陈萍、李华	2011	水产学报（35）	21
6	大菱鲆生长和耐高温性状的遗传参数估计	刘宝锁（中国水产科学研究院黄海水产研究所）、张天时、孔杰、王清印、栾生、曹宝祥	2011	水产学报（35）	19

续表

序号	标题	作者（第一作者机构）	发表年份	期刊（期刊卷号）	被引频次/次
7	应用 Excel 软件计算生物多样性指数	孔凡洲（中国科学院海洋研究所）、于仁成、徐子钧、周名江	2012	海洋科学（36）	18
8	菌根真菌的生理生态功能	徐丽娟（青岛农业大学菌根生物技术研究所）、刁志凯、李岩、刘润进	2012	应用生态学报（23）	17
9	土壤耕作方式对小麦干物质生产和水分利用效率的影响	郑成岩（山东农业大学农学院）、崔世明、王东、于振文、张永丽、石玉	2011	作物学报（37）	17
10	三个超高产夏玉米品种的干物质生产及光合特性	杨今胜（山东农业大学农学院）、王永军、张吉旺、刘鹏、李从锋、朱元刚、郝梦波、柳京国、李登海、董树亭	2011	作物学报（37）	16
11	干旱胁迫对花生根系生长发育和生理特性的影响	丁红（山东省花生研究所）、张智猛、戴良香、康涛、慈敦伟、宋文武	2013	应用生态学报（24）	15
12	干旱胁迫对杨树幼苗生长、光合特性及活性氧代谢的影响	井大炜（德州学院）、邢尚军、杜振宇、刘方春	2013	应用生态学报（24）	15
13	贝壳砂生境十旱胁迫下杠柳叶片光合光响应模型比较	王荣荣（山东农业大学林学院）、夏江宝、杨吉华、赵艳云、刘京涛、孙景宽	2013	植物生态学报（37）	15
14	H_2O_2 介导的 H_2S 产生参与干旱诱导的拟南芥气孔关闭	王兰香（青岛农业大学生命科学学院）、侯智慧、侯丽霞、赵方贵、刘新	2012	植物学报（47）	15
15	小麦茎秆木质素代谢及其与抗倒性的关系	陈晓光（山东农业大学农学院）、史春余、尹燕枰、王振林、石玉华、彭佃亮、倪英丽、蔡铁	2011	作物学报（37）	15
16	乳山刺参体壁和内脏营养成分比较分析	刘小芳（中国海洋大学食品科学与工程学院）、薛长湖、王玉明、李红艳	2011	水产学报（35）	14
17	茶树 CBF1 基因密码子使用特性分析	郭秀明（青岛农业大学茶叶研究所）、王玉、杨路成、丁兆堂	2012	遗传（34）	13

续表

序号	标题	作者（第一作者机构）	发表年份	期刊（期刊卷号）	被引频次/次
18	高、低温胁迫对牡丹叶片PS Ⅱ功能和生理特性的影响	刘春英（青岛农业大学生命科学学院）、陈大印、盖树鹏、张玉喜、郑国生	2012	应用生态学报（23）	13
19	2009年春季长江口及其邻近水域浮游植物——物种组成与粒级叶绿素 a	孙军（中国科学院海洋研究所）、田伟	2011	应用生态学报（22）	13
20	对黄、东海水母暴发机理的新认知	孙松（中国科学院海洋研究所）	2012	海洋与湖沼（43）	12

前20篇高被引论文中，10篇为2011年发表的论文、7篇为2012年发表的论文、3篇为2013年发表的论文。从高被引论文的所属学科来看，14篇属于植物科学、3篇属于遗传学、3篇属于渔业，其中最高被引的前四篇论文均属于植物科学领域。

被引次数最高的《种植密度对高产夏玉米登海661产量及干物质积累与分配的影响》一文，第一作者是山东农业大学农学院作物生物学国家重点实验室的刘伟，该论文研究高产条件下种植密度对夏玉米产量及干物质积累与分配的影响。结果表明，种植密度增加后群体产量和干物质积累量显著增加，单株产量和干物质积累量反之。

被引次数排在第二位的《花生抗旱性鉴定指标的筛选与评价》一文，第一作者是山东省花生研究所的张智猛，主要从事玉米、花生栽培生理、营养生理、高产栽培技术领域的研究。该论文主要为确定鉴定花生品种（系）抗旱性指标体系，即在人工控水条件下，通过盆栽试验，测定了29个花生品种（系）苗期和花针期的株高、分枝数、生物累积量、叶片含水量和光合色素含量等与抗旱性有关的13个表观形态性状和生理性状的指标，从而将其划分为抗旱性较强、中等、较弱和不抗旱四类。

被引次数排在第三位的《山杏叶片光合生理参数对土壤水分和光照强度的阈值效应》一文，第一作者是滨州学院山东省黄河三角洲生态环境重点实验室的夏江宝，他的主要研究方向为植被恢复与生态重建、水土保持学。该论文以半干旱黄土丘陵区主要灌木树种山杏（*Prunus sibirica*）为试验材料，应用 CIRAS-2 型光合作用仪测定不同土壤质量含水量（W_m）下山杏叶片净光合速率（P_n）、蒸腾速率（T_r）及水分利用效率（WUE）的光响应过程，探讨山杏光合特性对土壤水分和光照条件的适应性。

被引次数排在第四位的《海滨沙地砂引草对沙埋的生长和生理适应对策》一文，第一作者为鲁东大学生命科学学院的王进，该论文通过对烟台海滨沙地自然生长的耐沙埋植物砂引草进行不同厚度的沙埋试验，并通过测定沙埋过程中土壤温度、土壤含水量、叶片鲜重（FW）、干重（DW）等多项指标，探讨砂引草抗沙埋的生长和生理调节策略，为未来砂引草的科学管理和应用提供理论指导。

被引次数排在第五位的高被引论文是《脊尾白虾热休克蛋白 *HSP70* 基因的克隆及其表达分析》，属于遗传学和渔业领域，第一作者是中国水产科学研究院黄海水产研究所的韩俊英。该论文研究克隆了脊尾白虾热休克蛋白基因全长 cDNA，并进行了序列分析。试验结果表明，温度、pH 值和氨氮胁迫对脊尾白虾 HSP 70 基因表达有一定的诱导效果，但胁迫的时间过长则抑制其表达，肝胰腺对胁迫比肌肉较敏感。

二、国际 SCI 论文高被引论文分析

在 SCI 期刊数据库中，检索出第一作者机构来自山东省的高被引论文，最终确定了山东省生物技术领域研究的 20 篇被引次数最高的重点监测论文（表 2-10）。

表 2-10　山东省生物技术领域前 20 篇高被引论文（国际 SCI 论文，截至 2016 年）

序号	标题	作者（前 3）	发表年份	期刊及期卷号	被引频次/次
1	Genome-wide association study identifies susceptibility loci for polycystic ovary syndrome on chromosome 2p16.3, 2p21 and 9q33.3	Chen Zijiang（山东省立医院）、Zhao Han、He Lin	2011	Nature Genetics，43（1）	186

续表

序号	标题	作者（前3）	发表年份	期刊及期卷号	被引频次/次
2	Adsorption of methylene blue from aqueous solution by graphene	Liu Tonghao（青岛大学）、Li Yanhui、Du Qiuju	2012	Colloids and Surfaces B Biointerfaces，90（1）	182
3	In situ synthesis of palladium nanoparticle-graphene nanohybrids and their application in nonenzymatic glucose biosensors	Lu Limin（曲阜师范大学）、Li Hong-Bo、Qu Fengli	2011	Biosensors and Bio-electronics，26（8）	145
4	Paper-based chemiluminescence ELISA: Lab-on-paper based on chitosan modified paper device and wax-screen-printing	Wang Shoumei（济南大学）、Ge Lei、Song Xianrang	2012	Biosensors and Bio-electronics，31（1）	123
5	Microfluidic paper-based chemiluminescence biosensor for simultaneous determination of glucose and uric acid	Yu Jinghua（济南大学）、Ge Lei、Huang Jiadong	2011	Lab on A Chip，11（7）	119
6	Preparation of capacitor's electrode from sunflower seed shell	Li Xiao（山东科技大学）、Xing Wei、Zhuo Shuping	2011	Bioresource Technology，102（2）	117
7	Genome-wide association study identifies eight new risk loci for polycystic ovary syndrome	Shi Yongyong（山东大学）、Zhao Han、Shi, Yuhua	2012	Nature Genetics，44（9）	114
8	Phenotypic Characterization of the Binding of Tetracycline to Human Serum Albumin	Chi Zhenxing（山东大学）、Liu Rutao	2011	Biomacromolecules，12（1）	106
9	Whole-genome sequence of a flatfish provides insights into ZW sex chromosome evolution and adaptation to a benthic lifestyle	Chen Songlin（中国水产科学研究院）、Zhang Guojie、Shao Changwei	2014	Nature Genetics，46（3）	105

序号	标题	作者（前3）	发表年份	期刊及期卷号	被引频次/次
10	3D Origami-based multifunction-integrated immunodevice: low-cost and multiplexed sandwich chemiluminescence immunoassay on microfluidic paper-based analytical device	Ge Lei（济南大学）、Wang Shoumei、Song Xianrang	2012	Lab on A Chip, 12（17）	94
11	Highly selective adsorption of lead ions by water-dispersible magnetic chitosan/graphene oxide composites	Fan Lulu（济南大学）、Luo Chuannan、Sun Min	2013	Colloids and Surfaces B Biointerfaces, 103（1）	93
12	Biodiesel production from algae oil high in free fatty acids by two-step catalytic conversion	Chen Lin（中国科学院青岛生物能源与过程研究所）、Liu Tianzhong、Zhang Wei	2012	Bioresource Technology, 111（1）	88
13	Preparation of novel magnetic chitosan/graphene oxide composite as effective adsorbents toward methylene blue	Fan Lulu（济南大学）、Luo Chuannan、Sun Min	2012	Bioresource Technology, 114（2）	87
14	Electrochemical determination of microRNA-21 based on graphene, LNA integrated molecular beacon, AuNPs and biotin multifunctional bio bar codes and enzymatic assay system	Yin Huanshun（济南大学）、Zhou Yunlei、Zhang Haixia	2012	Biosensors and Bioelectronics, 33（1）	87
15	Variant brain-derived neurotrophic factor Val66Met polymorphism alters vulnerability to stress and response to antidepressants	Yu Hui（山东大学）、Wang Dongdong、Wang Yue	2012	Journal of Neuroscience, 32（12）	85

续表

序号	标题	作者（前3）	发表年份	期刊及期卷号	被引频次/次
16	Electrochemical biosensor based on graphene oxide-Au nanoclusters composites for L-cysteine analysis	Ge Shenguang（济南大学）、Yan Mei、Lu Juanjuan	2012	Biosensors and Bio-electronics, 31（1）	84
17	A novel chemiluminescence paper microfluidic biosensor based on enzymatic reaction for uric acid determination	Yu Jinghua（济南大学）、Wang Shoumei、Ge Lei	2011	Biosensors and Bio-electronics, 26（7）	84
18	Evaluation of housekeeping genes as references for quantitative real time RT-PCR analysis of gene expression in Japanese flounder (Paralichthys olivaceus)	Zheng Wen-jiang（中国科学院海洋研究所）、Sun Li	2011	Fish and Shellfish Immunology, 30（2）	84
19	Adsorbent for chromium removal based on graphene oxide functionalized with magnetic cyclodextrin-chitosan	Li Leilei（济南大学）、Fan Lulu、Sun Min	2013	Colloids and Surfaces B Biointerfaces, 107（7）	82
20	Circulating MicroRNAs in Patients with Active Pulmonary Tuberculosis	Fu Yurong（潍坊医学院）、Yi Zhengjun、Wu Xiaoyan	2011	Journal of Clinical Microbiology, 49（12）	80

前20篇高被引论文中，8篇为2011年发表的论文、9篇为2012年发表的论文、2篇为2013年发表的论文、1篇为2014年发表的论文。从高被引论文的所属学科来看，8篇属于生物物理学、8篇属于生物技术与应用微生物学。

被引次数最高的 *Genome-wide association study identifies susceptibility loci for polycystic ovary syndrome on chromosome 2p16.3, 2p21 and 9q33.3* 一文，第一作者为山东省立医院的陈子江（Chen Zijiang），他的研究领域是生殖医学。该文献中所研究的多囊卵巢综合征（Polycystic Ovarian Syndrome, PCOS）是女性常见的一种代谢紊乱，该论文通过进行全基因组关联研究确定致病基因，确定了

PCOS 和三位点之间关联强的证据，其发现提供了新的洞察 PCOS 的发病机制。

被引次数排名第二位的 *Adsorption of methylene blue from aqueous solution by graphene* 一文，第一作者为青岛大学纤维新材料与现代纺织国家重点实验室培育基地的刘同浩（Liu Tonghao），该实验室以成纤聚合物的合成及其结构与性能研究、纤维新材料成纤工艺、现代纺织加工理论与技术、纤维集合体的功能整理为主攻研究方向。在该论文中，研究人员采用改良的 Hummers 方法制备石墨烯，用透射电镜对石墨烯的物理化学性质进行了表征，研究了 pH 值、接触时间、温度和剂量等因素对石墨烯的吸附性能影响。吸附实验数据表明石墨烯是一个很好的亚甲基蓝吸附剂。

被引次数排名第三位的 *In situ synthesis of palladium nanoparticle-graphene nanohybrids and their application in nonenzymatic glucose biosensors* 一文中，第一作者为曲阜师范大学化学与化工学院的卢丽敏（Lu Limin），她主要从事功能纳米材料及生物传感应用研究。该论文的主要贡献是基于钯纳米粒子修饰电极检测葡萄糖（PdNPs）功能的石墨开发一个非酶电化学生物传感器。在该论文研究中，使用原位还原法合成了钯纳米石墨烯纳米复合材料，该复合材料在碱性介质中表现出非常高的电催化氧化葡萄糖的电化学活性。

被引次数排名第四位的 *Paper-based chemiluminescence ELISA: Lab-on-paper based on chitosan modified paper device and wax-screen-printing*，被引频次达到 123 次，第一作者为济南大学化学化工学院氟化学化工材料重点实验室的王寿梅（Wang Shoumei）。该实验室主要致力于氟化学、氟化工、氟材料及与其相关或交叉领域的应用基础研究和高新技术创新。在该论文中，王寿梅等使用一种新的纸装置，使用肿瘤标志物和纸微区板为模型，成功地进行了实验并发现该方法的灵敏度和线性范围足够进行临床应用。该论文发现，这种新型壳聚糖改性及蜡网印刷方法可以很容易地转换到其他电化学和光电化学等信号机制中。

被引次数排名第五位的高被引论文仍然是来自济南大学于京华（Yu Jinghua）团队的 *Microfluidic paper-based chemiluminescence biosensor for simultaneous determination of glucose and uric acid*。该论文被引次数为 119 次，在这项研究中，

作者设计了一种新型的微流控化学发光分析装置，具有同时、快速、敏感的测定葡萄糖和尿酸的功能。这项生物传感器的实验是基于氧化酶反应（分别是葡萄糖氧化酶和尿酸氧化酶）和化学发光反应。研究发现，通过不同葡萄糖和尿酸所走的距离，可以同时测定葡萄糖和尿酸。

第三章

基于国内CSCD论文的山东省生物技术领域分析

在本章中，基于山东省在国内 CSCD 期刊上发表的论文进行文献计量分析和可视化分析，可以展现山东省在生物技术领域的主要研究领域和研究主题、高产机构、高产作者。

首先使用 BibExcel 抽取"学科"字段，统计各研究方向的频次，同时生成研究方向共现对，从而生成 pajek 格式的网络图。将该网络图放入 VOSviewer 进行可视化分析，同时进行聚类，识别出山东省生物技术领域的四大重点研究子领域——生物遗传、生物农业、生物医学和生物工程。每个大的研究领域又由多个小的学科领域组成，如图 3-1 和表 3-1 所示。

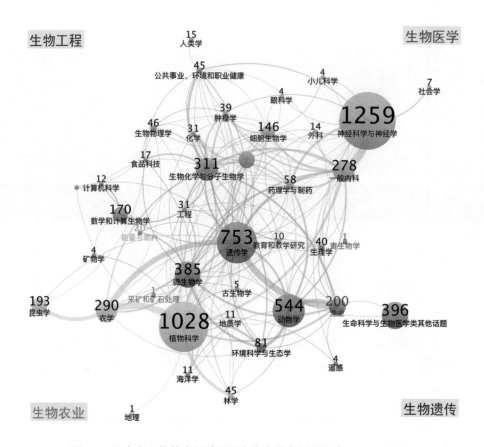

图 3-1　山东省生物技术领域的研究方向分布图（国内 CSCD 论文）

表 3-1　山东省生物技术领域四大重点子领域（国内 CSCD 论文）

聚类名称	研究方向	研究方向（英文）	文献数量/篇
生物遗传	遗传学	Genetics and Heredity	753
	动物学	Zoology	544
	生命科学生物医学其他主题	Life Sciences and Biomedicine-Other Topics	396
	微生物学	Microbiology	385
	渔业	Fisheries	200
	环境科学与生态学	Environmental Sciences and Ecology	81
	生理学	Physiology	40
	生殖生物学	Reproductive Biology	13
	海洋学	Oceanography	11
	寄生物学	Parasitology	1
	解剖与形态学	Anatomy and Morphology	1

续表

聚类名称	研究方向	研究方向（英文）	文献数量 / 篇
生物医学	神经科学与神经学	Neurosciences and Neurology	1 259
	一般内科	General and Internal Medicine	278
	细胞生物学	Cell Biology	146
	药理学与制药	Pharmacology and Pharmacy	58
	肿瘤学	Oncology	39
	外　科	Surgery	14
	小儿科学	Pediatrics	4
	眼科学	Ophthalmology	4
	内分泌学与新陈代谢	Endocrinology and Metabolism	2
	产科学与妇科学	Obstetrics and Gynecology	1
	耳鼻喉科	Otorhinolaryngology	1
生物工程	生物化学与分子生物学	Biochemistry and Molecular Biology	311
	生物技术与应用微生物学	Biotechnology and Applied Microbiology	189
	数学与计算生物学	Mathematical and Computational Biology	170
	生物物理学	Biophysics	46
	化　学	Chemistry	31
	工　程	Engineering	31
	能量与燃料	Energy and Fuels	20
	食品科技	Food Science and Technology	17
	人类学	Anthropology	15
	计算机科学	Computer Science	12
	生物多样性与保育	Biodiversity and Conservation	9
	机械学	Mechanics	8
	古生物学	Paleontology	5
	数　学	Mathematics	4
	科技类其他主题	Science and Technology - Other Topics	4
	材料科学	Materials Science	3
生物农业	植物科学	Plant Sciences	1 028
	农　学	Agriculture	290
	昆虫学	Entomology	193
	林　学	Forestry	45

第一节　生物遗传领域

生物遗传研究生物起源、进化与发育的基因和基因组结构、功能与演变及其规律等，是生物学的一个重要分支，经历了孟德尔经典遗传、分子遗传和如今系统遗传的研究时期。在史前，人们就已经利用生物体的遗传特性通过选择育种来提高谷物和牲畜的产量。

其研究范围包括遗传物质的本质、遗传物质的传递和遗传信息的实现三个方面。遗传物质的本质包括遗传物质的化学本质、遗传所包含的遗传信息、遗传物质的结构、组织和变化等；遗传物质的传递包括遗传物质的复制、染色体的行为、遗传规律和基因在群体中的数量变迁等；遗传信息的实现包括基因的原初功能、基因的相互作用、基因的调控以及个体发育中的基因作用机制等。

2011～2015 年，山东省发表生物遗传领域的论文 2350 篇，占整个山东省生物技术领域发文量的 43.4%。如图 3-2 所示，在生物遗传领域，山东省的主要研究方向包括动植物发育遗传、蛋白质组学、群体遗传、细胞遗传、微生物遗传。

一、动植物发育遗传研究

动植物发育遗传研究基因如何控制生长、形态、分化等内容，即研究基因如何表达成动植物性状的规律，或动植物的基因型如何转化成表型，一般利用导致不正常发育的突变型进行研究。

图 3-2　生物遗传领域的主要研究主题和优势领域（国内 CSCD 论文）

　　其中，动植物发育遗传方向主要有遗传多样性、克隆、微卫星、基因表达、大菱鲆五个研究热点主题，前 10 个高频关键词分布如表 3-2 所示。

表 3-2　动植物发育遗传方向前 10 个高频关键词（国内 CSCD 论文）

序号	关键词	频次 / 次	序号	关键词	频次 / 次
1	遗传多样性	71	6	生　长	28
2	克　隆	54	7	半滑舌鳎	23
3	微卫星	34	8	温　度	23
4	基因表达	29	9	表达分析	19
5	大菱鲆	29	10	花　生	18

（一）遗传多样性

遗传多样性是指种内基因的变化，包括同种显著不同的群体间或同一群体内的遗传变异，是对一个种群基因库中遗传因子多样化的测度。

2011~2015 年，山东省生物技术领域发表以遗传多样性为主要内容的论文 119 篇，研究的主要热点有微卫星（14 篇）、微卫星标记（8 篇）、遗传结构（7 篇）、遗传分化（6 篇）、野生群体（5 篇）等。其主要研究机构包括中国水产科学研究院黄海水产研究所（30 篇）、中国科学院海洋研究所（12 篇）、中国海洋大学海洋生命学院（8 篇）等。

代表性文献包括：闫龙（中国海洋大学）、宋娜、王俊等在 2015 年发表在《水生生物学报》上的《基于线粒体控制区的中华绒螯蟹群体遗传多样性分析》；宋娜（中国海洋大学水产学院）、高天翔、王志勇在 2012 年发表在《水产学报》上的《中国近海路氏双髻鲨群体线粒体 DNA 控制区序列比较分析》；贾舒雯（中国海洋大学水产学院）、刘萍、李健等在 2012 年发表在《水产学报》上的《脊尾白虾 3 个野生群体遗传多样性的微卫星分析》；韩智科（中国水产科学研究院黄海水产研究所）、刘萍、李健等在 2012 年发表在《渔业科学进展》上的《三疣梭子蟹多态性微卫星 DNA 标记的筛选及评价》；宋春妮（中国水产科学研究院黄海水产研究所）、李健、刘萍等在 2011 年发表在《水产学报》上的《日本蟳 4 个野生群体遗传多样性的微卫星分析》等。

（二）克隆

克隆是指利用生物技术由无性生殖产生与原个体有完全相同基因组织后代的过程。

2011~2015 年，生物遗传领域发表以克隆为主要内容的论文 386 篇，研究的主要热点有表达（13 篇）、序列分析（11 篇）、表达分析（6 篇）、半滑舌鳎（4 篇）等。其主要研究机构包括中国水产科学研究院黄海水产研究所（52 篇）、中国科学院海洋研究所（21 篇）、中国海洋大学海洋生命学院（14 篇）等。

代表性的文献有：李海龙（中国海洋大学）、刘建国、刘晓玲等在 2013

年发表在《中国水产科学》上的《栉孔扇贝 *wnt4* 基因 cDNA 克隆及表达分析》；韩俊英（中国水产科学研究院黄海水产研究所）、李健、李吉涛等在 2011 年发表在《水产学报》上的《脊尾白虾热休克蛋白 HSP 70 基因的克隆及其表达分析》等。

（三）微卫星

微卫星是以少数几个核苷酸（多数为 2～4 个）为单位多次串联重复的 DNA 序列。

2011～2015 年，生物遗传领域发表以微卫星为主要内容的论文 63 篇，研究的主要热点有遗传多样性（14 篇）、长牡蛎（4 篇）、刺参（3 篇）、野生群体（3 篇）、遗传结构（3 篇）等。其主要研究机构包括中国水产科学研究院黄海水产研究所（24 篇）、中国科学院海洋研究所（7 篇）、中国海洋大学海洋生命学院（5 篇）等。

代表性的文献有：杨智鹏（中国海洋大学）、于红、于瑞海等在 2015 年发表在《水产学报》上的《中国沿海脉红螺群体遗传多样性及其遗传结构》；姜群（中国海洋大学水产学院）、李琪、于红等在 2014 年发表在《水产学报》上的《微卫星标记在长牡蛎三倍体鉴定中的应用》；郭香（中国海洋大学）、李琪、孔令锋等在 2013 年发表在《水产学报》上的《基于微卫星标记整合长牡蛎遗传图谱》；王庆志（中国海洋大学）、李琪、孔令锋在 2012 年发表在《水产学报》上的《长牡蛎 3 代人工选育群体的微卫星分析》等。

（四）基因表达

基因表达是指在一定遗传背景的调控和适宜的细胞内环境条件下，生物体内储存遗传信息的基因通过转录为 mRNA，编译为蛋白质而得到表现的过程。这个过程即遗传信息从核酸（主要是 DNA）到蛋白质的传递过程，整个过程包括转录、转译和加工等，也就是经典遗传学中从基因型到表现型的整个过程。

2011～2015 年，生物遗传领域发表以基因表达为主要内容的论文 585 篇，研究的主要热点有基因克隆（4）、脊尾白虾（3篇）、毕赤酵母（3篇）、生物活性（2篇）等。其主要研究机构包括中国水产科学研究院黄海水产研究所（55篇）、中国科学院海洋研究所（26篇）、青岛农业大学生命科学学院（24篇）等。

代表性的文献有：段亚飞（中国水产科学研究院黄海水产研究所）、刘萍、李吉涛等在2014年发表在《中国水产科学》上的《脊尾白虾抗细胞凋亡因子 *DAD1* 基因的克隆及其组织表达分析》；段亚飞（中国水产科学研究院黄海水产研究所）、刘萍、李吉涛等在2013年发表在《动物学研究》上的《脊尾白虾组织蛋白酶 *L* 基因的克隆及其表达分析》。

（五）大菱鲆

大菱鲆属于硬骨鱼纲、鲽形目鲆科，英文名为 Turbot，俗称欧洲比目鱼，在中国称为多宝鱼、瘤棘鲆。原产于欧洲大西洋海域，是世界公认的优质比目鱼之一。

2011～2015年，生物遗传领域以大菱鲆为主要内容的文献29篇，研究的主要热点有家系（4篇）、生长（3篇）、遗传多样性（3篇）、鳗弧菌（2篇）、耐高温（2篇），微卫星标记（2篇）等。其主要研究机构包括中国水产科学研究院黄海水产研究所（26篇）、山东省海水养殖研究所（4篇）、烟台市开发区天源水产有限公司（4篇）等。

代表性的文献有：郭建丽（中国水产科学研究院黄海水产研究所）、田岳强、马爱军等在2015年发表在《海洋与湖沼》上的《大菱鲆（Scophthalmus maximus）抗鳗弧菌（Vibrio anguillarum）性状的微卫星分子标记研究》的文章；刘滨（中国水产科学研究院黄海水产研究所）、刘新富、刘思涛等在2013年发表在《渔业科学进展》上的《大菱鲆引进群体与国内累代繁养群体线粒体 D-loop 区部分序列的遗传多态性分析》；马爱军（中国水产科学研究院黄海水产研究所）、黄智慧、王新安等在2012年发表在《海洋与湖沼》上的《大菱鲆（Scophthalmus maximus）耐高温品系选育及耐温性能评估》等。

二、蛋白质组学

蛋白质组学本质上指的是在大规模水平上研究蛋白质的特征，包括蛋白质的表达水平、翻译后的修饰、蛋白与蛋白相互作用等，由此获得蛋白质水平上的关于疾病发生、细胞代谢等过程的整体、全面的认识。它集中于动态描述基因调节，对基因表达的蛋白质水平进行定量测定，鉴定疾病、药物对生命过程的影响以及解释基因表达调控的机制。

其中，蛋白质组学方向主要有原核表达、基因克隆、鉴定、毕赤酵母、纯化五个热点研究主题，前 10 个高频关键词分布如表 3-3 所示。

表 3-3　蛋白质组学方向前 10 个高频关键词（国内 CSCD 论文）

序号	关键词	频次 / 次	序号	关键词	频次 / 次
1	原核表达	52	6	酶学性质	18
2	基因克隆	50	7	大肠杆菌	17
3	鉴 定	31	8	筛 选	17
4	毕赤酵母	20	9	胚胎发育	16
5	纯 化	18	10	优 化	12

（一）原核表达

原核表达是指通过基因克隆技术，将外源目的基因通过构建表达载体并导入表达菌株的方法，使其在特定原核生物或细胞内表达。

2011～2015 年，山东省生物技术领域发表以原核表达为主要内容的论文109 篇，研究的主要热点有多克隆抗体（6 篇）、融合蛋白（4 篇）、半滑舌鳎（4 篇）、纯化（4 篇）、基因克隆（4 篇）等。其主要研究机构包括中国水产科学研究院黄海水产研究所（10 篇）、中国科学院海洋研究所（6 篇）、青岛农业大学生命科学学院（6 篇）等。

代表性的文献有：柳学周（中国水产科学研究院黄海水产研究所）、刘芝亮、徐永江等在 2014 年发表在《海洋与湖沼》上的《半滑舌鳎（*Cynoglossus semilaevis* Günther）生长激素体外重组表达及活性分析》；刘芝亮（中国水产科学研究院黄海水产研究所）、徐永江、柳学周等在 2013 年发表在《中国水产科学》上的《半滑舌鳎类胰岛素生长因子-I的原核表达及活性分析》等。

（二）基因克隆

基因克隆是把基因或含有目的基因的 DNA 片段插入能够自我复制遗传成分的纯化的 DNA 基因组内，通常为病毒或是质粒，然后进行大量繁殖得到等量扩增的相同的目的基因。

2011～2015 年，生物遗传领域发表了以基因克隆为主要内容的论文 354 篇，研究的主要热点有脊尾白虾（7 篇）、表达（6 篇）、序列分析（5 篇）、基因表达（4 篇）、原核表达（4 篇）等。其主要研究机构包括中国水产科学研究院黄海水产研究所（48 篇）、中国科学院海洋研究所（19 篇）、中国海洋大学海洋生命学院（13 篇）等。

代表性的文献有：段亚飞（中国水产科学研究院黄海水产研究所）、刘萍、李吉涛等在 2014 年发表在《中国水产科学》上的《脊尾白虾抗细胞凋亡因子 *DAD1* 基因的克隆及其组织表达分析》；段亚飞（中国水产科学研究院黄海水产研究所）、刘萍、李吉涛等在 2013 年发表在《动物学研究》上的《脊尾白虾组织蛋白酶 *L* 基因的克隆及其表达分析》；韩俊英（中国水产科学研究院黄海水产研究所）、李健、李吉涛等在 2011 年发表在《水产学报》上的《脊尾白虾热休克蛋白 *HSP70* 基因的克隆及其表达分析》等。

（三）鉴定

鉴定是指用科学的方法，对研究的育种材料和品种的形状在一定条件下表现的优劣进行的评定。

2011～2015 年，生物遗传领域发表以鉴定为主要内容的文章 455 篇，研究的主要热点有筛选（7 篇）、分类（3 篇）、拮抗菌（3 篇）、分离（3 篇）、海洋微生物（2 篇）等。其主要研究机构包括中国科学院海洋研究所（30 篇）、中国水产科学研究院黄海水产研究所（28 篇）、国家海洋局第一海洋研究所（20 篇）等。

代表性的文献有：黄晓琴（山东农业大学园艺科学与工程学院）、张丽霞、刘会香等在 2015 年发表在《茶叶科学》上的《抗茶树冰核细菌内生菌的筛选及鉴定》；黄晓琴（山东农业大学园艺科学与工程学院）、张丽霞、刘会香等在 2013 年发表在《茶叶科学》上的《一株茶树冰核细菌拮抗菌的筛选及鉴定》等。

（四）毕赤酵母

巴斯德毕赤酵母是甲醇营养型酵母中的一类能够利用甲醇作为唯一碳源和能源的酵母菌。它的另一个生物学特点是，甲醇代谢所需的醇氧化酶被分选到过氧化物酶体中，形成区域化，根据甲醇酵母这种可以形成过氧化物酶体的特性，既可利用该系统表达一些毒性蛋白和易被降解的酶类，也可用以研究细胞特异区域化的生物发生及其机制和功能，为高等动物类似的研究提供启示。

2011～2015 年，生物遗传领域发表以毕赤酵母为主要内容的文章 32 篇，研究的主要热点有分泌表达（3 篇）、表达（3 篇）、基因表达（3 篇）、生物活性（3 篇）、纯化（3 篇）等。其主要研究机构包括国家海洋局第一海洋研究所（2 篇）、山东大学生命科学学院（2 篇）、聊城大学生命科学学院（2 篇）等。

代表性的文献有：郭元芳（山东大学医学院生物化学与分子生物学研究所）、孙高英、郝建荣等 2013 年发表在《生物技术》上的《黑曲霉葡萄糖氧化酶在毕赤酵母 SMD 1168 中的表达》；唐卫华（山东轻工业学院食品与生物工程学院）、王瑞明、肖静等 2013 年发表在《生物技术》上的《β-甘露聚糖酶基因在毕赤酵母中的高效表达》；侯重文（山东大学药学院）、钊倩倩、刘飞等 2014 年发表在《药物生物技术》上的《米曲霉乳糖酶在毕赤酵母中的高效表达》等。

（五）纯化

蛋白的分离纯化在生物化学研究应用中使用广泛，是一项重要的操作技术。蛋白纯化要利用不同蛋白间的内在相似性与差异，利用各种蛋白间的相似性来去除非蛋白物质的污染，利用各蛋白的差异将目的蛋白从其他蛋白中纯化出来。

2011～2015 年，生物遗传领域发表以纯化为主要内容的文章 195 篇，研究的主要热点有原核表达（4 篇）、表达（3 篇）、融合蛋白（3 篇）、毕赤酵母（3 篇）、高效表达（2 篇）等。其主要研究机构包括中国水产科学研究院黄海水产研究所（14 篇）、中国海洋大学医药学院（11 篇）、中国海洋大学海洋生命学院（11 篇）等。

代表性的文献有：宋春妮（中国水产科学研究院黄海水产研究所）、李健、刘萍等在 2011 年发表在《水产学报》上的《日本蟳微卫星富集文库的建立与多态性标记的筛选》；曲鹏（中国海洋大学医药学院）、刘培培、付鹏等在 2012 年发表在《微生物学报》上的《黄河三角洲耐盐真菌 Penicillium chrysogenum HK14-01 的次生代谢产物》等。

三、群体遗传

群体遗传在群体水平上研究植物、动物和人类等的遗传结构和变化规律。研究物种内以及物种之间遗传构成多样性，关注在自然选择下物种的进化、分化以及在自然环境下耐受性等生物学特征，探讨物种过去的分化和演化过程，预测其将来的变化趋势。主要采用基因多样性分型和数学统计方式结合的手段，建立与遗传多样性表现相关的进化模型。

其中，群体遗传方向主要有多样性、生物量、大型底栖动物、群落结构、丰度五个热点研究主题，前 10 个高频关键词分布如表 3-4 所示。

表 3-4　群体遗传方向前 10 个高频关键词（国内 CSCD 论文）

序号	关键词	频次 / 次	序号	关键词	频次 / 次
1	多样性	35	6	胶州湾	19
2	生物量	28	7	浮游动物	15
3	大型底栖动物	27	8	环境因子	13
4	群落结构	26	9	东　海	11
5	丰　度	23	10	分　布	11

（一）多样性

物种多样性也称物种歧异度，是指一定区域内动物、植物、微生物等生物种类的丰富程度。物种多样性是生物多样性的核心，也是生物多样性研究的基础。物种多样性包括物种丰富度和物种均匀度两方面的含义。物种丰富度是对一定空间范围内的物种数目的简单描述，物种均匀度则是对不同物种在数量上接近程度的衡量。

2011～2015 年，生物遗传领域发表以多样性为主要内容的文献 328 篇，研究的主要热点有大型底栖动物（3 篇）、潮间带（3 篇）、细菌（3 篇）、群落结构（3 篇）、放线菌（2 篇）等。其主要研究机构包括中国水产科学研究院黄海水产研究所（43 篇）、中国科学院海洋研究所（30 篇）、中国海洋大学海洋生命学院（26 篇）等。

代表性的文献有：杨传平（中国海洋大学海洋生命学院）、赵宁、季相星等在 2014 年发表在《海洋湖沼通报》上的《秋季乳山湾潮间带大型底栖动物的群落结构特征》；季相星（中国海洋大学海洋生命学院）、曲方圆、隋吉星等在 2012 年发表在《海洋科学》上的《辽东湾西部海域秋季大型底栖动物的群落结构特征》等。

（二）生物量

生物量是指某一时间单位面积或体积栖息地内所含一个或一个以上生物种，或所含一个生物群落中所有生物种的总个数或总干重（包括生物体内所存食物的重量）。生物量（干重）的单位通常是用克/米^{2}或焦/米^{2}表示。某一时限任意空间所含生物体的总量，量的值用重量或能量来表示，用于种群和群落。用鲜重或干重衡量时规定用 B 表示，用能量衡量时，则用 QB 表示。

2011～2015 年，生物遗传领域发表以生物量为主要内容的文献 622 篇，研究的主要热点有丰度（18 篇）、小型底栖动物（6 篇）、大型底栖动物（5 篇）、群落结构（4 篇）、胶州湾（3 篇）等。其主要研究机构包括中国科学院海洋研究所（65 篇）、中国水产科学研究院黄海水产研究所（36 篇）、中国海洋大学海洋生命学院（30 篇）等。

代表性的文献有：史本泽（中国科学院海洋研究所）、于婷婷、徐奎栋在 2015 年发表在《生态学报》上的《长江口及东海夏季小型底栖动物丰度和生物量变化》；于莹（中国科学院海洋研究所）、张武昌、蔡昱明等在 2014 年发表在《海洋与湖沼》上的《冬季和夏季南海北部浮游纤毛虫的分布特点》；于婷婷（中国科学院海洋研究所）、徐奎栋在 2013 年发表在《生态学报》上的《长江口及邻近海域秋冬季小型底栖动物类群组成与分布》；丁军军（中国科学院海洋研究所）、徐奎栋在 2012 年发表在《海洋与湖沼》上的《黄海水母旺发区浮游鞭毛虫和纤毛虫群落结构分布及其与水母发生关系初探》；于莹（中国科学院海洋研究所）、张武昌、赵楠等在 2011 年发表在《海洋与湖沼》上的《胶州湾浮游纤毛虫丰度和生物量的周年变化》等。

（三）大型底栖动物

底栖动物是底栖生物中的动物总称，是生活在水体底部的动物群落。底栖动物是指生活史的全部或大部分时间生活在水体底部的水生动物群，除定居和活动生活以外，栖息的形式多为固着于岩石等坚硬的基体上和埋没于泥沙等松软的基底中。为了研究方便，将不能通过 500 μm 孔径筛网的称为大型底栖动物。

2011～2015 年，生物遗传领域发表以大型底栖动物为主要内容的文章 37 篇，研究的主要热点有群落结构（7 篇）、生物量（5 篇）、生物多样性（5 篇）、丰度（5 篇）、次级生产力（4 篇）等。其主要研究机构包括中国科学院海洋研究所（13 篇）、中国海洋大学海洋生命学院（9 篇）、国家海洋局第一海洋研究所（4 篇）等。

代表性的文献有：纪莹璐（中国海洋大学海洋生命学院）、赵宁、王振钟等在 2015 年发表在《应用生态学报》上的《乳山湾潮间带春季大型底栖动物群落结构》；赵宁（中国海洋大学海洋生命学院）、季相星、王振钟等在 2013 年发表在《海洋湖沼通报》上的《乳山湾春秋季大型底栖动物生态学特征》；王振钟（中国海洋大学海洋生命学院）、隋吉星、曲方圆等在 2013 年发表在《海洋湖沼通报》上的《春季辽东湾西部海域大型底栖动物生态学研究》；季相星（中国海洋大学海洋生命学院）、曲方圆、隋吉星等在 2012 年发表在《海洋科学》上的《辽东湾西部海域秋季大型底栖动物的群落结构特征》等。

（四）群落结构

群落结构是指群落中各种生物在空间和时间上的配置状态。组成群落的物种是群落结构的基础，对群落的性质和功能起控制性影响的往往是营养级低、数量多、生产力高，能为消费者提供食物和栖息场所的优势种。群落结构包括垂直结构、水平结构和群落季相 3 个方面。

2011～2015 年，生物遗传领域发表以群落结构为主要内容的文章 95 篇，研究的主要热点有大型底栖动物（7 篇）、丰度（5 篇）、生物量（4 篇）、底栖动物（3 篇）、多样性（3 篇）等。其主要研究机构包括中国科学院海洋研究所（13 篇）、中国海洋大学海洋生命学院（9 篇）、中国水产科学研究院黄海水产研究所（7 篇）等。

代表性的文献有：刘静（中国科学院海洋研究所）、宁平在 2011 年发表在《生物多样性》上的《黄海鱼类组成、区系特征及历史变迁》；孙晓霞（山东胶州湾海洋生态系统国家野外科学观测研究站）、孙松、吴玉霖等在 2011 年发表在《海洋与湖沼》上的《胶州湾网采浮游植物群落结构的长期变化》；国辉（山东农业大学生命科学学院）、毛志泉、刘训理在 2011 年发表在《中国农学通报》上的《植物与微生物互作的研究进展》等。

（五）丰度

丰度是指在某一区域或群落内，某种或某一类群生物的个体数量的估量。常用绝对丰度和相对丰度来表示。绝对丰度常用于植物，以极多、很多、多、常见、一般、较少、偶见、罕见等来表示。相对丰度是指单位区域或群落内，某一种生物的个体数量与所有其他生物个体数量总和之比。

2011～2015 年，生物遗传领域发表以丰度为主要内容的文章 174 篇，研究的主要热点有生物量（18 篇）、小型底栖动物（6 篇）、大型底栖动物（5

篇)、群落结构(5篇)、东海(3篇)等。其主要研究机构包括中国科学院海洋研究所(34篇)、中国海洋大学海洋生命学院(21篇)、中国水产科学研究院黄海水产研究所(13篇)等。

代表性的文献有:代鲁平(中国科学院海洋研究所)、李超伦、孙晓霞等在2014年发表在《海洋与湖沼》上的《2012年冬季菲律宾海浮游动物丰度和生物量的水平分布》;于莹(中国科学院海洋研究所)、张武昌、蔡昱明等在2014年发表在《海洋与湖沼》上的《冬季和夏季南海北部浮游纤毛虫的分布特点》;于莹(中国科学院海洋研究所)、张武昌、张光涛等在2012年发表在《生态学报》上的《2010年两个航次獐子岛海域浮游纤毛虫丰度和生物量》;于莹(中国科学院海洋研究所)、张武昌、赵楠等在2011年发表在《海洋与湖沼》上的《胶州湾浮游纤毛虫丰度和生物量的周年变化》等。

四、细胞遗传

细胞遗传主要是从细胞学的角度,特别是从染色体的结构和功能以及染色体和其他细胞器的关系来研究遗传现象,阐明遗传和变异的机制。其研究对象主要是真核生物,包括人类在内的高等动植物。

其中,细胞遗传方向主要有表达、小鼠、生物信息学三个热点研究主题,前10个高频关键词分布如表3-5所示。

表3-5　细胞遗传方向前10个高频关键词(国内CSCD论文)

序号	关键词	频次/次	序号	关键词	频次/次
1	表　达	37	6	拟南芥	10
2	小　鼠	16	7	RNA干扰	9
3	生物信息学	13	8	发　育	9
4	壳聚糖	11	9	生物活性	9
5	实时荧光定量PCR	11	10	细胞凋亡	9

(一)表达

表达是指细胞在生命过程中,把储存在DNA顺序中遗传信息经过转录和翻译，转变成具有生物活性的蛋白质分子。

2011～2015 年，生物遗传领域发表以表达为主要内容的文章 852 篇，研究的主要热点有克隆（13 篇）、基因克隆（6 篇）、酶学性质（5 篇）、毕赤酵母（3 篇）、脊尾白虾（3 篇）等。其主要研究机构包括中国水产科学研究院黄海水产研究所（75 篇）、中国科学院海洋研究所（55 篇）、青岛农业大学生命科学学院（30 篇）等。

代表性的文献有：葛倩倩（中国海洋大学）、李健、梁俊平等在 2014 年发表在《中国海洋大学学报（自然科学版）》上的《中国明对虾 Imd 免疫信号通路相关基因克隆及表达分析》；李洋（中国水产科学研究院黄海水产研究所）、刘萍、李健等在 2014 年发表在《海洋与湖沼》上的《脊尾白虾酚氧化酶原基因克隆及表达分析》；段亚飞（中国水产科学研究院黄海水产研究所）、刘萍、李吉涛等在 2013 年发表在《海洋与湖沼》上的《脊尾白虾（*Exopalaemon carinicauda*）组织蛋白酶 D 基因的克隆及其表达分析》；李美玉（上海海洋大学）、李健、刘萍等在 2012 年发表在《海洋与湖沼》上的《脊尾白虾（*Exopalaemon carinicauda*）ferritin 基因克隆及表达分析》等。

（二）小鼠

小鼠是由小家鼠演变而来的，广泛分布于世界各地，经长期人工饲养选择培育，已育成 1000 多近交系和独立的远交群。早在 17 世纪就有人用小鼠做实验，现已成为使用量最大、研究最详尽的哺乳类实验动物。

2011～2015 年，生物遗传领域发表以小鼠为主要内容的文章 96 篇，研究的主要热点有卵母细胞（2 篇）、1 型糖尿病（2 篇）、孤雌激活（1 篇）、瘦素（1 篇）、病毒性心肌炎（1 篇）等。其主要研究机构包括青岛农业大学动物科技学院（7 篇）、山东农业大学动物科技学院（3 篇）、聊城大学农学院（3 篇）等。

代表性的文献有：王雪（山东农业大学生命科学学院）、赵龙玉、赵凤春等在 2015 年发表在《食品科学》上的《应用 Illumina 高通量测序技术探究长根菇多糖对小鼠肠道菌群的影响》；邹宁（鲁东大学生命科学学院）、吕剑涛、薛仁余等在 2011 年发表在《时珍国医国药》上的《天麻素对小鼠的镇静催眠作用》；邱波（烟台市莱阳中心医院消化内科）、荆雪宁、武继彪等在 2015 年发表在《南京中医药大学学报》上的《黄芪多糖诱导的树突状细胞疫苗对 S180 荷瘤小鼠抗肿瘤作用研究》等。

（三）生物信息学

生物信息学作为一门新的学科领域，是把基因组 DNA 序列信息分析作为源头，在获得蛋白质编码区的信息后进行蛋白质空间结构模拟和预测，然后依据特定蛋白质的功能进行必要的药物设计。基因组信息学、蛋白质空间结构模拟以及药物设计构成了生物信息学的 3 个重要组成部分。

2011～2015 年，生物遗传领域发表以生物信息学为主要内容的文章 96 篇，研究的主要热点有基因克隆（1 篇）、*AtTPS1* 基因（1 篇）、氨基酸序列（1 篇）、植物病毒（1 篇）、梨（1 篇）等。其主要研究机构包括中国水产科学研究院黄海水产研究所（8 篇）、中国科学院海洋研究所（8 篇）、青岛农业大学生命科学学院（6 篇）等。

代表性的文献有：李超伦（中国科学院海洋研究所）、王敏晓、程方平等在 2011 年发表在《生物多样性》上的《DNA 条形码及其在海洋浮游动物生态学研究中的应用》；张春兰（潍坊学院生物与农业工程学院）、秦孜娟、王桂芝等在 2012 年发表在《生物技术通报》上的《转录组与 RNA-Seq 技术》；张广科（青岛农业大学生命科学学院）、肖培连、侯丽霞等在 2014 年发表在《植物生理学报》上的《葡萄 *VvBAP1* 基因的克隆及表达特性分析》等。

五、微生物遗传

微生物遗传主要采用微生物学和生物化学的研究方法，研究内容已由基因的分离、连锁和重组深入遗传物质的本质，包括基因的精细结构、基因突变、基因定位和基因调控等方面，为后来分子遗传的研究奠定了基础。

其中，微生物遗传方向主要有序列分析、脊尾白虾、系统进化三个热点研究主题，前 10 个高频关键词分布如表 3-6 所示。

表 3-6 微生物遗传方向前 10 个高频关键词（国内 CSCD 论文）

序号	关键词	频次／次	序号	关键词	频次／次
1	序列分析	32	6	脂肪酸	11
2	脊尾白虾	19	7	抑菌活性	10
3	系统进化	16	8	系统发育	10
4	多态性	12	9	DNA 条形码	9
5	系统发育分析	12	10	分子鉴定	9

（一）序列分析

在生物学的研究中，序列分析是指通过对基因和蛋白质序列进行比较分析获取有用的信息和知识。

2011～2015 年，生物遗传领域发表以序列分析为主要内容的文章 443 篇，研究的主要热点有克隆（11 篇）、基因克隆（5 篇）、坛紫菜（2 篇）、分离鉴定（2 篇）、线粒体 DNA（2 篇）等。其主要研究机构包括中国水产科学研究院黄海水产研究所（67 篇）、中国科学院海洋研究所（47 篇）、中国海洋大学海洋生命学院（18 篇）等。

代表性的文献有：郇丽（中国科学院海洋研究所）、贾兆君、张宝玉等在 2014 年发表在《海洋科学》上的《坛紫菜碳酸酐酶基因的克隆、表达及酶活性分析》；张晓娟（中国科学院海洋研究所）、王广策、何林文等在 2011 年发表在《海洋科学》上的《坛紫菜磷酸烯醇式丙酮酸羧化酶基因的克隆与序列分析》等。

（二）脊尾白虾

脊尾白虾为近岸广盐广温广布种，一般生活在近岸的浅海中，盐度不超过 29‰ 的海域或近岸河口及半咸淡水域中，经过驯化也能生活在淡水中。脊尾白虾对环境的适应性强，水温在 2～35℃ 均能成活，在冬天低温时，有钻洞冬眠的习性。

2011～2015 年，生物遗传领域发表以脊尾白虾为主要内容的文章 19 篇，研究的主要热点有基因克隆（7 篇）、遗传多样性（4 篇）、基因表达（3 篇）、表达（3篇）、表达分析（2篇）等。其主要研究机构为中国水产科学研究院黄海水产研究所，发文量为18篇。

代表性的文献有：段亚飞（中国水产科学研究院黄海水产研究所）、刘萍、李吉涛等在2013年发表在《动物学研究》上的《脊尾白虾组织蛋白酶L基因的克隆及其表达分析》；马朋（中国水产科学研究院黄海水产研究所）、刘萍、李健在2012年发表在《水产学报》上的《脊尾白虾3个野生群体ITS1序列分析及其亲缘关系分析》；韩俊英（中国水产科学研究院黄海水产研究所）、李健、李吉涛等在2011年发表在《水产学报》上的《脊尾白虾热休克蛋白HSP70基因的克隆及其表达分析》等。

（三）系统进化

生态系统在生物与环境的相互作用下产生能流和信息流，并促成物种的分化和生物与环境的协调，其在时间向度上的复杂性和有序性的增长过程称为生态系统的进化。

2011～2015年，生物遗传领域发表以系统进化为主要内容的文章265篇，研究的主要热点有遗传多样性（4篇）、脊尾白虾（2篇）、分类地位（2篇）、线粒体16S rRNA（2篇）、线粒体DNA（2篇）等。其主要研究机构包括中国水产科学研究院黄海水产研究所（34篇）、中国科学院海洋研究所（23篇）、国家海洋局第一海洋研究所（14篇）等。

代表性的文献有：马朋（中国水产科学研究院黄海水产研究所）、刘萍、李健在2012年发表在《水产学报》上的《脊尾白虾3个野生群体ITS1序列分析及其亲缘关系分析》；李远宁（中国海洋大学）、马朋、刘萍等在2012年发表在《海洋与湖沼》上的《三疣梭子蟹（*Portunustri tuberculatus*）4个野生群体ITS1序列分析及系统进化分析》；马朋（中国水产科学研究院黄海水产研究所）、刘萍、李健等在2012年发表在《海洋与湖沼》上的《脊尾白虾（*Exopalaemon carinicauda*）3个野生群体mtDNA 16S rRNA序列差异及长臂虾科系统进化关系》等。

第二节 生物医学领域

生物医学是生物医学信息、医学影像技术、基因芯片、纳米技术、新材料等技术的学术研究和创新的基地。随着社会-心理-生物医学模式的提出、系统生物学的发展，形成了现代系统生物医学，是与 21 世纪生物技术科学的形成和发展密切相关的领域，是关系到提高医疗诊断水平和人类自身健康的重要工程领域。生物医学横跨了管理、科研、教育及专业实验室工作等领域，在医护工作中扮演着重要的角色。

2011～2015 年，山东省发表生物医学领域的论文 1552 篇，占整个山东省生物技术领域的发文量的 28.7%。如图 3-3 所示，在生物医学领域，山东省的主要研究方向包括神经系统疾病、心脑血管疾病、精神疾病、磁共振波谱分析。

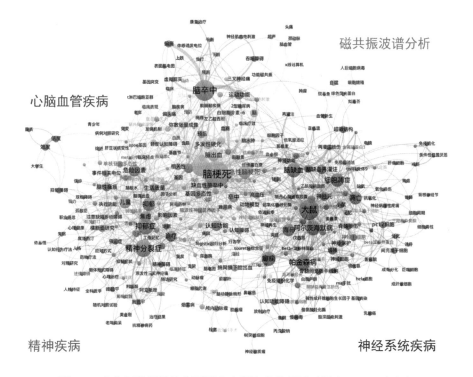

图 3-3 生物医学领域的主要研究主题和优势领域（国内 CSCD 论文）

一、神经系统疾病

神经系统疾病是发生于中枢神经系统、周围神经系统、植物神经系统的以感觉、运动、意识、植物神经功能障碍为主要表现的疾病，又称神经病。是发生于骨骼肌及神经肌肉接头处的疾病，其临床表现与神经系统本身受损所致的疾病往往不易区别，故肌肉疾病也往往与神经病一并讨论。

其中，神经系统疾病方向主要有大鼠、帕金森病、阿尔茨海默病三个热点研究主题，前 10 个高频关键词分布如表 3-7 所示。

表 3-7 神经系统疾病方向前 10 个高频关键词（国内 CSCD 论文）

序号	关键词	频次 / 次	序号	关键词	频次 / 次
1	大 鼠	54	6	细胞凋亡	27
2	帕金森病	33	7	凋 亡	26
3	阿尔茨海默病	31	8	海 马	23
4	癫 痫	29	9	治 疗	19
5	脑缺血	29	10	脑缺血再灌注	15

（一）大鼠

Wistar 大鼠为大鼠的一个品系，1907 年由美国维斯塔尔（Wistar）研究所育成，现已遍及世界各国的实验室。Wistar 大鼠是动物实验大鼠类最常用及生物医学研究中使用历史最长的品种，广泛应用于生物医学各领域的实验。

2011～2015 年，生物医学领域发表以大鼠为主要内容的文章 297 篇，研究的主要热点有帕金森病（7 篇）、脑缺血（7 篇）、学习记忆（4 篇）、海马（4 篇）、蛛网膜下腔出血（3 篇）等。其主要研究机构包括山东大学齐鲁医院神经内科（9 篇）、山东中医药大学基础医学院（7 篇）、泰山医学院附属医院神经内科（6 篇）等。

代表性的文献有：郭云良（青岛大学医学院）、沈卫、杜芳、李琴等 2011 年发表在《中国中西医结合杂志》上的《胡黄连苷Ⅱ对大鼠脑缺血再灌注损伤后 TLR4 及 NFkappaB 表达的影响》；王巧云（滨州医学院）、刘凤、吴峰阶等在 2013 年发表在《中国中西医结合杂志》上的《人参皂苷 Rg1 对局灶性脑缺血再灌注损伤大鼠海马 p-ERK1/2 与 p-JNK 表达的影响》；李红云（青岛大学医学院）、赵丽、宿希等在 2012 年发表在《中国药理学通报》上的《胡黄连苷 II 治疗脑缺血 / 再灌注损伤剂量和时间窗的初步探讨》等。

（二）帕金森病

帕金森病，也称为震颤麻痹，是中老年人常见的神经系统变性疾病，也是中老年人最常见的锥体外系疾病。65 岁以上人群患病率为 1000/10 万，随年龄增高，男性稍多于女性。该病的主要临床特点为：静止性震颤、动作迟缓及减少、肌张力增高、姿势不稳等。

2011～2015 年，生物医学领域发表以帕金森病为主要内容的文章 37 篇，研究的主要热点有大鼠（7 篇）、鱼藤酮（3 篇）、免疫组织化学（3 篇）、氧化应激（3 篇）、小胶质细胞（3 篇）等。其主要研究机构包括潍坊医学院医学研究实验中心（4 篇）、潍坊医学院组织学与胚胎学教研室（3 篇）等。

代表性的文献有：曹建欣（山东省蓬莱市人民医院）、庄文欣、付文玉等在 2015 年发表在《神经解剖学杂志》上的《帕金森病大鼠黑质免疫球蛋白 *IgG* 及其 *mRNA* 的表达变化》；王晓晓（潍坊医学院组织学与胚胎学教研室）、付文玉、庄文欣等在 2015 年发表在《神经解剖学杂志》上的《改良纹状体内两点注射 6-OHDA 法制备大鼠帕金森病模型》；王倩（潍坊医学院）、付文玉、庄文欣等在 2015 年发表在《神经解剖学杂志》上的《血管活性肠肽对帕金森病大鼠中缝背核 *5-HT*、*SP*、*CRF* 及 *CRFR2* 表达的影响》等。

（三）阿尔茨海默病

阿尔茨海默病，又叫老年性痴呆，是一种中枢神经系统变性病，初期病状不明显，病情发展缓慢。主要表现为渐进性记忆障碍、认知功能障碍、人格改变及语言障碍等神经精神症状，严重影响社交、职业与生活功能。

2011～2015 年，生物医学领域发表以阿尔茨海默病为主要内容的文章 37 篇，研究的主要热点有 β-淀粉样蛋白（6 篇）、凋亡（2 篇）、tau 蛋白（2 篇）、β-淀粉样肽（2 篇）等。其主要研究机构包括山东大学附属省立医院神经内科（3篇）、山东大学附属济南市中心医院神经内科（2篇）等。

代表性的文献有：郑梅梅（山东大学附属省立医院神经内科）、贺燕、马艳等在2011年发表在《中华行为医学与脑科学杂志》上的《海风藤提取物对AD模型大鼠学习记忆的影响》等。

二、心脑血管疾病

心脑血管疾病就是心脏血管和脑血管的疾病统称，也被称为"富贵病"的"三高症"。心脑血管疾病具有"发病率高、致残率高、死亡率高、复发率高、并发症多"即"四高一多"的特点。目前，我国心脑血管疾病患者已经超过2.7亿人。我国每年死于心脑血管疾病有近300万人，占我国每年总死亡病因的51%。

其中，心脑血管疾病方向主要有脑梗死、急性脑梗死、儿童三个热点研究主题，前10个高频关键词分布如表3-8所示。

表3-8 心脑血管疾病方向前10个高频关键词（国内CSCD论文）

序号	关键词	频次/次	序号	关键词	频次/次
1	脑梗死	79	6	缺血性脑卒中	13
2	急性脑梗死	24	7	预后	11
3	儿童	21	8	事件相关电位	10
4	卒中	17	9	横断面研究	10
5	基因多态性	15	10	相关性	10

（一）脑梗死

脑梗死是缺血性卒中的总称，包括脑血栓形成、腔隙性梗死和脑栓塞等，约占全部脑卒中的70%，是脑血液供应障碍引起的脑部病变。脑梗死是脑组织局部供血动脉血流的突然减少或停止，造成该血管供血区的脑组织缺血、缺氧导致脑组织坏死、软化，并伴有相应部位的临床症状和体征，如偏瘫、失语等神经功能缺失的症候。

2011～2015年，生物医学领域发表以脑梗死为主要内容的文章190篇，研究的主要热点有预后（5篇）、磁共振成像（4篇）、电针（4篇）、神经功能（3篇）、动脉粥样硬化（3篇）等。其主要研究机构包括青岛大学医学院附属医院神经内科（8 篇）、山东大学附属省立医院神经内科（4 篇）、山东大学齐鲁医院脑血管病科（3 篇）等。

代表性的文献有：马丽丽（烟台市烟台山医院神经内科）、梁辉、任金岩在 2011 年发表在《中华神经医学杂志》上的《银丹心脑通软胶囊治疗腔隙性脑梗死的临床疗效评价》；李红云（青岛大学医学院附属医院急诊神经科）、赵丽、宿希等在 2012 年发表在《中国药理学通报》上的《胡黄连苷Ⅱ治疗脑缺血 / 再灌注损伤剂量和时间窗的初步探讨》等。

（二）急性脑梗死

急性脑梗死是局部脑血流中断引起的，时间超过 2 小时，磁共振扩散加权成像（diffusion weighted imaging，DWI）上有表现，占脑卒中的 85%。其中，85% 预后是好的，15% 的缺血脑卒中预后差，死亡率高。

2011~2015 年，生物医学领域发表以急性脑梗死为主要内容的文章 89 篇，研究的主要热点有白细胞介素-6（3 篇）、低氧预适应（2 篇）、超敏 C 反应蛋白（2 篇）、基质金属蛋白酶（2 篇）、D-二聚体（2 篇）等。其主要研究机构包括泰山医学院附属医院神经内科（2 篇）等。

代表性的文献有：邵伟（滨州医学院附属医院神经外科）、李克、赵玉红等在 2014 年发表在《中国老年学杂志》上的《血栓通联合纤溶酶对急性脑梗死患者血清超敏 C 反应蛋白及白细胞介素-6 水平的影响》等。

三、精神疾病

精神疾病是指在各种生物学、心理学以及社会环境因素影响下大脑功能失调导致的以认知、情感、意志和行为等精神活动出现不同程度障碍为临床表现的疾病。精神活动包括由感觉、知觉、注意、记忆和思维等组成的认识活动、情感活动及意志活动组成，这些活动过程相互联系和紧密协调维持着精神活动的统一完整。

其中，精神疾病方向主要有脑卒中、精神分裂症、抑郁症 3 个热点研究主题，前 10 个高频关键词分布如表 3-9 所示。

表 3-9　精神疾病方向前 10 个高频关键词（国内 CSCD 论文）

序号	关键词	频次 / 次	序号	关键词	频次 / 次
1	脑卒中	54	6	焦虑	19
2	精神分裂症	40	7	认知功能	18
3	抑郁症	36	8	康复	16
4	抑郁	24	9	运动功能	16
5	危险因素	21	10	生活质量	14

（一）脑卒中

脑卒中是脑中风的学名，是一种突然起病的脑血液循环障碍性疾病，是指患脑血管疾病的病人因各种诱发因素引起脑内动脉狭窄、闭塞或破裂，而造成急性脑血液循环障碍，临床上表现为一次性或永久性脑功能障碍的症状和体征。

2011～2015 年，生物医学领域发表以脑卒中为主要内容的文章 171 篇，研究的主要热点有运动功能（10 篇）、偏瘫（8 篇）、虚拟现实（5 篇）、康复训练（4 篇）、吞咽障碍（4 篇）等。其主要研究机构包括山东大学附属省立医院神经内科（4 篇）、济南市第三人民医院神经内科（3 篇）、青岛大学医学院（3 篇）等。

代表性的文献有：谢琳（青岛大学医学院附属医院康复医学科）、王强、金永臻等在 2011 年发表在《中国物理医学与康复杂志》上的《运动想象疗法对脑卒中偏瘫患者下肢功能的影响》等。

（二）精神分裂症

精神分裂症是最常见的一种精神病。其特征是病人的人格、思维、知觉、情感和行为方面发生障碍，但一般保持着清楚的意识和智能。病人常有被外力控制之感，相信自然或超自然力量以异乎寻常的方式影响自己；常有各种幻觉；往往误以为平凡的事物也具有特殊神秘的意义；思维过程与内容都很奇特，言语令人难以理解；情感肤浅、反复无常或与现实情境不符；行为十分怪异荒诞。

2011~2015 年，生物医学领域发表以精神分裂症为主要内容的文章 50 篇，研究的主要热点有阿立哌唑（4 篇）、奥氮平（4 篇）、利培酮（3 篇）、事件相关电位（3 篇）、齐拉西酮（3 篇）等。其主要研究机构包括山东省精神卫生中心（5 篇）、济宁市精神病防治院（3 篇）等。

代表性的文献有：昂秋青、唐济生（山东省精神卫生中心精神科）、赵靖平等在 2011 年发表在《中华精神科杂志》上的《中国大陆地区精神分裂症患者奥氮平治疗引起体质量增加的相关因素分析》等。

（三）抑郁症

抑郁症是一种常见的精神疾病，主要表现为情绪低落，兴趣减低，悲观，思维迟缓，缺乏主动性，自责自罪，饮食、睡眠差，担心自己患有各种疾病，感到全身多处不适，严重者可出现自杀念头和行为。

2011~2015 年，生物医学领域发表以抑郁症为主要内容的文章 83 篇，研究的主要热点有危险因素（4 篇）、自杀未遂（3 篇）、度洛西汀（3 篇）、双相情感障碍（2 篇）、自杀风险（2 篇）等。其主要研究机构包括山东中医药大学基础医学院（4 篇）、济宁医学院（4 篇）等。

代表性的文献有：宋爱芹（济宁医学院公共卫生学院）、翟景花、郭立燕等在 2012 年发表在《中华行为医学与脑科学杂志》上的《农村老年人抑郁状况评定及影响因素分析》等。

四、磁共振波谱分析

磁共振波谱分析是测定活体内某一特定组织区域化学成分唯一的无损伤技术，是磁共振成像和磁共振波谱技术完美结合的产物，是在磁共振成像的基础上又一新型的功能分析诊断方法。主要应用于脑部、心脏、骨骼肌和肝脏等方面的研究，以脑部为最广，脑部磁共振波谱研究较多的有脑梗死、脑肿瘤、脑白质和脑灰质疾病、癫痫和代谢性疾病等。

其中，磁共振波谱分析方向主要有磁共振成像、脑出血、多发性硬化三个热点研究主题，前 10 个高频关键词分布如表 3-10 所示。

表 3-10 磁共振波谱分析方向前 10 个高频关键词（国内 CSCD 论文）

序号	关键词	频次 / 次	序号	关键词	频次 / 次
1	磁共振成像	47	6	弥散张量成像	10
2	脑出血	21	7	脑水肿	8
3	多发性硬化	15	8	自 噬	8
4	脑	12	9	三叉神经痛	7
5	视神经脊髓炎	11	10	脑损伤	7

（一）磁共振成像

核磁共振成像是随着计算机技术、电子电路技术、超导体技术的发展而迅速发展起来的一种生物磁学核自旋成像技术。它是利用磁场与射频脉冲使人体组织内进动的氢核（即 H^+）发生振动产生射频信号，经计算机处理而成像的。

2011～2015 年，生物医学领域发表以磁共振成像为主要内容的文章 83 篇，研究的主要热点有脑（7 篇）、脑梗死（4 篇）、多发性硬化（3 篇）、脑疾病（3 篇）、磁共振血管成像（3 篇）等。其主要研究机构包括滨州医学院（4 篇）、滨州医学院附属医院放射科（3 篇）、烟台毓璜顶医院影像科（2 篇）等。

代表性的文献有：夏吉凯（滨州医学院附属医院放射科）、刘新疆、张迪等在 2014 年发表在《磁共振成像》上的《IDEAL 序列在臂丛神经扫描方案中的对比研究》等。

（二）脑出血

脑出血又称脑溢血，是指非外伤性脑实质内的自发性出血，病因多样，绝大多数是高血压小动脉硬化的血管破裂引起的，故有人也称为高血压性脑出血。脑出血是中老年人常见的急性脑血管病，病死率和致残率都很高，是我国脑血管病中死亡率最高的临床类型。

2011～2015 年，生物医学领域发表以脑出血为主要内容的文章 157 篇，研究的主要热点有脑水肿（4 篇）、神经再生（2 篇）、大鼠（2 篇）、多器官功能衰竭（1 篇）、白介素-1（1 篇）等。其主要研究机构包括山东大学齐鲁医院神经内科（4篇）、济南军区总医院神经内科（4篇）、山东大学第二医院神经外科（3篇）等。

代表性的文献有：魏麟（山东大学附属千佛山医院神经外科）、费昶、刘广存等在 2011 年发表在《中华神经医学杂志》上的《快速细孔钻颅脑室置管引流术治疗脑室出血 3571 例临床分析》等。

（三）多发性硬化

多发性硬化是以中枢神经系统白质脱髓鞘病变为特点，遗传易感个体与环境因素作用发生的自身免疫性疾病，其临床特征为发作性视神经、脊髓和脑部的局灶性障碍，这些神经障碍可有不同程度的缓解、复发。

2011～2015 年，生物医学领域发表以多发性硬化为主要内容的文章 33 篇，研究的主要热点有视神经脊髓炎（7篇）、磁共振成像（3篇）、实验性自身免疫性脑脊髓炎（2篇）、流式细胞术（2篇）、扩散张量成像（2篇）等。

代表性的文献有：武传华（山东省临沂市沂水中心医院）、张志国、辛德友等在 2014 年发表在《磁共振成像》上的《脑多发性硬化～IH-MR 质子波谱分析应用研究》等。

第三节　生物工程领域

生物工程，一般认为是以生物学（特别是其中的微生物学、遗传学、生物化学和细胞学）的理论和技术为基础，结合化工、机械、电子计算机等现代工程技术，充分运用分子生物学的最新成就，自觉操纵遗传物质，定向改造生物或其功能，短期内创造出具有超远缘性状的新物种，再通过合适的生物反应器对这类"工程菌"或"工程细胞株"进行大规模的培养，以生产大量有用代谢产物或发挥它们独特生理功能的一门新兴技术。生物工程的应用领域非常广泛，包括农业、工业、医学、药物学、能源、环保、冶金、化工原料、动植物、净化等。它必将对人类社会的政治、经济、军事和生活等方面产生巨大的影响，为世界面临的资源、环境和人类健康等问题的解决提供美好前景。

2011～2015 年，山东省发表生物工程领域的论文 783 篇，占整个山东省生物技术领域发文量的 14.47%。如图 3-4 所示，在生物工程领域，山东省的主要研究方向包括微生物发酵、营养基因组学、生物数学应用、基因工程。

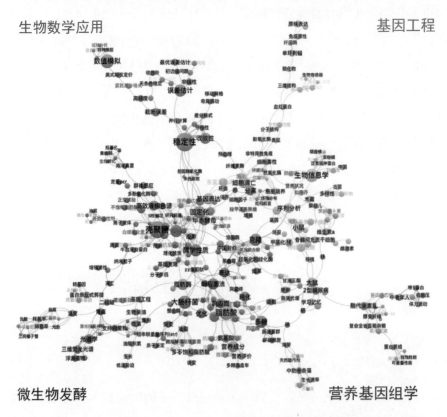

图 3-4　生物工程领域的主要研究主题和优势领域（国内 CSCD 论文）

一、微生物发酵

微生物发酵就是利用微生物，在适宜的条件下，将原料经过特定的代谢途径转化为人类所需要的产物的过程。微生物发酵生产水平主要取决于菌种本身的遗传特性和培养条件。

其中，微生物发酵方向主要有壳聚糖、大肠杆菌、克隆三个热点研究主题，前 10 个高频关键词分布如表 3-11 所示。

表 3-11　微生物发酵方向前 10 个高频关键词（国内 CSCD 论文）

序号	关键词	频次/次	序号	关键词	频次/次
1	壳聚糖	12	6	酶学性质	7
2	大肠杆菌	8	7	响应面法	6
3	克隆	7	8	优化	5
4	分离纯化	7	9	光谱学	5
5	多糖	7	10	响应面	5

（一）壳聚糖

壳聚糖是由自然界广泛存在的几丁质经过脱乙酰作用得到的。自 1859 年法国人 Rouget 首先得到壳聚糖后，这种天然高分子的生物官能性和相容性、血液相容性、安全性、微生物降解性等优良性能被各行各业广泛关注，在医药、食品、化工、化妆品、水处理、金属提取及回收、生物化学和生物医学工程等诸多领域的应用研究取得了重大进展。

2011～2015 年，生物工程领域发表以壳聚糖为主要内容的文章 24 篇，研究的主要热点有白细胞介素 1（2 篇）、固定化（2 篇）、胰岛素样生长因子 1（2 篇）、多壁碳纳米管（1 篇）、牛血清白蛋白（1 篇）等。其主要研究机构包括中国海洋大学海洋生命学院（8 篇）、山东大学（威海）海洋学院（2 篇）、潍坊医学院医学检验学系（2 篇）等。

代表性的文献有：赵荣兰（潍坊医学院医学检验学系）、彭效祥、宋伟等在 2015 年发表在《中国生物化学与分子生物学报》上的《可磷酸化短肽偶联壳聚糖介导 IGF-1 和 IL-1RA 双基因联合治疗兔关节软骨损伤》；赵荣兰（潍坊医学院医学检验学系）、彭效祥在 2014 年发表在《中国生物化学与分子生物学报》上的《可磷酸化短肽偶联壳聚糖介导 IL-1RA 与 IGF-1 共转染对兔关节软骨细胞的作用》等。

（二）大肠杆菌

大肠杆菌是与人们日常生活关系非常密切的一类细菌，学名为"大肠埃希菌"，属于肠道杆菌大类中的一种。它是寄生在人体大肠里对人体无害的一种单细胞生物，结构简单，繁殖迅速，易培养，是生物学重要的实验材料。

2011～2015年，生物工程领域发表以大肠杆菌为主要内容的文章38篇，研究的主要热点有整合酶（1篇）、DNA凝集（1篇）、topA-突变株（1篇）、ZZ亲和肽（1篇）、中碳脂肪酸（1篇）等。其主要研究机构包括中国科学院青岛生物能源与过程研究所（7篇）、山东农业大学动物科技学院（2篇）、山东理工大学生命科学学院（2篇）等。

代表性的文献有：刘强、刘玉珍（山东万杰医学院）、刘东杰等在2013年发表在《中国粮油学报》上的《利用大肠杆菌工程菌株生物转化脂肪酸的初步研究》等。

（三）克隆

克隆，是指通过无性生殖而产生的遗传上均一的生物群，即具有完全相同的遗传组成的一群细胞或生物个体。

2011～2015年，生物工程领域发表以克隆为主要内容的文章52篇，研究的主要热点有猪（2篇）、序列分析（2篇）、表达（2篇）、阿拉伯/木糖苷酶（1篇）、端粒酶（1篇）等。其主要研究机构包括中国科学院海洋研究所（3篇）、中国科学院生物物理研究所（2篇）等。

代表性的文献有：周燕燕（齐鲁工业大学食品与生物工程学院）、刘新利、陈静等在2014年发表在《微生物学报》上的《黑曲霉h408阿魏酸酯酶基因的克隆及在毕赤酵母中的高效表达》等。

二、营养基因组学

营养基因组学是研究营养素和植物化学物质对机体基因的转录、翻译表达及代谢机理。它以分子生物学技术为基础，应用 DNA 芯片、蛋白质组学等技术来阐明营养素与基因的相互作用。目前主要是研究营养素和食物化学物质在人体中的分子生物学过程以及产生的效应，对人体基因的转录、翻译表达以及代谢机制产生的影响，其可能的应用范围包括营养素作用的分子机制、营养素的人体需要量、个体食谱的制定以及食品安全等。

其中，营养基因组学方向主要有脂肪酸、脂肪酶、营养成分 3 个热点研究主题，前 10 个高频关键词分布如表 3-12 所示。

表 3-12　营养基因组学方向前 10 个高频关键词（国内 CSCD 论文）

序号	关键词	频次/次	序号	关键词	频次/次
1	脂肪酸	10	6	多不饱和脂肪酸	4
2	脂肪酶	6	7	氨基酸	4
3	营养成分	6	8	脂代谢紊乱	4
4	大鼠	5	9	中老年人	3
5	2 型糖尿病	4	10	中肋骨条藻	3

（一）脂肪酸

脂肪酸是一种有机物，低级的脂肪酸是无色液体，有刺激性气味，高级的脂肪酸是蜡状固体，没有可明显嗅到的气味。脂肪酸是最简单的一种脂，它是许多更复杂的脂的组成成分。脂肪酸在有充足氧供给的情况下，可氧化分解为二氧化碳和水，释放大量能量，因此脂肪酸是机体主要能量来源之一。

2011～2015 年，生物工程领域发表的以脂肪酸为主要内容的文章 44 篇，研究的主要热点有营养成分（2 篇）、氨基酸（2 篇）、皱纹盘鲍（1 篇）、亲鱼（1 篇）、人工养殖（1 篇）等。其主要研究机构包括中国科学院青岛生物能源与过程研究所（8 篇）、中国海洋大学食品科学与工程学院（5 篇）、山东省海洋生物研究院（3 篇）等。

代表性的文献有：王颖（山东省海水养殖研究所）、吴志宏、李红艳等在 2013 年发表在《食品科学》上的《不同地理群体魁蚶的营养成分比较研究》；刘艳青（中国海洋大学食品科学与工程学院）、李兆杰、楼乔明等在 2012 年发表在《水产学报》上的《皱纹盘鲍内脏脂质分析》等。

（二）脂肪酶

脂肪酶是催化脂肪水解的酶。它使脂肪水解成甘油一酯、甘油二酯和脂肪酸，最终可以完全水解成为甘油和脂肪酸。

2011～2015 年，生物工程领域发表以脂肪酶为主要内容的文章 25 篇，研究的主要热点有无溶剂体系（1 篇）、α-生育酚阿魏酸酯（1 篇）、二十二碳六烯酸富集（1 篇）、伯克霍尔德氏菌（1 篇）、分子改造（1 篇）等。其主要研究机构包括中国科学院青岛生物能源与过程研究所（5 篇）、中国水产科学研究院黄海水产研究所（2 篇）等。

代表性的文献有：兰君（中国科学院青岛生物能源与过程研究所）、宋晓金、谭延振等在 2015 年发表在《食品科学》上的《利用伯克霍尔德氏菌脂肪酶富集裂壶藻油脂中的二十二碳六烯酸》等。

（三）营养成分

营养成分包括能量、蛋白质、脂肪、碳水化合物、钠、维生素。

2011～2015 年，生物工程领域发表以营养成分为主要内容的文章 11 篇，研究的主要热点有营养评价（3 篇）、氨基酸（3 篇）、魁蚶（2 篇）、脂肪酸（2 篇）、软体部（1 篇）等。其主要研究机构包括山东省海洋生物研究院（3 篇）、山东省海水养殖研究所（2 篇）等。

代表性的文献有：李红艳（山东省海洋生物研究院）、刘天红、孙元芹等在 2015 年发表在《海洋渔业》上的《生态化池塘养殖模式下凡纳滨对虾与日本囊对虾营养成分的比较》；姜晓东（山东省海洋生物研究院）、李红艳、王颖等在 2015 年发表在《渔业科学进展》上的《大马哈鱼（*Oncorhynchus keta*）鱼皮的营养成分分析》；李红艳（山东省海洋生物研究院）、李晓、孙元芹等在 2014 年发表在《食品科学》上的《多棘海盘车营养成分分析及评价》；王颖（山东省海洋生物研究所）、吴志宏、李红艳等在 2013 年发表在《渔业科学进展》上的《青岛魁蚶软体部营养成分分析及评价》等。

三、生物数学应用

生物数学是生物学与数学之间的边缘学科，它以数学方法研究和解决生物学问题，并对与生物学有关的数学方法进行理论研究。

其中，生物数学应用方向主要有稳定性、数值模拟、固定化 3 个热点研究主题，前 10 个高频关键词分布如表 3-13 所示。

表 3-13　生物数学应用方向前 10 个高频关键词（国内 CSCD 论文）

序号	关键词	频次 / 次	序号	关键词	频次 / 次
1	稳定性	14	6	分　离	5
2	数值模拟	9	7	毕赤酵母	5
3	固定化	7	8	发　酵	4
4	误差估计	7	9	截断误差	4
5	收敛性	6	10	漆　酶	4

（一）稳定性

稳定性是动态系统的基本性质之一，指系统行为、现象在起始或外界条件变化下保持稳定不变的性质。常见的稳定性质包括平衡状态的稳定性、运动轨道的稳定性等，均保证系统行为不会由于偶然及微小的外因变化而被破坏。

2011～2015 年，生物工程领域发表以稳定性为主要内容的文章 98 篇，研究的主要热点有收敛性（5 篇）、广义 Improved KdV（GIKdV）方程（2 篇）、守恒性（2 篇）、刚性方程（1 篇）、差分格式（1 篇）等。其主要研究机构包括山东大学数学学院（5 篇）、中国水产科学研究院黄海水产研究所（4 篇）、中国海洋大学数学科学学院（4 篇）等。

代表性的文献有：张天德（山东大学数学学院）、左进明、段伶计在 2011 年发表在《山东大学学报（理学版）》上的《广义 improved KdV 方程的守恒差分格式》；左进明（山东理工大学理学院）、张耀明在 2011 年发表在《山东大学学报（理学版）》上的《广义 Improved KdV 方程的守恒线性隐式差分格式》等。

（二）数值模拟

数值模拟也叫计算机模拟。依靠电子计算机，结合有限元或有限容积的概念，通过数值计算和图像显示的方法，达到对工程问题和物理问题乃至自然界各类问题研究的目的。

2011～2015 年，生物工程领域发表以数值模拟为主要内容的文章 37 篇，研究的主要热点有炉缸侵蚀（1 篇）、刚性加载（1 篇）、参数反演（1 篇）、扩散行为（1 篇）、数值方法（1 篇）等。其主要研究机构包括山东大学岩土与结构工程研究中心（3 篇）、山东大学教学研究所（3 篇）、山东大学数学学院（2 篇）等。

代表性的文献有：渐令〔（青岛）中国石油大学（华东）理学院〕、张建松、宋允全等在 2012 年发表在《计算机工程与应用》上的《应用有限差分法模拟高炉炉缸侵蚀》等。

（三）固定化

固定化是指用物理或化学方法使酶成为不溶性衍生物或使细胞成为不易从载体上流失的形式制成生物反应器用以催化生化反应、细胞数量的增殖等。

2011～2015 年，生物工程领域发表以固定化为主要内容的文章 28 篇，研究的主要热点有壳聚糖（2 篇）、稳定性（1 篇）、介孔 SiO_2 微球（1 篇）、多胺化壳聚糖（1 篇）、大孔树脂（1 篇）等。其主要研究机构包括中国海洋大学食品科学与工程学院（3 篇）、中国海洋大学海洋生命学院（2 篇）、山东大学（威海）海洋学院（2 篇）等。

代表性的文献有：仲慧赟（中国石油大学化学工程学院）、刘芳、吕玉翠等在 2015 年发表在《石油学报（石油加工）》上的《介孔 SiO_2 固定化溶菌酶在柴油泄漏循环水系统中的缓蚀性能》；张爱静（中国海洋大学）、孟范平、杨菲菲在 2011 年发表在《环境化学》上的《以壳聚糖微球为载体的固定化乙酰胆碱酯酶的基本性质》；朱启忠〔山东大学（威海）海洋学院〕、朱慧文、孙延娜等在 2011 年发表在《生物加工过程》上的《壳聚糖固定化琼脂酶的研究》等。

四、基因工程

基因工程又称基因拼接技术和 DNA 重组技术，是以分子遗传学为理论基础，以分子生物学和微生物学的现代方法为手段，将不同来源的基因按预先设计的蓝图，在体外构建杂种 DNA 分子，然后导入活细胞，以改变生物原有的遗传特性、获得新品种、生产新产品。

其中，基因工程方向主要有基因表达、细胞凋亡、序列分析 3 个热点研究主题，前 10 个高频关键词分布如表 3-14 所示。

表 3-14　基因工程方向前 10 个高频关键词（国内 CSCD 论文）

序号	关键词	频次 / 次	序号	关键词	频次 / 次
1	基因表达	6	6	生物学特性	4
2	细胞凋亡	6	7	神经干细胞	4
3	序列分析	5	8	单环刺螠	3
4	东亚三角涡虫	4	9	卵母细胞	3
5	猪	4	10	原核表达	3

（一）基因表达

基因表达（Gene Expression）是指细胞在生命过程中，把储存在 DNA 顺序中遗传信息经过转录和翻译，转变成具有生物活性的蛋白质分子。生物体内的各种功能蛋白质和酶都是同相应的结构基因编码的。差别基因表达（differential gene expression）指细胞分化过程中，奢侈基因按一定顺序表达，表达的基因数占基因总数的 5%～10%。也就是说，某些特定奢侈基因表达的结果生成一种类型的分化细胞，另一组奢侈基因表达的结果导致出现另一类型的分化细胞，这就是基因的差别表达。其本质是开放某些基因，关闭某些基因，导致细胞的分化。

2011～2015 年，生物工程领域发表以基因表达为主要内容的文章 129 篇，研究的主要热点有东亚三角涡虫（1 篇）、人松弛素 H2 类似物（1 篇）、壳聚糖（1 篇）、性激素（1 篇）、生物活性（1 篇）等。其主要研究机构包括中国科学院青岛生物能源与过程研究所（6 篇）、鲁东大学生命科学学院（5 篇）、山东农业大学动物科技学院（3篇）等。

代表性的文献有：李芳芳（青岛大学医学院生物化学与分子生物学教研室）、葛银林、薛美兰等在2011年发表在《中国生物化学与分子生物学报》上的《过表达ω-3多不饱和脂肪酸脱氢酶基因fat-1保护小鼠胚胎成纤维细胞避免凋亡》等。

（二）细胞凋亡

细胞凋亡是指为维持内环境稳定，由基因控制的细胞自主的有序死亡。细胞凋亡与细胞坏死不同，细胞凋亡不是一件被动的过程，而是主动过程，涉及一系列基因的激活、表达以及调控等的作用。它并不是病理条件下自体损伤的一种现象，而是为更好地适应生存环境而主动争取的一种死亡过程。

2011～2015年，生物工程领域发表以细胞凋亡为主要内容的文章25篇，研究的主要热点有细胞毒性（2篇）、牙龈成纤维细胞（1篇）、RNA复制子疫苗（1篇）、T细胞核因子（1篇）、乙肝病毒（1篇）等。其主要研究机构包括中国海洋大学医药学院（1篇）、中国海洋大学海洋生命学院（1篇）等。

代表性的文献有：徐晓辉（中国海洋大学海洋生命学院海洋生物系）、樊廷俊、景毅等在2013年发表在《山东大学学报（理学版）》上的《氯化镉对条斑星鲽卵巢细胞的毒性作用及其机理研究》等。

（三）序列分析

在获得一个基因序列后，需要对其进行生物信息学分析，从中尽量发掘信息，从而指导进一步的实验研究。通过染色体定位分析、内含子/外显子分析、可读框分析、表达谱分析等，能够阐明基因的基本信息。通过启动子预测、CpG岛分析和转录因子分析等，识别调控区的顺式作用元件，可以为基因的调控研究提供基础。通过蛋白质基本性质分析、疏水性分析、跨膜区预测、信号肽预测、亚细胞定位预测、抗原性位点预测，可以对基因编码蛋白的性质做出初步判断和预测。尤其通过疏水性分析和跨膜区预测可以预测基因是否为膜蛋白，这对确定实验研究方向有重要的参考意义。此外，通过相似性搜索、功能位点分析、结构分析、查询基因表达谱聚簇数据库、基因敲除数据库、基因组上下游邻居等，尽量挖掘网络数据库中的信息，可以对基因功能做出推论。

2011~2015 年，生物工程领域发表以序列分析为主要内容的文章 54 篇，研究的主要热点有克隆（2 篇）、系统分析（1 篇）、磷酸单酯酶（1 篇）、生物信息学（1 篇）、植酸酶（1 篇）等。其主要研究机构包括中国科学院海洋研究所（3 篇）、中国农业科学院烟草研究所（2 篇）、中国水产科学研究院黄海水产研究所（2 篇）等。

代表性的文献有：吉成龙（山东省海洋水产研究所）、孙国华、杨建敏等在 2011 年发表在《海洋与湖沼》上的《刺参（*Apostichopus japonicus*）高温胁迫消减 cDNA 文库的构建与分析》等。

第四节 生物农业领域

生物农业是根据生物学原理建立的农业生产体系，靠各种生物学过程维持土壤肥力，使作物营养得到满足，并建立起有效的生物防止杂草和病虫害的体系。生物农业按照自然的生物学过程管理农业，适当投入能量和资源，维持系统最佳的生产力。生物农业强调通过促进自然过程和生物循环保持土地生产力，用生物学方法防治病虫害，实现农业环境的生态平衡。生物农业包括转基因育种、动物疫苗、生物饲料、非化学方式害虫控制和生物农药几大领域，其中转基因育种是发展最快、应用最广、发展最有潜力的一个领域；非化学方式害虫控制和生物农药是保证农产品与食品安全的重要手段。

2011~2015 年，山东省发表生物农业领域的论文 1349 篇，占整个山东省生物技术领域的发文量的 24.9%。如图 3-5 所示，在生物农业领域，山东省的主要研究方向包括作物栽培、作物遗传育种和海洋植物群落。

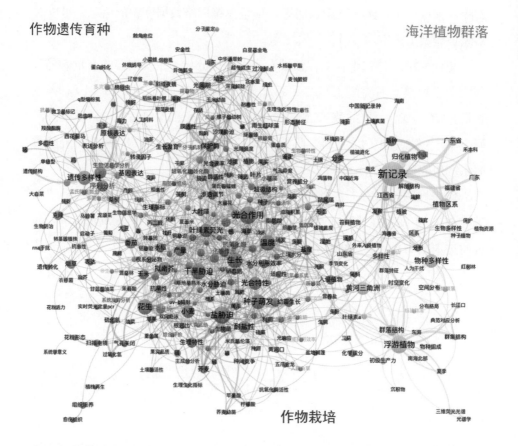

图 3-5 生物农业领域的主要研究主题和优势领域（国内 CSCD 论文）

一、作物栽培

作物栽培是研究作物生长发育、产量和品质形成规律及其与环境条件的关系，探索通过栽培管理、生长调控和优化决策等途径，实现作物的高产、优质、高效及可持续发展。它的研究和应用对于提高作物产品的数量和质量、降低生产成本、提高劳动效率和经济效益具有重要意义。

其中，作物栽培方向主要有盐胁迫、光合作用、干旱胁迫 3 个热点研究主题，前 10 个高频关键词分布如表 3-15 所示。

表 3-15　作物栽培方向前 10 个高频关键词（国内 CSCD 论文）

序号	关键词	频次 / 次	序号	关键词	频次 / 次
1	盐胁迫	28	6	花 生	23
2	光合作用	28	7	种子萌发	20
3	干旱胁迫	23	8	叶绿素荧光	18
4	温 度	23	9	拟南芥	18
5	生 长	23	10	光合特性	17

（一）盐胁迫

盐胁迫是指植物由于生长在高盐度生境而受到的高渗透势的影响。

2011～2015 年，生物农业领域发表以盐胁迫为主要内容的文章 74 篇，研究的主要热点有生理特性（5 篇）、荞麦（4 篇）、种子萌发（3 篇）、耐盐性（3 篇）、荞麦幼苗（3 篇）等。其主要研究机构包括青岛农业大学生命科学学院（13 篇）、滨州学院（9 篇）、中国水产科学研究院黄海水产研究所（5篇）等。

代表性的文献有：杨洪兵（青岛农业大学生命科学学院）在 2015 年发表在《西北农业学报》上的《K^+ 和 Mg^{2+} 对盐胁迫下荞麦幼苗生理特性的效应》；杨洪兵（青岛农业大学生命科学学院）、李发良在 2014 年发表在《吉林农业科学》上的《盐胁迫下川荞 3 号和川荞 4 号生理特性的比较》；杨洪兵（青岛农业大学生命科学学院）在 2013 年发表在《华北农学报》上的《外源多元醇对盐胁迫下荞麦种子萌发及幼苗生理特性的影响》；陈晓云（青岛农业大学生命科学学院）、杨洪兵在 2012 年发表在《中国农学通报》上的《外源脯氨酸对荞麦幼苗耐盐性的效应》等。

（二）光合作用

光合作用，即光能合成作用，是植物、藻类和某些细菌在可见光的照射下，经过光反应和暗反应，利用光合色素将二氧化碳（或硫化氢）和水转化为有机物，并释放出氧气（或氢气）的生化过程。

2011～2015 年，生物农业领域发表以光合作用为主要内容的文章 141 篇，研究的主要热点有鼠尾藻（3 篇）、水分胁迫（3 篇）、呼吸作用（2 篇）、黄土丘陵区（2 篇）、气孔导度（2 篇）等。其主要研究机构包括鲁东大学生命科学学院（14 篇）、青岛农业大学生命科学学院（11 篇）、山东农业大学林学院（9 篇）等。

代表性的文献有：马兴宇（中国水产科学研究院黄海水产研究所）、刘福利、梁洲瑞等在 2014 年发表在《上海海洋大学学报》上的《pH 与盐度胁迫对鼠尾藻光合作用及抗氧化系统的影响》；马兴宇（中国水产科学研究院黄海水产研究所）、梁洲瑞、刘福利等在 2013 年发表在《中国水产科学》上的《环境因子对鼠尾藻生殖托生长及光合特性的影响》；梁洲瑞（中国水产科学研究院黄海水产研究所）、王飞久、孙修涛等在 2012 年发表在《水产学报》上的《利用液相氧电极技术对鼠尾藻叶光合及呼吸作用的初步研究》等。

（三）干旱胁迫

干旱胁迫就是用干旱的逆境来处理材料，通常用来诱导抗性或筛选种子。

2011～2015 年，生物农业领域发表以干旱胁迫为主要内容的文章 50 篇，研究的主要热点有花生（5 篇）、拟南芥（3 篇）、盐胁迫（2 篇）、根系活力（2 篇）、根系形态（2 篇）等。其主要研究机构包括山东省花生研究所（7 篇）、山东省林业科学研究院（6 篇）、鲁东大学生命科学学院（6 篇）等。

代表性的文献有：丁红（山东省花生研究所）、张智猛、戴良香等在 2013 年发表在《中国生态农业学报》上的《干旱胁迫对花生生育中后期根系生长特征的影响》；丁红（山东省花生研究所）、戴良香、宋文武等在 2012 年发表在《中国生态农业学报》上的《不同生育期灌水处理对小粒型花生光合生理特性的影响》等。

二、作物遗传育种

作物遗传育种是研究作物性状遗传变异规律，改良种性，创造作物的新品种。

其中，作物遗传育种方向主要有遗传多样性、原核表达、番茄 3 个热点研究主题，前 10 个高频关键词分布如表 3-16 所示。

表 3-16　作物遗传育种方向前 10 个高频关键词（国内 CSCD 论文）

序号	关键词	频次／次	序号	关键词	频次／次
1	遗传多样性	19	6	聚类分析	10
2	原核表达	14	7	烟草	9
3	番茄	14	8	桑树	8
4	基因表达	12	9	丙二醛	7
5	克隆	10	10	存活率	7

（一）遗传多样性

广义的遗传多样性是指地球上所有生物携带的遗传信息的总和。但一般所指的遗传多样性是指种内的遗传多样性，即种内个体之间或一个群体内不同个体的遗传变异总和。种内的多样性是物种以上各水平多样性的最重要来源。遗传变异、生活史特点、种群动态及其遗传结构等决定或影响着一个物种与其他物种及与环境相互作用的方式，而且种内的多样性是一个物种对人为干扰进行成功反应的决定因素。种内的遗传变异程度也决定其进化的趋势。

2011～2015 年，生物农业领域发表以遗传多样性为主要内容的文章 31 篇，研究的主要热点有遗传结构（4 篇）、微卫星标记（2 篇）、大叶藻（2 篇）、多态性（2 篇）、聚类分析（2 篇）等。其主要研究机构包括山东省农业科学院高新技术研究中心（3 篇）、中国水产科学研究院黄海水产研究所（2 篇）、鲁东大学生命科学学院（2 篇）等。

代表性的文献有：刘坤、刘福利（中国水产科学研究院黄海水产研究所）、王飞久等在 2013 年发表在《上海海洋大学学报》上的《山东半岛大叶藻不同地理种群遗传多样性和遗传结构分析》；刘福利（中国水产科学研究院黄海水产研究所）、刘坤、王飞久等在 2013 年发表在《渔业科学进展》上的《大叶藻 EST-SSR 标记开发及其在大叶藻群体遗传多样性研究中的应用》等。

（二）原核表达

广义的原核表达，是指发生在原核生物内的基因表达。

2011～2015 年，生物农业领域发表以原核表达为主要内容的文章 27 篇，研究的主要热点有基因克隆（4 篇）、家蚕（2 篇）、多克隆抗体（2 篇）、蛋白纯化（2 篇）、信号淋巴激活分子（1 篇）等。其主要研究机构包括山东农业大学林学院（4 篇）、山东农业大学园艺科学与工程学院（2 篇）、山东农业大学植物保护学院（2 篇）等。

代表性的文献有：尹淑艳（山东农业大学植物保护学院）、杨春红、刘朝阳等在 2015 年发表在《昆虫学报》上的《利用原核表达系统制备家蚕非典型嗅觉受体 Orco 抗原蛋白》；刘惠芬（山东农业大学林学院）、高绘菊、王石宝等在 2012 年发表在《蚕业科学》上的《斜纹夜蛾核型多角体病毒Ⅱ型分离株 ORF63 基因的序列特征及表达与启动子活性分析》等。

（三）番茄

番茄别名西红柿、洋柿子，古名六月柿、喜报三元。在秘鲁和墨西哥，最初称为"狼桃"。果实营养丰富，具有特殊风味，可以生食、煮食、加工制成番茄酱、汁或整果罐藏。番茄是全世界栽培最普遍的果菜之一。

2011～2015 年，生物农业领域发表以番茄为主要内容的文章 25 篇，研究的主要热点有铜胁迫（3 篇）、一氧化氮（2 篇）、亚细胞分布（2 篇）、遗传转化（2 篇）、油菜素内酯（2 篇）等。其主要研究机构包括山东农业大学资源与环境学院（4 篇）、青岛农业大学农学与植物保护学院（3 篇）、中国农业科学院蔬菜花卉研究所（2 篇）等。

代表性的文献有：尹博（山东农业大学资源与环境学院）、梁国鹏、贾文等在 2014 年发表在《中国生态农业学报》上的《外源油菜素内酯介导 Cu 胁迫下番茄生长及 Cu、Fe、Zn 的吸收与分配》；张敏（山东农业大学资源与环境学院）、梁国鹏、姜春辉等在 2014 年发表在《植物营养与肥料学报》

上的《外源一氧化氮介导铜胁迫下番茄幼苗中铁、锌、锰的累积及亚细胞分布》；尹博（山东农业大学资源与环境学院）、王秀峰、姜春辉等在 2012 年发表在《植物营养与肥料学报》上的《外源油菜素内酯对番茄铜胁迫的缓解效应》；崔秀敏（山东农业大学资源与环境学院）、吴小宾、李晓云等在 2011 年发表在《植物营养与肥料学报》上的《铜、镉毒害对番茄生长和膜功能蛋白酶活性的影响及外源 NO 的缓解效应》等。

三、海洋植物群落

海洋植物群落主要研究山东地区的植物组合，包括植物群落的形态、分类、分布、历史地理、生态、发生、进化以及植物群落生物等，还包括植物群落中物质和能量的循环、群落的人工创造、改造和利用等问题。

其中，海洋植物群落方向主要有新记录、浮游植物、物种多样性 3 个热点研究主题，前 10 个高频关键词分布如表 3-17 所示。

表 3-17 海洋植物群落方向前 10 个高频关键词（国内 CSCD 论文）

序号	关键词	频次/次	序号	关键词	频次/次
1	新记录	48	6	群落结构	13
2	浮游植物	27	7	多样性	9
3	物种多样性	18	8	叶片	8
4	归化植物	14	9	区系	7
5	植物区系	14	10	植被	7

（一）新记录

新记录是指已知物种新的记录分布，即一种学名已知的生物在本国或本省以前尚未记载，而现在发现了它的分布。

2011～2015 年，生物农业领域发表以新纪录为主要内容的文章 7 篇，研究的主要热点有归化植物（14 篇）、植物区系（10 篇）、禾本科（4 篇）、入侵植物（3 篇）、外来入侵植物（2 篇）等。其主要研究机构包括潍坊学院生物与农业工程学院（2 篇）、中国水产科学研究院黄海水产研究所（1 篇）等。

代表性的文献有：孙启梦（中国科学院海洋研究所）、张树乾、张素萍等在 2014 年发表在《海洋与湖沼》上的《中国近海蟹守螺科（Cerithiidae）两新记录种及常见种名修订》等。

（二）浮游植物

浮游植物是一个生态学概念，是指在水中浮游生活的微小植物，通常浮游植物就是指浮游藻类，包括蓝藻门、绿藻门、硅藻门、金藻门、黄藻门、甲藻门、隐藻门和裸藻门八个门类的浮游种类。截至 2009 年，已知全世界藻类植物约有 40 000 种，其中淡水藻类有 25 000 种左右，而中国已发现的（包括已报道的和已鉴定但未报道的）淡水藻类约有 9 000 种。

2011～2015 年，生物农业领域发表以浮游植物为主要内容的文章 34 篇，研究的主要热点有群落结构（11 篇）、群集结构（5 篇）、多样性（4 篇）、长江口（3 篇）、夏季（3 篇）等。其主要研究机构包括中国科学院海洋研究所（11 篇）、中国海洋大学海洋生命学院（10 篇）、中国海洋大学化学化工学院（3 篇）等。

代表性的文献有：宫相忠（中国海洋大学海洋生命学院）、马威、田伟等在 2012 年发表在《中国海洋大学学报（自然科学版）》上的《2009 年夏季南海北部的网采浮游植物群落》；孙军（中国科学院海洋研究所）、田伟在 2011 年发表在《应用生态学报》上的《2009 年春季长江口及其邻近水域浮游植物——物种组成与粒级叶绿素 a》等。

（三）物种多样性

物种多样性是指动物、植物和微生物种类的丰富性，是人类生存和发展的基础，是生物多样性的简单度量，只计算给定地区的不同物种数量。

2011～2015 年，生物农业领域发表以物种多样性为主要内容的文章 123 篇，研究的主要热点有群落结构（2 篇）、区系（2 篇）、植物群落（2 篇）、植被特征（1 篇）、植物区系（1 篇）等。其主要研究机构包括中国科学院海洋研究所（10 篇）、中国海洋大学海洋生命学院（7 篇）、鲁东大学生命科学学院（6 篇）等。

　　代表性的文献有：徐丽娟（青岛农业大学菌根生物技术研究所）、刁志凯、李岩等在 2012 年发表在《应用生态学报》上的《菌根真菌的生理生态功能》；孙军（中国科学院海洋研究所）、田伟在 2011 年发表在《应用生态学报》上的《2009 年春季长江口及其邻近水域浮游植物——物种组成与粒级叶绿素 a》等。

第四章

基于国际SCI论文的山东省生物技术领域分析

 本节将利用 VOSviewer 软件进行信息可视化，识别出山东省生物重点领域，再分别分析各领域的热点研究主题、代表性文献。

 首先，使用 BibExcel 抽取"研究方向"字段，统计各研究方向的频次，同时生成研究方向共现对，从而生成 pajek 格式的网络图。其次，将该网络图放入 VOSviewer 进行可视化分析，同时进行聚类，识别出山东省生物技术领域的四大重点子领域——生物遗传、生物农业、生物医学以及生物工程。每个大的研究领域又由多个小的学科领域组成，如图 4-1 和表 4-1 所示。

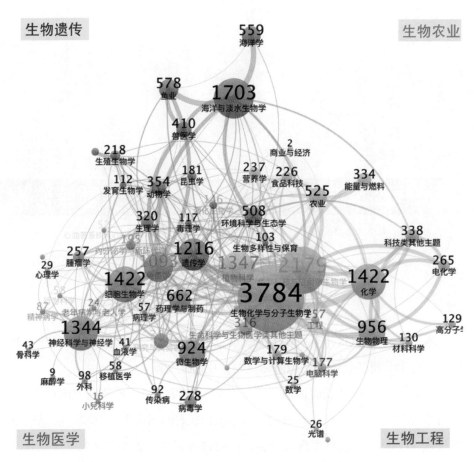

图 4-1　山东省生物技术领域的研究方向分布图（国际 SCI 论文）

表 4-1　山东省生物技术领域四大重点子领域（国际 SCI 论文）

聚类名称	研究方向	研究方向（英文）	文献数量／篇
生物遗传	产科学与妇科学	Obstetrics and Gynecology	136
	动物学	Zoology	354
	毒理学	Toxicology	117
	发育生物学	Developmental Biology	112
	海洋学	Oceanography	559
	海洋与淡水生物学	Marine and Freshwater Biology	1 703
	环境科学与生态学	Environmental Sciences and Ecology	508
	昆虫学	Entomology	181
	生物多样性与保育	Biodiversity and Conservation	103

聚类名称	研究方向	研究方向（英文）	文献数量／篇
生物遗传	生殖生物学	Reproductive Biology	218
	兽医学	Veterinary Sciences	410
	演化生物学	Evolutionary Biology	146
	遗传学	Genetics and Heredity	1 216
	渔 业	Fisheries	578
	植物科学	Plant Sciences	1 347
生物医学	病毒学	Virology	278
	病理学	Pathology	57
	传染病	Infectious Diseases	92
	骨科学	Orthopedics	43
	行为科学	Behavioral Sciences	58
	精神病学	Psychiatry	87
	老年病学与老人学	Geriatrics and Gerontology	24
	麻醉学	Anesthesiology	9
	免疫学	Immunology	1 093
	内分泌学与新陈代谢	Endocrinology and Metabolism	195
	神经科学与神经学	Neurosciences and Neurology	1 344
	生理学	Physiology	320
	生医社会科学	Biomedical Social Sciences	5
	外 科	Surgery	98
	微生物学	Microbiology	924
	细胞生物学	Cell Biology	1 422
	儿科学	Pediatrics	16
	心理学	Psychology	29
	心血管系统与心脏病学	Cardiovascular System and Cardiology	52
	血液学	Hematology	41
	研究与实验医学	Research and Experimental Medicine	386
	药理学与制药	Pharmacology and Pharmacy	662
	移植医学	Transplantation	58
	肿瘤学	Oncology	257
生物工程	材料科学	Materials Science	130
	电化学	Electrochemistry	265

续表

聚类名称	研究方向	研究方向（英文）	文献数量／篇
生物工程	电脑科学	Computer Science	177
	辐射学、核子医学与医学影像	Radiology, Nuclear Medicine and Medical Imaging	54
	高分子学	Polymer Science	129
	工 程	Engineering	157
	古生物学	Paleontology	2
	光 谱	Spectroscopy	26
	化 学	Chemistry	1 422
	科技类其他主题	Science and Technology - Other Topics	338
	生命科学生物医学其他主题	Life Sciences and Biomedicine-Other Topics	316
	生物化学与分子生物学	Biochemistry and Molecular Biology	3 784
	生物技术与应用微生物学	Biotechnology and Applied Microbiology	2 179
	生物物理	Biophysics	956
	数 学	Mathematics	25
	数学与计算生物学	Mathematical and Computational Biology	179
	物理学	Physics	3
	医学资讯	Medical Informatics	10
生物农业	能量与燃料	Energy and Fuels	334
	农 业	Agriculture	525
	商业与经济	Business and Economics	2
	食品科技	Food Science & Technology	226
	营养学	Nutrition and Dietetics	237

第一节 生物工程领域

生物工程又称生物工艺学或生物技术。应用生物学和工程学的原理，对生物材料、生物所特有的功能，定向地组建成具有特定性状的生物新品种的综合性科学技术。生物工程学是 20 世纪 70 年代初在分子生物学、细胞生物学等的基础上发展起来的，包括基因工程、细胞工程、酶工程、发酵工程等。它们互相联系，其中以基因工程为基础。只有通过基因工程对生物进行改造，才有可能按人类的愿望生产出更多更好的生物产品，而基因工程的成果也只有通过发酵等工程才有可能转化为产品。

2011～2015 年，山东省各高校和科研机构在国际 SCI 期刊上发表关于生物工程的论文共 6497 篇，占山东省生物科研总产出的 47.639%。主要的研究机构如表 4-2 所示。

表 4-2　生物工程领域前 10 家高产机构（国际 SCI 论文）

序号	机构	发表论文量 / 篇	序号	机构	发表论文量 / 篇
1	山东大学	1 881	6	青岛农业大学	197
2	中国海洋大学	665	7	青岛科技大学	165
3	山东农业大学	445	8	中国水产科学研究院	150
4	青岛大学	292	9	山东农业专科学院	135
5	济南大学	200	10	山东师范大学	111

通过对高产机构的分析可以看出，在生物工程方向，山东大学、中国海洋大学、山东农业大学的论文产出量较高，其中山东大学论文产出量远远高于其他机构。

通过对山东地区生物工程方向论文的信息可视化的分析，如图 4-2 所示，可以将生物工程方向分为 4 个主要的研究主题，分别是工业微生物的应用、仿生学的环境治理应用、植物遗传学、肿瘤的治疗。

一、工业微生物的应用

工业微生物的应用主要包括酒精工业、发酵食品工业（酿酒、制醋、酱豉制造、发酵乳制品、发面、油脂发酵、酸泡菜等）、氨基酸核苷酸发酵工业、有机酸发酵工业、各类工具酶工业、有机化合物微生物转化工业（如甾体和抗生素的转化）以及石油发酵工业等。此外，工业微生物还被用于能源

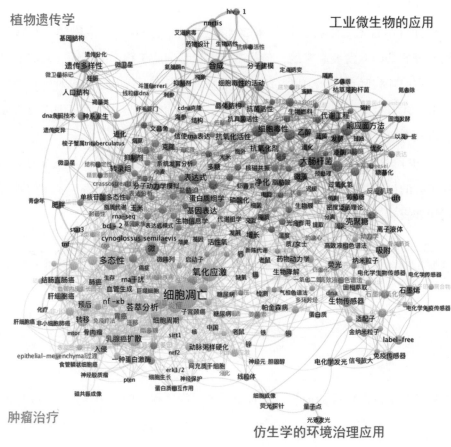

图 4-2　生物工程领域的主要研究主题和优势领域（国际 SCI 论文）

开发（如沼气发酵、采油、产氢发酵）和环境保护。随着生物工程技术的应用，工业微生物还将涉及化学工业及其他更多的产业部门，如为防除有害微生物而研究霉腐与杀菌剂、按工业微生物的生命活动规律设计最佳的工艺过程等。

　　山东省在工业微生物的应用的研究中有自己独到的优势，通过对其在微生物应用主题发表的论文的统计，列出出现频次最高的 10 个关键词，见表 4-3。

表 4-3　工业微生物的应用方向前 10 个高频关键词（国际 SCI 论文）

序号	关键词	频次 / 次	序号	关键词	频次 / 次
1	大肠杆菌	55	6	抗氧化剂	29
2	细胞毒性	42	7	代谢工程	29
3	合　成	41	8	乙　醇	27
4	响应面法	36	9	微　藻	27
5	纤维素酶	32	10	生物柴油	26

其中，工业微生物的应用方向主要有大肠杆菌、细胞毒性、合成、响应面法、纤维素酶、乙醇六个研究热点主题。

（一）大肠杆菌

大肠杆菌是人和动物肠道中最著名的一种细菌，主要寄生于大肠内，约占肠道菌的 1%，是一种两端钝圆、能运动、无芽孢的革兰氏阴性短杆菌。大肠杆菌能合成维生素 B 和维生素 K，正常栖居条件下不致病；若进入胆囊、膀胱等处可引起炎症。其在水和食品中检出，可认为是被粪便污染的指标。大肠菌群数常作为饮水、食物或药物的卫生学标准。

2011～2015 年，山东省生物技术领域发表以大肠杆菌为主要内容的文献 55 篇，研究的主要热点有代谢工程（11 篇）、发酵（7 篇）、葡萄糖（4 篇）、琥珀酸（3 篇）等。其主要研究机构包括山东大学（22 篇）、齐鲁科技大学（2 篇）、青岛农业大学（1 篇）、中国海洋大学（1 篇）等。

代表性文献有：Wang Qian（山东大学微生物技术国家重点实验室）、Luan Yaqi、Cheng Xuelian 等在 2015 年发表在 *Applied Microbiology and Biotechnology* 上的 *Engineering of Escherichia coli for the biosynthesis of poly（3-hydroxybutyrate-co-3-hydroxyhexanoate）from Glucose*；Gu Peng fei（山东大学微生物技术国家重点实验室）、Yang Fan、Su Tianyuan 等在 2014 年发表在 *Journal of Industrial Microbiology and Biotechnology* 上的 *Construction of an L-serine producing Escherichia coli via Metabolic engineering*；Zhuang Qianqian（山东大学微生物技术国家重点实验室）、Wang Qian、Liang Quanfeng 等在 2014 年发表在 *Metabolic Engineering* 上的 *Synthesis of polyhydroxyalkanoates from glucose that contain medium-chain-length monomers via the reversed fatty acid B-oxidation cycle in Escherichia coli*；Li Yikui（山东大学微生物技术国家重点实验室）、Li Mingli、Zhang Xu 等在 2013 年发表在 *Bioresource Technology* 上的 *A novel whole-phase Succinate fermentation strategy with high volumetric productivity in engineered Escherichia coli* 等。

（二）细胞毒性

细胞毒性是由细胞或化学物质引起的单纯细胞杀伤事件，不依赖于凋亡或坏死的细胞死亡机理，有时需要进行特定物质细胞毒性的检测，如药物筛选。

2011～2015 年，山东省生物技术领域工业微生物的应用主题中关于细胞毒性的文献有 42 篇，研究的主要热点有退化（4 篇）、二萜（2 篇）、晶体结构（2 篇）、抗菌活性（2 篇）等。其主要研究机构包括山东大学（19 篇）、中国海洋大学（9 篇）、青岛大学（4 篇）以及山东师范大学（2 篇）等。

代表性文献包括: Li Xiaowen（中国海洋大学医学院）、Li Xuejie、Li Yan-tuan 等在 2013 年发表在 *Journal of Photochemistry and Photobiology B-Biology* 上的 *Syntheses and structures of new trimetallic complexes bridged by N-（5-chloro-2-hydroxyphenyl）-N'-〔3-（dimethylamino）propyl〕oxamide: Cytotoxic activities, and reactivities towards DNA and protein* 等。

（三）合成

2011～2015 年，山东省在工业微生物的应用主题中关于合成的文献有 41 篇，研究的主要热点有核苷类逆转录酶抑制剂（7 篇）、氨肽酶 N（5 篇）、人类免疫缺陷病毒 1 型（5 篇）以及抑制剂（5 篇）等。其主要研究机构包括山东大学（32 篇）、齐鲁农业大学（2 篇）、烟台大学（2 篇）以及中国海洋大学（1 篇）等。

代表性的文献有: Liu Tao（山东大学药学院）、Huang Boshi、Tian Ye 等在 2015 年发表在 *Chemical Biology and Drug Design* 上的 *Design, synthesis, and*

biological evaluation of novel 4-aminopiper idinyl-linked 3, 5-disubstituted-1, 2, 6
-thiadiazine-1, 1-dione derivatives as HIV-1 NNRTIs；Zhang Lingzi（山东大学药
学院）、Guo Jian、Liu Xin 等在 2015 年发表在 *Chemical Biology and Drug design*
上 的 *Design, synthesis, and biological evaluation of novel benzoyl diarylamine/*
ether derivatives as potential Anti-HIV-1 agents；Kang Dongwei（山 东 大 学 药
学院）、Fang Zengjun、Huang Boshi 等在 2015 年发表在 *Chemical Biology and*
Drug Design 上的 *Synthesis and preliminary antiviral activities of piperidine-sub-*
stituted purines against HIV and influenza A/H1N1 infections 等。

（四）响应面法

响应面法基本思想是通过一系列确定性实验，用多项式函数来近似隐式
极限状态函数。通过合理地选取试验点和迭代策略，来保证多项式函数能够
在失效概率上收敛于真实的隐式极限状态函数的失效概率。

2011～2015 年在山东省关于工业微生物应用的研究中，使用响应面方法
的文献有 36 篇，研究的主要热点有优化（9 篇）、正交设计（5 篇）、发酵（4
篇）、中心复合设计（3 篇）等。其主要研究机构包括聊城大学（6 篇）、山东
农业大学（5 篇）、鲁东大学（3 篇）、山东师范大学（3 篇）等。

代表性的文献有：Yin Junshuai（山东农业大学生命科学学院）、Liang
Qiuli、Li Dongmei 等在 2013 年发表在 *Annals of Microbiology* 上的 *Optimiza-*
tion of production conditions for B-mannanase using apple pomace as raw mate-
rial in solid-state fermentation；Zhang Hui（聊城大学生命科学学院）、Zhang
Wenhui 在 2013 年发表在 *Chemical and Biochemical Engineering Quarterly* 上
的 *Induction and optimization of chitosanase production by Aspergillus fumigatus*
YT-1 using response surface methodology；Zhang Hui（聊城大学生命科学学
院）、Sang Qing、Zhang Wenhui 在 2012 年发表在 *Annals of Microbiology* 上
的 *Statistical optimization of cellulases production by Aspergillus niger HQ-1 in*
solid-state fermentation and partial enzymatic characterization of cellulases on hy-
drolyzing chitosan 等。

（五）纤维素酶

纤维素酶是降解纤维素生成葡萄糖的一组酶的总称，它不是单体酶，而是起协同作用的多组分酶系，是一种复合酶，主要由外切 β-葡聚糖酶、内切 β-葡聚糖酶和 β-葡萄糖苷酶等组成，还有很高活力的木聚糖酶，作用于纤维素以及从纤维素衍生出来的产物。微生物纤维素酶在转化不溶性纤维素成葡萄糖以及在果蔬汁中破坏细胞壁从而提高果汁的产出率等方面具有非常重要的意义。

2011～2015 年，山东省在工业微生物应用中对于纤维素酶的研究文献有 32 篇，研究的主要热点有斜卧青霉（6 篇）、里氏木霉（5 篇）、纤维素（4 篇）、草酸青霉（3 篇）等。其主要研究机构包括山东大学（24 篇）、济宁医学院（2 篇）、青岛科技大学（1 篇）等。

代表性的文献有：Wang Mingyu（山东大学生命科学学院）、Yang Hui、Zhang Meilin 等在 2015 年发表在 *Applied Microbiology and Biotechnology* 上的 *Functional analysis of Trichoderma reesei CKII a2, a catalytic subunit of casein kinase II*；Lv Xinxing（山东大学生命科学学院）、Zheng Fanglin、Li Chunyan 等在 2015 年发表在 *Biotechnology for Biofuels* 上的 *Characterization of a copper responsive promoter and its mediated overexpression of the xylanase regulator 1 results in an induction-independent production of cellulases in trichoderma reesei*；Qin Yuqi（山东大学生命科学学院）、Bao Longfei、Gao Meirong 等在 2013 年发表在 *Applied Microbiology and Biotechnology* 上的 *Penicillium decumbens BrlA extensively regulates secondary metabolism and functionally associates with the expression of cellulase genes*；Chen Mei（山东大学微生物技术重点实验室）、Qin Yuqi、Cao Qing 等在 2013 年发表在 *Bioresource Technology* 上的 *promotion of extracellular lignocellulolytic enzymes production by restraining the intracellular B- glucosidase in penicillium decumbens* 等。

（六）乙醇

山东省不仅是酿酒工业大省，也是饮料酒的消费大省，而酒业文化离不开乙醇以及各种发酵工程，因此在山东省工业微生物的应用中，乙醇以及发酵工程成为主要研究热点。

2011～2015 年，山东省在工业微生物的应用主题中，关于乙醇的文献有 27 篇，研究的主要热点有酿酒酵母（3 篇）、酶法水解（2 篇）、酵母（2 篇）以及进化（2 篇）等。其主要研究机构包括山东大学（10 篇）、中国海洋大学（6 篇）、青岛科技大学（2 篇）、济南医学院大学（1 篇）等。

代表性文献有：Shen Yu（山东大学微生物技术重点实验室）、Hou Jin、Bao Xiaoming 在 2013 年发表在 *Bioengineered* 上的 *Enhanced xylose fermentation capacity related to an altered glucose sensing and repression network in a recombinant Saccharomyces cerevisiae*；Tang Hongting（山东大学微生物技术重点实验室）、Hou Jin、Shen Yu 等在 2013 年发表在 *Journal of Microbiology and Biotechnology* 上的 *High B-glucosidase secretion in saccharomyces cerevisiae improves the efficiency of cellulase hydrolysis and ethanol production in simultaneous saccharification and fermentation* 等。

二、仿生学的环境治理应用

仿生学是一门既古老又年轻的学科。人们研究生物体结构与功能的工作原理，并根据这些原理发明出新的设备和工具，创造出适合生产、学习和生活的先进技术。随着科技的发展，环境污染日趋严重，对于环境污染的治理也越来越紧迫。而生物的仿生学给环境污染的治理提供了一个很好的切入点。

其中，仿生学的环境治理应用方向主要有净化、吸附、壳聚糖、荧光、石墨烯五个热点研究主题，出现频次最高的 10 个关键词如表 4-4 所示。

表 4-4 仿生学的环境治理应用方向前 10 个高频关键词（国际 SCI 论文）

序号	关键词	出现频次 / 次	序号	关键词	出现频次 / 次
1	净 化	44	3	壳聚糖	35
2	吸 附	39	4	荧 光	32

序号	关键词	出现频次／次	序号	关键词	出现频次／次
5	石墨烯	28	8	生物标志物	23
6	抗氧化活性	27	9	免疫传感器	22
7	生物传感器	26	10	药物动力学	22

（一）净化

净化是指清除不好的或不需要的杂质，使物品达到纯净的程度。

2011～2015 年，山东省在生物工程中关于净化的文献有 44 篇，主要的研究热点包括描述（9 篇）、表达（5 篇）、酶的特性（3 篇）、褐藻胶裂解酶（2 篇）等。其主要的研究机构包括中国海洋大学（11 篇）、聊城大学（3 篇）、齐鲁科技大学（3 篇）及山东大学（3 篇）等。

代表性的文献有：Li Yinping（中国海洋大学食品科学与工程学院）、Huang Zhijun、Qiao Leke 等在 2015 年发表在 *Process Biochemistry* 上的 *Purification and characterization of a novel enzyme produced by Catenovulum sp. LP and its application in the pre-treatment to Ulva prolifera for bio-ethanol production*；Liu Jianguo（中国石油大学生物工程与技术中心）、Zhang Zhiqiang、Zhu Hu 等在 2011 年发表在 *African Journal of Biotechnology* 上的 *Isolation and characterization of α-amylase from marine Pseudomonas sp. K6-28-040* 等。

（二）吸附

当流体与多孔固体接触时，流体中某一组分或多个组分在固体表面处产生积蓄，这个现象称为吸附。吸附也指物质（主要是固体物质）表面吸住周围介质（液体或气体）中的分子或离子现象。吸附属于一种传质过程，物质内部的分子和周围分子有互相吸引的引力，但物质表面的分子，其中相对物质外部的作用力没有充分发挥，液体或固体物质的表面可以吸附其他的液体或气体，尤其是表面面积很大的情况下，这种吸附力能产生很大的作用，所以工业上经常利用大面积的物质进行吸附，如活性炭、水膜等。

2011～2015 年，山东省在生物工程中关于吸附的文献有 39 篇，主要的研究热点包括朗缪尔（7 篇）、石墨烯（6 篇）、壳聚糖（6 篇）等。其主要的研究机构包括济南大学（12 篇）、山东大学（9 篇）、中国海洋大学（4 篇）、青岛大学（3 篇）等。

代表性文献包括：Li Leilei（济南大学化学化工学院）、Luo Chuannan、Li Xiangjun 等在 2014 年发表在 *International Journal of Biological Macromolecules* 上 的 *Preparation of magnetic ionic liquid/chitosan/graphene oxide composite and application for water treatment*；Li Leilei（济南大学化学化工学院）、Fan Lulu、Sun Min 等在 2013 年发表在 *Colloids and Surfaces B-Biointerfaces* 上的 *Adsorbent for chromium removal based on graphene oxide functionalized with magnetic cyclodextrin-chitosan*；Fan Lulu（济南大学化学化工学院）、Luo Chuannan、Sun Min 等在 2013 年发表在 *Colloids and Surfaces B-Biointerfaces* 上的 *Highly selective adsorption of lead ions by water-dispersible magnetic chitosan/ graphene oxide composites* 等。

（三）壳聚糖

壳聚糖这种天然高分子的生物官能性和相容性、血液相容性、安全性、微生物降解性等优良性能被各行各业广泛关注，在医药、食品、化工、化妆品、水处理、金属提取及回收、生化和生物医学工程等诸领域的应用研究取得了重大进展。针对患者，壳聚糖降血脂、降血糖的作用已有研究报告，同时，壳聚糖被作为增稠剂、被膜剂列入《食品安全国家标准食品添加剂使用标准》（GB 2760—2014）。

2011～2015 年，山东省在生物工程领域关于壳聚糖的研究文献有 35 篇，主要的研究热点包括吸附（6 篇）、朗缪尔（3 篇）、N-异丙基丙烯酰胺（2 篇）等；主要的研究机构包括，中国海洋大学（10 篇）、青岛大学（3 篇）等。

代表性文献包括：Fan Lulu（济南大学化学化工学院）、Luo Chuannan、Sun Min 等在 2013 年发表在 *Colloids and Surfaces B-Biointerfaces* 上的 *Synthesis of magnetic B-cyclodextrin-chitosan/graphene oxide as nanoadsorbent and its application in dye adsorption and removal*；Li Leilei（济南大学化学化工学院）、Fan Lulu、Sun Min 等在 2013 年发表在 *International Journal of Biological Macromolecules* 上的 *Adsorbent for hydroquinone removal based on Graphene oxide functionalized with magnetic cyclodextrin-chitosan*；Fan Lulu（济南大学化学化工学院）、Li Miao、Lv Zhen 等在 2012 年发表在 *Colloids and Surfaces B-biointerfaces* 上的 *Fabrication of magnetic chitosan nanoparticles grafted with B-cyclodextrin as effective adsorbents toward hydroquinol* 等。

（四）荧光

荧光在生化和医药领域有着广泛的应用。人们可以通过化学反应把具有荧光性的化学基团黏到生物大分子上，然后通过观察示踪基团发出的荧光来灵敏地探测这些生物大分子。

2011～2015 年，山东省在生物工程领域对于荧光的研究文献有 32 篇，主要的研究热点包括脱氧核酶（4 篇）、X 射线（4 篇）、合成（4 篇）、蛋白质（3 篇）、适配子（3 篇）等。其主要的研究机构包括山东大学（9 篇）、青岛科技大学（4 篇）、山东师范大学（4 篇）、青岛农业大学（2 篇）等。

代表性的文献有：Liu Shufeng（青岛科技大学化学与分子工程学院）、Cheng Chuanbin、Liu Tao 等在 2015 年发表在 *Biosensors and Bioelectronics* 上的 *Highly sensitive fluorescence detection of target DNA by coupling exonuclease-assisted cascade target recycling and DNAzyme amplification*；Ge Yanqing（泰山医学院）、Li Furong、Zhang Yujuan 等在 2014 年发表在 *Luminescence* 上的。*Synthesis, crystal structure, optical properties and antibacterial evaluation of novel imidazo〔1, 5-a〕pyridine derivatives bearing a hydrazone moiety*；Xu Hui（鲁东大学化学与材料科学学院）、Xu Pingping、Gao Shanmin 等在 2013 年发表在 *Biosensors and Bioelectronics* 上的 *Highly sensitive recognition of Pb（2+）using Pb（2+）triggered exonuclease aided DNA recycling* 等。

（五）石墨烯

石墨烯目前最有潜力的应用是成为硅的替代品，制造超微型晶体管，生产未来的超级计算机。用石墨烯取代硅，计算机处理器的运行速度将会快数百倍。一方面，石墨烯几乎是完全透明的，只吸收 2.3% 的光。另一方面，它的结构非常致密，即使是最小的气体分子（氦气）也无法穿透。这些特征使它非常适合作为透明电子产品的原料，如透明的触摸显示屏、发光板和太阳能电池板。作为目前发现的最薄、强度最大、导电导热性能最强的一种新型纳米材料，石墨烯被称为"黑金"，是"新材料之王"，科学家甚至预言石墨烯将"彻底改变 21 世纪"，极有可能掀起一场席卷全球的颠覆性新技术新产业革命。

2011～2015 年，山东省在生物工程领域关于石墨烯的研究文献有 28 篇，主要的研究热点包括吸附（6 篇）、离子液体（3 篇）、无标记的（2 篇）、修饰电极（2 篇）等。基主要的研究机构包括济南大学（9 篇）、青岛科技大学（5 篇）、青岛大学（4 篇）、山东大学（3 篇）等。

代表性的文献有：Wang Zonghua（青岛大学化学化工学院）、Li Feng、Xia Jianfei 等在 2014 年发表在 *Biosensors and Bioelectronics* 上的 *An ionic liquid-modified graphene based molecular imprinting electrochemical sensor for sensitive detection of bovine hemoglobin*；Zhao Lifang（济南大学化学化工学院）、Wei Qin、Wu Hua 等在 2014 年发表在 *Biosensors and Bioelectronics* 上的 *Ionic liquid functionalized graphene based immunosensor for sensitive detection of carbohydrate antigen 15-3 integrated with Cd^{2+}-functionalized nanoporous TiO$_2$ as labels*；Wei Qin（济南大学化学化工学院）、Zhao Yanfang、Du Bin 等在 2012 年发表在 *Food Chemistry* 上的 *Ultrasensitive detection of kanamycin in animal derived foods by Label-free electrochemical Immunosensor* 等。

三、植物遗传学

植物遗传学是研究植物在繁殖过程中遗传和变异的内在和外在表现及规律的科学，主要讲授植物遗传学的基本原理及其各主要分支学科的基本理论，包括植物遗传的细胞学基础和分子基础、遗传学的 3 大基本规律、遗传物质的变异（包括染色体水平的变异和 DNA 水平的变异）、细胞质遗传、数量遗传等方面的内容。

鉴于独特的气候地理因素，山东省的植物遗传学研究对象与方向方法有自己的特点，其中群体遗传方向主要有基因表达、微 RNA、表达式、遗传多样性、转录组 5 个热点研究主题，出现频次最高的 10 个关键词如表 4-5 所示。

表 4-5　植物遗传学的相关分析方向前 10 个高频关键词（国际 SCI 论文）

序号	关键词	出现频次 / 次	序号	关键词	出现频次 / 次
1	基因表达	43	6	蛋白质组学	26
2	微 RNA	39	7	种系发生	24
3	表达式	36	8	活性氧	21
4	遗传多样性	36	9	进 化	19
5	转录组	29	10	玉 米	19

（一）基因表达

基因表达是指细胞在生命过程中，把储存在 DNA 顺序中遗传信息经过转录和翻译，转变成具有生物活性的蛋白质分子。

2011～2015 年，山东省生物工程领域关于基因表达的文献有 43 篇，主要的研究热点包括合成（2 篇）、真涡虫（2 篇）、反转录酶-聚合链式反应（2 篇）、转录组（2 篇）等。其主要的研究机构包括山东农业大学（8 篇）、中国海洋大学（7 篇）、山东科技大学（4 篇）、青岛农业大学（4 篇）等。

代表性的文献有：Bian Xiaoying（山东大学微生物技术国家重点实验室）、Huang Fan、Wang Hailong 等在 2014 年发表在 *Chembiochem* 上的 *Heterologous production of glidobactins/luminmycins in Escherichia coli Nissle containing the glidobactin biosynthetic gene cluster from Burkholderia DSM7029*；Bian Xiaoying（山东大学微生物技术国家重点实验室）、Fu Jun、Plaza Alberto 等在 2013 年发表在 *Chembiochem* 上的 In vivo evidence for a prodrug activation mechanism during colibactin maturation 等。

（二）微 RNA

微 RNA（microRNAs，miRNA，又译小分子 RNA）是真核生物中广泛存在的一种长 21～23 个核苷酸的 RNA 分子，可调节其他基因的表达。miRNA 来自一些从 DNA 转录而来，但无法进一步转译成蛋白质的 RNA（属于非编码 RNA）。miRNA 通过与靶信使核糖核酸（mRNA）特异结合，从而抑制转录后基因表达，在调控基因表达、细胞周期、生物体发育时序等方面起重要作用。在动物中，一个微 RNA 通常可以调控数十个基因。

2011～2015 年，山东省在生物工程课题下关于微 RNA 的研究文献有 39 篇，主要研究热点包括靶向基因（5 篇）、高通量测序（3 篇）、生物信息学（3 篇）、光棘球海胆（3 篇）等。其主要的研究机构包括山东大学（11 篇）、山东农业大学（3 篇）、山东省医学科学院（2 篇）等。

代表性的文献有：Cui Yazhou（山东省医学科学院）、Xie Shuyang、Luan Jing 等在 2015 年发表在 *Febs Letters* 上的 *Identification of the receptor tyrosine kinases（RTKs）-oriented functional targets of miR-206 by an antibody-based protein array*；Yu Fangcang（山东省医学科学院）、Cui Yazhou、Zhou Xiaoyang 等在 2011 年发表在 *Bioscience Trends* 上的 *Osteogenic differentiation of human ligament fibroblasts induced by conditioned medium of osteoclast-like cells* 等。

（三）表达式

2011～2015 年，山东省在生物工程领域关于表达式的文献有 36 篇，主要的研究热点包括净化（5 篇）、克隆（5 篇）、大菱鲆（2 篇）、大肠杆菌（2 篇）、基因（2 篇）等。其主要的研究机构包括中国海洋大学（7 篇）、中国水产科学研究院黄海水产研究所（5 篇）、山东大学（5 篇）、山东省农业科学院（4 篇）等。

代表性文献包括：Sun Airong（中国水产科学研究院黄海水产研究所）、Li Jian、Huang Jingzhou 等在 2013 年发表在 *Fish Physiology and Biochemistry* 上的

Molecular Cloning and expression analysis of cytochrome P450 3A gene in the turbot Scophthalmus maximus；Li Jitao（中国水产科学研究院黄海水产研究所）、Chen Ping、Liu Ping 等在 2011 年发表在 *Molecular Biology Reports* 上的 *Molecular characterization and expression analysis of extracellular copper-zinc superoxide dismutase gene from swimming crab portunus trituberculatus* 等。

（四）遗传多样性

2011～2015 年，山东省在生物工程领域关于遗传多样性的文献有 36 篇，主要的研究热点包括人口结构（7 篇）、妊娠（6 篇）、基因结构（6 篇）、遗传分化（5 篇）。其主要的研究机构包括中国海洋大学（11 篇）、鲁东大学（5 篇）、中国水产科学研究院（5 篇）、山东农业大学（5 篇）等。

代表性的文献有：Pan Ting（中国水产科学研究院黄海水产研究所）、Zhang Yan、Gao Tianxiang 等在 2014 年发表在 *Biochemical Systematics and Ecology* 上的 *Genetic diversity of pleuronectes yokohamae population revealed by fluorescence microsatellite labeled*；Li Ning（中国海洋大学海洋生物多样性与进化研究所）、Song Na、Cheng Guangping 等在 2013 年发表在 *Biochemical Systematics and Ecology* 上的 *Genetic diversity and population structure of the red stingray, dasyatis akajei inferred by AFLP marker*；Li Yuan（中国海洋大学海洋生物多样性与进化研究所）、Han Zhen、Song Na 等在 2013 年发表在 *Biochemical Systematics and Ecology* 上的 *New evidence to genetic analysis of small yellow croaker（Larimichthys polyactis）with continuous distribution in China*；Zhang Hui（中国水产科学研究院黄海水产研究所）、Yu Han、Gao Tianxiang 等在 2012 年发表在 *Biochemical Systematics and Ecology* 上的 *Analysis of genetic diversity and population structure of pleuronectes yokohamae indicated by AFLP markers* 等。

（五）转录组

转录组广义上指某一生理条件下，细胞内所有转录产物的集合，包括信使

RNA、核糖体 RNA、转运 RNA 及非编码 RNA；狭义上指所有 mRNA 的集合。

2011～2015 年，山东省在生物工程领域下关于转录组的文献有 29 篇，主要的研究热点包括 RNA 序列（5 篇）、测序技术（3 篇）、基因表达（2 篇）、高通量 RNA 序列（2 篇）等。其主要的研究机构包括山东大学（5 篇）、中国海洋大学（5 篇）、山东省农业科学院（5 篇）、山东农业大学（4 篇）等。

代表性文献有：Xie Binbin（山东大学微生物技术国家重点实验室）、Li Dan、Shi Weiling 等在 2015 年发表在 *Bmc genomics* 上的 *Deep RNA sequencing reveals a high frequency of alternative splicing events in the fungus Trichoderma longibrachiatum*；Li Yan（山东农业大学农学院）、Wang Nian、Zhao Fengtao 等在 2014 年发表在 *Plant Molecular Biology* 上的 *Changes in the transcriptomic profiles of maize roots in response to iron-deficiency stress* 等。

四、肿瘤的治疗

肿瘤是指机体在各种致瘤因子作用下，局部组织细胞增生所形成的新生物，因为这种新生物多呈占位性块状突起，也称赘生物。根据新生物的细胞特性及对机体的危害性程度，又将肿瘤分为良性肿瘤和恶性肿瘤两大类，而癌症即为恶性肿瘤的总称。肿瘤治疗一直是一个世界性的难题，尤其是恶性肿瘤对人体的生命有很大的威胁。

其中，肿瘤治疗方向主要有细胞凋亡、氧化应激、多态性、荟萃分析、扩散五个热点研究主题，出现频次最高的 10 个关键词如表 4-6 所示。

表 4-6　肿瘤治疗方向前 10 个高频关键词（国际 SCI 论文）

序号	关键词	出现频次 / 次	序号	关键词	出现频次 / 次
1	细胞凋亡	140	6	炎　症	39
2	氧化应激	66	7	乳腺癌	34
3	多态性	66	8	转　移	33
4	荟萃分析	48	9	预　后	33
5	扩　散	42	10	K 基因结合核因	28

（一）细胞凋亡

人体内的细胞，有些死亡是生理性的，有些死亡则是病理性的。有关细胞死亡过程的研究已经成为生物学、医学研究的一个热点。人们已经知道细胞的死亡最少有两种方式——细胞坏死与细胞凋亡。

2011～2015 年，山东省在生物工程领域中与细胞凋亡有关的文献有 140 篇，其中主要的研究热点包括扩散（9 篇）、自噬（8 篇）、氧化应激（8 篇）、*Bcl-2*（6 篇）等。其主要的研究机构包括山东大学（65 篇）、青岛大学（17 篇）、中国海洋大学（7 篇）、济宁医学院（4 篇）等。

代表性的文献有：Zhang Y P（聊城市人民医院）、Li Y Q、Lv Y T 等在 2015 年发表在 *Genetics and Molecular Research* 上的 *Effect of curcumin on the proliferation, apoptosis, migration, and invasion of human melanoma A375 cells*；Ye Junli（青岛大学医学院）、Han Yantao、Chen Xuehong 等在 2014 年发表在 Neurochemistry International 上的 *L-carnitine attenuates H_2O_2-induced neuron apoptosis via inhibition of endoplasmic reticulum stress*；Shi Mei（山东大学微生物技术国家重点实验室）、Zhang Tian、Sun Lei 等在 2013 年发表在 *Apoptosis* 上的 *Calpain, Atg5 and Bak play important roles in the crosstalk between apoptosis and autophagy induced by influx of extracellular calcium* 等。

（二）氧化应激

2011～2015 年，山东省在生物工程领域与氧化应激有关的文献有 66 篇，主要的研究热点包括细胞凋亡（8 篇）、抗氧化剂（5 篇）、自由基（4 篇）、炎症（4 篇）、帕金森病（3 篇）等。其主要的研究机构包括山东大学（26 篇）、青岛大学（9 篇）、山东农业大学（9 篇）、济宁医学院（4 篇）等。

代表性的文献有：Shang Jin（山东大学医学院）、Wan Qiang、Wang Xiaojie 等在 2015 年发表在 *Free Radical Biology and Medicine* 上的 *Identification of NOD2 as a novel target of RNA-binding protein HuR: evidence from NADPH oxidase-mediated HuR signaling in diabetic nephropathy*；Yao Pengbo（山

东农业大学生命科学学院）、Chen Xiaobo、Yan Yan 等在 2014 年发表在 *Free Radical Biology and Medicine* 上的 *Glutaredoxin 1, glutaredoxin 2, thioredoxin 1, and thioredoxin peroxidase 3 play important roles in antioxidant defense in Apis cerana cerana* 等。

（三）多态性

多态性是指以适当频率在一个群体的某个特定遗传位点（基因序列或非基因序列）发生两种或两种以上变异的现象，可通过直接分析 DNA 或基因产物来确定。

2011～2015 年，山东省在生物工程领域关于多态性的研究文献有 66 篇，主要的研究热点包括荟萃分析（18 篇）、基因（3 篇）、肺癌（3 篇）、单体型（3 篇）等。其主要的研究机构包括山东大学（30 篇）、青岛大学（9 篇）、山东省农业科学院（3 篇）等。

代表性的文献有：Wang H G（山东大学药学院）、Yang J、Han H 等在 2015 年发表在 *Genetics and Molecular Research* 上的 *TNF-α G-308A Polymorphism is associated with insulin resistance: a meta-analysis*；Li Yuzhu（山东大学齐鲁医院）、Wang L J、Li X 等在 2013 年发表在 *Genetics and Molecular Research* 上的 *Vascular endothelial growth factor gene Polymorphisms contribute to the risk of endometriosis: an updated systematic review and meta-analysis of 14 case-control studies* 等。

（四）荟萃分析

荟萃分析又称 Meta 分析。

2011～2015 年，山东省在生物工程领域关于荟萃分析的文献有 48 篇，主要的研究热点包括多态性（18 篇）、基因多态性（5 篇）、冠状动脉疾病（4 篇）、前列腺癌（4 篇）等。其主要的研究机构包括山东大学（26 篇）、临沂市人民医院（3 篇）、山东省立第三医院（原山东省交通医院）（2 篇）等。

代表性的文献有: Han Xia(莱芜人民医院)、Zhang Lijun、Zhang Zhiqiang 等在 2014 年发表在 *International Journal of Molecular Sciences* 上的 *Association between phosphatase related gene variants and coronary artery disease: case-control study and meta-analysis*; Li Yuzhu(山东大学齐鲁医院)、Wang L J、Li X 等在 2013 年发表在 *Genetics and Molecular Research* 上的 *Vascular endothelial growth factor gene polymorphisms contribute to the risk of endometriosis: an updated systematic review and meta-analysis of 14 case-control studies* 等。

(五)扩散

生物工程领域的肿瘤治疗方向中,扩散主要指癌细胞的扩散等相关概念。

2011～2015 年,山东省在生物工程领域关于扩散的文献有 42 篇,主要的研究热点包括细胞凋亡(9 篇)、入侵(9 篇)、骨肉瘤(5 篇)、迁移(3 篇)等。其主要的研究机构包括山东大学(21 篇)、青岛大学(3 篇)、聊城市人民医院(3 篇)、临沂市人民医院(2 篇)等。

代表性的文献有: Liu Wei(潍坊医学院)、Xu Guoxing、Liu Huaqiang 等在 2015 年发表在 *Febs Letters* 上的 *MicroRNA-490-3p regulates cell proliferation and apoptosis by targeting HMGA2 in osteosarcoma*; Sun Xinghong(青岛农业大学动物科技学院)、Sun Xiaofeng、Ma Jinmei 等在 2014 年发表在 *Biotechnology and Applied Biochemistry* 上的 *Anti-senescence effect of Fat I gene in goat somatic cells*; Chen Zhitao(山东大学济南中心医院)、Zhu Liangming、Li Xiaohua 等在 2013 年发表在 *Acta Biochimica ET Biophysica Sinica* 上的 *Down-regulation of heparanase leads to the inhibition of invasion and proliferation of A549 cells in vitro and in vivo* 等。

第二节 生物农业领域

在生物技术领域，山东省主要的研究机构如表4-7所示。

表4-7 生物农业方向前10家高产机构（国际 SCI 论文）

序号	机构	发表论文量 / 篇	序号	机构	发表论文量 / 篇
1	山东农业大学	490	6	山东师范大学	76
2	山东大学	359	7	烟台大学	55
3	中国海洋大学	179	8	青岛大学	34
4	山东省农业科学院	127	9	青岛科技大学	32
5	青岛农业大学	124	10	山东理工大学	32

2011～2015 年，山东省在国际 SCI 期刊上发表生物农业领域论文共 2080 篇，占山东省生物技术领域发文总量的 15.252%。如图 4-3 所示，在生物农业领域，山东省的主要研究方向包括作物育种与良种繁育、农作物生理条件探究、农作物能源、转基因农作物的探究。

一、作物育种与良种繁育

作物育种是通过改良作物的遗传特性，以培育高产优质品种的技术，又称作物品种改良。它以遗传学为理论基础，并综合应用植物生态、植物生理、生物化学、植物病理和生物统计等多种学科知识，是一项投资少而效益高的生物技术，对发展种植业生产具有十分重要的意义。

其中，作物育种与良种繁育方向主要有盐胁迫、玉米、基因表达 3 个热点研究主题，出现频次最高的 10 个关键词如表 4-8 所示。

表4-8 作物育种与良种繁育方向前10个高频关键词（国际 SCI 论文）

序号	关键词	出现频次 / 次	序号	关键词	出现频次 / 次
1	盐胁迫	35	6	活性氧	29
2	玉 米	34	7	拟南芥	24
3	基因表达	30	8	大 米	23
4	番 茄	30	9	脱落酸	21
5	小 麦	30	10	干旱胁迫	21

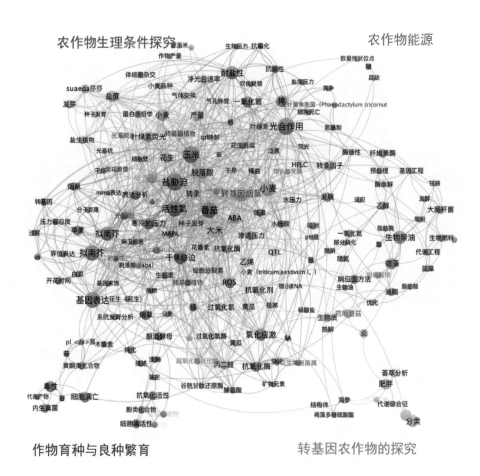

图 4-3　生物农业领域的主要研究主题和优势领域（国际 SCI 论文）

（一）盐胁迫

盐是植物生长的重要因素之一。根据国内外的研究，盐对植物的生长和植株形态、水分关系等具有很大影响，这些都会直接或间接影响植物的产量。盐胁迫是指植物由于生长在高盐度生境而受到的高渗透势的影响。

2011～2015 年，山东省在生物农业方向研究盐胁迫的国际文献有 35 篇，主要的研究热点包括拟南芥（7 篇）、活性氧（2 篇）、有机酸（2 篇）、离子体内平衡（2 篇）、渗透压（2 篇）等。其主要的研究机构包括山东农业大学（16篇）、山东师范大学（6 篇）、山东大学（5 篇）、山东省农业科学院（3

篇）等。

代表性文献有: Gong Biao（山东农业大学园艺科学与工程学院）、Wen Dan、Bloszies Sean 等在 2014 年发表在 *Acta Physiologiae Plantarum* 上的 *Comparative effects of NaCl and NaHCO₃ stresses on respiratory metabolism, antioxidant system, nutritional status, and organic acid metabolism in tomato roots*; Han Guoliang（山东师范大学生命科学学院）、Wang Mingjie、Yuan Fang 等在 2014 年发表在 *Plant Molecular Biology* 上的 *The CCCH zinc finger protein gene AtZFP1 improves salt resistance in Arabidopsis thaliana*; Li Xiaolin（山东农业大学园艺科学与工程学院）、Wang Chunrong、Li Xiaoyang 等在 2013 年发表在 *Food Chemistry* 上的 *Modifications of Kyoho grape berry quality under long-term NaCl treatment*; Qin L Q（山东省农业科学院）、Li L、Bi C 等在 2011 年发表在 *Photosynthetica* 上的 *Damaging mechanisms of chilling- and salt stress to Arachis hypogaea L. leaves* 等。

（二）玉米

2011～2015 年，山东省在生物农业研究方向研究玉米的国际文献有 34 篇，主要的研究热点包括转基因（4 篇）、转基因烟草（3 篇）、干旱胁迫（3 篇）、根系发育（2 篇）、细胞死亡（2 篇）等。其主要的研究机构包括山东农业大学（18 篇）、山东大学（14 篇）、青岛农业大学（4 篇）、泰山医学院（3 篇）等。

代表性的文献有: Jiang Shanshan（山东农业大学生命科学学院）、Zhang Dan、Wang Li 等在 2013 年发表在 *Plant Physiology and Biochemistry* 上的 *A maize calcium-dependent protein kinase gene, ZmCPK4, positively regulated abscisic acid signaling and enhanced drought stress tolerance in transgenic Arabidopsis*; Zhou Yan（山东农业大学作物生物学国家重点实验室）、Zhang Dan、Pan Jiaowen 等在 2012 年发表在 *Plant Physiology and Biochemistry* 上的 *Overexpression of a multiple stress-responsive gene, ZmMPK4, enhances tolerance to low temperature in transgenic tobacco*; Kong Xiangpei（山东农业大学作物生物学国家重点实验室）、Sun Liping、Zhou Yan 等在 2011 年发表在 *Plant Cell*

Reports 上 的 *ZmMKK4 regulates osmotic stress through reactive oxygen species scavenging in transgenic tobacco*；Xing Xin（山东农业大学生命科学院）、Liu Yukun、Kong Xiangpei 等在 2011 年发表在 *Plant Growth Regulation* 上的 *Over-expression of a maize dehydrin gene, ZmDHN2b, in tobacco enhances tolerance to low temperature* 等。

（三）基因表达

基因表达是指细胞在生命过程中，把储存在 DNA 顺序中的遗传信息经过转录和翻译，转变成具有生物活性的蛋白质分子。在农作物的作物育种与良种繁育的方向主要是指将外源基因通过体外重组后导入受体细胞内，使这个基因能在受体细胞内复制、转录、翻译表达。

2011～2015 年，山东省在生物农业方向研究基因表达的国际文献有 30 篇，主要的研究热点包括水果成熟（2 篇）、苹果（2 篇）、转基因（2 篇）、葡萄糖（2 篇）等。其主要的研究机构包括山东农业大学（14 篇）、山东省农业科学院（4 篇）、山东大学（4 篇）、青岛农业大学（3 篇）等。

代表性的文献有：Liu Fenghong（鲁东大学生命科学学院）、Wang Lei、Gu Liang 等在 2015 年发表在 *Food Chemistry* 上的 *Higher transcription levels in ascorbic acid biosynthetic and recycling genes were associated with higher ascorbic acid accumulation in blueberry*；Ma Nana（山东农业大学生命科学学院）、Feng Hailong、Meng Xia 等在 2014 年发表在 *Bac Plant Biology* 上的 *Overexpression of tomato SlNAC1 transcription factor alters fruit pigmentation and softening*；Dong Qinglong（山东农业大学园艺科学与工程学院）、Wang Chunrong、Liu Dandan 等 在 2013 年 发 表 在 *Journal of Plant Physiology* 上的 *MdVHA-A encodes an apple subunit A of vacuolar H$^+$-ATPase and enhances drought tolerance in transgenic tobacco seedlings*；Dong Qinglong（山东农业大学园艺科学与工程学院）、Liu Dandan、An Xiuhong 等在 2011 年发表在 *Journal of Plant Physiology* 上的 *MdVHP1 encodes an apple vacuolar H$^+$-PPase and enhances stress tolerance in transgenic apple callus and tomato* 等。

二、农作物生理条件探究

农作物是农业生产的一个重要方面，虽然大部分农作物生长所需要的条件有极大相似性，但是不同生物生长所需要的条件又有一定的不同，因此对农作物生长所需条件的探究显得尤为重要，通过对山东省生物农业领域农作物生理条件探究方向的高频关键词（表4-9）的统计，看出山东省对于农作物生长条件的研究主要是关于棉花的，这可以反映出山东省的棉花产量是其优势方向，山东省自身的条件也适合棉花种植。

其中，农作物生理条件探究方向主要有光合作用、盐耐受性、氧化应激3个热点研究主题。

表 4-9　农作物生理条件探究方向前 10 个高频关键词（国际 SCI 论文）

序号	关键词	出现频次 / 次	序号	关键词	出现频次 / 次
1	光合作用	34	6	细胞毒性	16
2	盐耐受性	22	7	一氧化氮	16
3	氧化应激	19	8	细胞凋亡	15
4	棉　花	17	9	活性氧簇	15
5	叶绿素荧光	16	10	抗氧化酶	14

（一）光合作用

光合作用，即光能合成作用，是指含有叶绿体的绿色植物，在可见光的照射下，经过光反应和碳反应，利用光合色素，将二氧化碳（或硫化氢）和水转化为有机物，并释放出氧气（或氢气）的生化过程，同时也有将光能转变为有机物中化学能的能量转化过程。光合作用是植物生存必不可少的条件，因此对于农作物的生理条件探究离不开对光合作用的研究。

2011~2015年，山东省在生物农业的方向下，在国际SCI期刊中发表的与光合作用有关的论文有34篇，主要的研究热点包括抗氧化酶（2篇）、钙板金藻（2篇）、硅藻（2篇）、氮限制（2篇）、呼吸（2篇）等。其主要的研究机构包括山东农业大学（13篇）、山东大学（3篇）等。

（二）盐耐受性

盐耐受性主要是指植物对土地盐碱度的适应能力，是农作物生长以及作物选育种子的一个重要考量。因此在对农作物生理条件的探究中，植物的盐耐受性是一个重要指标和因素。

2011～2015 年，山东省在生物农业领域关于盐耐受性在国际 SCI 期刊上发表的论文为 22 篇，主要的研究热点包括植物（2 篇）、拟南芥（2 篇）、脱落酸（2 篇）、非生物逆境（2 篇）、表达等。其主要的研究机构包括山东农业大学（7 篇）、山东省农业科学院（4 篇）、山东大学（4 篇）等。

代表性的文献有：Wang Meng（山东大学生命科学学院）、Qin Lumin、Xie Chao 等在 2014 年发表在 *Plant and Cell Physiology* 上的 *Induced and constitutive DNA methylation in a salinity-tolerant wheat introgression line*；Shi Weina（山东农业大学生命科学学院）、Hao Lili、Li Jing 等在 2014 年发表在 *Plant Cell Reports* 上的 *The Gossypium hirsutum WRKY gene GhWRKY39-1 promotes pathogen infection defense responses and mediates salt stress tolerance in transgenic Nicotiana benthamiana*；Shi Weina（山东农业大学生命科学学院）、Liu Dongdong、Hao Lili 等在 2014 年发表在 *Plant Cell Tissue and Organ Culture* 上的 *GhWRKY39, a member of the WRKY transcription factor family in cotton, has a positive role in disease resistance and salt stress tolerance*；Liu Chun（山东大学生命科学学院）、Li Shuo、Wang Mengcheng 等在 2012 年发表在 *Plant Molecular Biology* 上的 *A transcriptomic analysis reveals the nature of salinity tolerance of a wheat introgression line* 等。

（三）氧化应激

2011～2015 年，山东省在生物农业领域发表在国际 SCI 期刊的关于氧化应激的论文有 19 篇，主要的研究热点包括细胞凋亡（2 篇）、活性氧（2 篇）、红细胞膜流动性（2 篇）、抗氧化酶（2 篇）、玉米肽（2 篇）等。其主要的研究机构包括山东农业大学（6 篇）、山东大学（4 篇）、青岛大学（4 篇）等。

代表性的文献有：Zhang D（山东农业大学生命科学学院）、Jiang S、Pan J

等在 2014 年发表在 *Plant Biology* 上的 *The overexpression of a maize mitogen-activated protein kinase gene（ZmMPK5）confers salt stress tolerance and induces defence responses in tobacco*；Sun Yongye（青岛大学医学院）、Ma aiguo、Li Yong 等在 2012 年发表在 *Nutrition Research* 上的 *Vitamin E supplementation protects erythrocyte membranes from oxidative stress in healthy Chinese middle-aged and elderly people*；Han Xiuxia（青岛大学医学院）、Zhang Ming、Ma Aiguo 等在 2011 年发表在 *British Journal of Nutrition* 上的 *Antioxidant micronutrient supplementation increases erythrocyte membrane fluidity in adults from a rural Chinese community*；Ma Aiguo（青岛大学医学院）、Ge S、Zhang Ming 等在 2011 年发表在 *Journal of Nutrition Health and Aging* 上的 *Antioxidant micronutrients improve intrinsic and UV-induced apoptosis of human lymphocytes particularly in elderly people* 等。

三、农作物能源

资源短缺、能源危机和环境污染已经成为全球关注的严重问题，开发利用可再生的生物质资源对解决人类发展面临的资源与环境危机具有重要意义。生物质能源开发与利用是把能源植物和农业废弃物等生物质原材料利用化学或者生物技术转化为高附加值的生物质能源、生物材料、石油产品替代物以及副产物等环境友好产品的全过程。

其中，农作物能源方向主要有生物柴油、分类学、微藻 3 个热点研究主题，出现频次最高的 10 个关键词如表 4-10 所示。

表 4-10 农作物能源方向前 10 个高频关键词（国际 SCI 论文）

序号	关键词	出现频次 / 次	序号	关键词	出现频次 / 次
1	生物柴油	21	6	纤维素酶	10
2	分类学	19	7	炎 症	10
3	中 国	16	8	大肠杆菌	9
4	微 藻	16	9	乙 醇	9
5	肥 胖	15	10	脂 质	9

（一）生物柴油

生物柴油是一种较洁净的合成油，普遍用于拖拉机、卡车、船舶等。它是指以油料作物（如大豆、油菜、棉、棕榈等，野生油料植物和工程微藻等水生植物油脂以及动物油脂、餐饮垃圾油等）为原料油通过酯交换或热化学工艺制成的可代替石化柴油的再生性柴油燃料。

2011～2015 年，山东省在农作物能源探究方向关于生物柴油的国际 SCI 论文有 21 篇，主要的研究热点包括酯化（4 篇）、微藻（4 篇）、脂肪酶（3 篇）、阳离子离子交换树脂（2 篇）等。其主要的研究机构包括山东大学（5 篇）、山东科技大学（3 篇）、鲁东大学（3 篇）、山东省农业科学院（1 篇）、中国水产科学研究院（1 篇）等。

代表性的文献有：Liu Tianzhong（中国科学院青岛生物能源与过程研究所）、Wang Junfeng、Hu Qiang 等在 2013 年发表在 *Bioresource Technology* 上的 *Attached cultivation technology of microalgae for efficient biomass feedstock production*；Yin Ping（鲁东大学化学与材料科学学院）、ChenWen、Liu Wei 等在 2013 年发表在 *Bioresource Technology* 上的 *Efficient bifunctional catalyst lipase/organophosphonic acid-functionalized silica for biodiesel synthesis by esterification of oleic acid with ethanol*；Ma Yubin（中国科学院青岛生物能源与过程研究所）、Wang Zhiyao、Zhu Ming 等在 2013 年发表在 *Bioresource Technology* 上的 *Increased lipid productivity and TAG content in Nannochloropsis by heavy-ion irradiation mutagenesis*；Yin Ping（鲁东大学化学与材料科学学院）、Chen Lei、Wang Zengdi 等在 2012 年发表在 *Bioresource Technology* 上的 *Production of biodiesel by esterification of oleic acid with ethanol over organophosphonic acid-functionalized silica*；Wang Xia（山东大学微生物技术国家重点实验室）、Liu Xueying、Zhao Chuanming 等在 2011 年发表在 *Bioresource Technology* 上的 *Biodiesel production in packed-bed reactors using lipase-nanoparticle biocomposite* 等。

（二）分类学

分类学有广义与狭义之分。广义分类学就是系统学，指分门别类的科学；狭义分类学特指生物分类学，研究活着的和已灭绝的动植物分类的科学，即研究动物、植物的鉴定、命名和描述，把物种科学地划分到一种等级系统以此反映对其系统发育的了解情况。

2011～2015 年，山东省在国际 SCI 期刊上在农作物能源探究方向发表的论文有 19 篇，主要的研究热点包括鸡皮衣科（2 篇）、丝状菌类（2 篇）、东亚（2 篇）、地衣（2 篇）等。其主要的研究机构包括山东农业大学（9 篇）、山东师范大学（6 篇）等。

代表性的文献有：Ma Jian、Xia Jiwen（山东农业大学植物保护学院）、Castaneda-Ruiz R 等在 2015 年发表在 *Nova Hedwigia* 上的 *Two new species of Sporidesmiella from southern China*；Ma Jian（山东农业大学植物保护学院）、Ma Liguo、Zhang Yidong 等在 2012 年发表在 *Nova Hedwigia* 上的 *New species and record of Corynesporopsis and Hemicorynespora from southern China* 等。

（三）微藻

微藻是一类在陆地、海洋分布广泛，营养丰富、光合利用度高的自养植物，细胞代谢产生的多糖、蛋白质、色素等，使其在食品、医药、基因工程、液体燃料等领域具有很好的开发前景。

2011～2015 年，山东省在国际 SCI 期刊上发表的关于农作物能源方向的论文为 16 篇，主要研究的热点包括生物柴油（4 篇）、生物生产力（3 篇）、脂质积累（3 篇）、养分去除（3 篇）、附加种植（2 篇）等。其主要的研究机构包括，山东大学（6 篇）、青岛农业大学（6 篇）等。

代表性的文献有：Jiang Liqun（山东大学环境科学与工程学院）、Pei Haigan、Hu Wenrong 等在 2015 年发表在 *Bioresource Technology* 上的 *Effect of diethyl aminoethyl hexanoate on the accumulation of high-value biocompounds produced by two novel isolated microalgae*；Song Mingming（山东大学环境科学与工程学院）、Pei Haiyan、Hu Wenrong 等在 2014 年发表在 *Bioresource*

Technology 上 的 *Growth and lipid accumulation properties of microalgal Phaeo-dactylum tricornutum under different gas liquid ratios*；Han Lin（山东大学环境科学与工程学院）、Pei Haiyan、Hu Wenrong 等在 2014 年发表在 *Bioresource Technology* 上的 *Nutrient removal and lipid accumulation properties of newly isolated microalgal strains*；Song Mingming（山东大学环境科学与工程学院）、Pei Haiyan、Hu Wenrong 等 在 2013 年 发 表 在 *Bioresource Technology* 上 的 *Evaluation of the potential of 10 microalgal strains for biodiesel production* 等。

四、转基因作物的探究

转基因农作物是利用组织培养技术和基因重组技术引入其他生物或物种的基因而培育出来的，这种农作物也叫基因改性农作物或基因重组农作物。世界种植的主要转基因农作物有4种——玉米、棉花、大豆和油菜籽。这4种转基因农作物种植面积一度占转基因农作物种植总面积的99%。2016年中国的转基因植物有 22 种，其中转基因大豆、马铃薯、烟草、玉米、花生、菠菜、甜椒、小麦等进行了田间试验，转基因棉花已经大规模应用，国外转基因大豆等也大量进入我国。

其中，转基因作物探究方向主要有拟南芥、转基因烟草、非生物胁迫 3 个热点研究主题，出现频次最高的 10 个关键词如表 4-11 所示。

表 4-11　转基因作物探究方向前 10 个高频关键词（国际 SCI 论文）

序号	关键词	出现频次 / 次	序号	关键词	出现频次 / 次
1	拟南芥	29	6	增 长	12
2	转基因烟草	25	7	转录因子	12
3	非生物胁迫	15	8	净光合速率	10
4	收益率	15	9	细胞分裂素	8
5	苹 果	12	10	开花的时间	8

（一）拟南芥

拟南芥又名鼠耳芥、阿拉伯芥、阿拉伯草，属于被子植物门、双子叶植物纲，十字花科植物，其基因组约有 12 500 万碱基对和 5 对染色体，是目前已知植物基因组中最小的，同时拟南芥也是进行遗传学研究的好材料，被科学家誉为"植物中的果蝇"。

2011～2015 年，山东省在转基因作物探究方向上发表的关于拟南芥的国际 SCI 论文有 29 篇，主要的研究热点包括盐胁迫（7 篇）、转录因子（3 篇）、种子发芽（2 篇）、脱落酸（2 篇）、细胞分裂素（2 篇）等。其主要的研究机构包括山东农业大学（17 篇）、山东大学（5 篇）、青岛农业大学（2 篇）、山东师范大学（2 篇）等。

代表性的文献有：Jia Liguo、Sheng Ziwei、Xu Weifeng、Liu Yinggao（山东农业大学作物生物学重点实验室）等在 2012 年发表在 *Molecular Plant* 上的 *Modulation of Anti-Oxidation Ability by Proanthocyanidins during Germination of Arabidopsis thaliana Seeds*；Liu Shanggang（山东农业大学生命科学学院）、Zhu Dongzi、Chen Guanghui 等在 2012 年发表在 *Plant Cell Reports* 上的 *Disrupted actin dynamics trigger an increment in the reactive oxygen species levels in the Arabidopsis root under salt stress* 等。

（二）转基因烟草

转基因烟草就是将转基因技术应用到烟草植物的种植中，把吞噬毒素的生物基因嫁接到了烟草植物身上。转基因烟草具有清理汞污染严重的土壤、吸收军事 TNT 污染、清除环三亚甲基三硝胺（旋风炸药）以及获取防艾滋病病毒抗体 2G12 的功能，转基因烟草的重要作用引起了学者的广泛关注与研究。

2011～2015 年，山东省在转基因农作物方向发表的关于转基因烟草的国际 SCI 论文为 25 篇，主要的研究热点包括番茄（5 篇）、小麦（5 篇）、活性氧（4 篇）以及干旱胁迫（3 篇）等。其主要的研究机构包括山东农业大学（21 篇）、山东省农业科学院（4 篇）、山东大学（4 篇）、泰山医学院（3 篇）等。

代表性的文献有：Meng X（山东农业大学生命科学学院）、Yin B、Feng H 等在 2014 年发表在 *Biologia Plantarum* 上的 *Overexpression of R2R3-MYB gene leads to accumulation of anthocyanin and enhanced resistance to chilling and oxidative stress*；Deng Yongsheng（山东农业大学生命科学学院）、Kong Fanying、Zhou Bin 等在 2014 年发表在 *Plant Physiology and Biochemistry* 上的 *Heterology expression of the tomato LeLhcb2 gene confers elevated tolerance to chilling stress in transgenic tobacco*；Han Yangyang（山东农业大学生命科学学院）、Zhou Shan、Chen Yanhui 等在 2014 年发表在 *Plant Physiology and Biochemistry* 上的 *The involvement of expansins in responses to phosphorus availability in wheat, and its potentials in improving phosphorus efficiency of plants* 等。

（三）非生物胁迫

生物胁迫是指在特定环境下任何非生物因素对植物造成的不利影响，如干旱、洪涝、盐碱、矿物质缺乏以及不利的 pH 值等。在非生物胁迫中，盐碱和干旱是制约植物生长的两个主要胁迫因素。对于转基因农作物的研究，在考虑到其强大价值的同时也要考虑其适应性，而非生物胁迫是一个很重要的影响因素，因此对非生物胁迫的探究具有很重要的意义。

2011～2015 年，山东省在转基因农作物方向关于非生物胁迫的国际 SCI 论文有 15 篇，主要的研究热点包括生物胁迫（3 篇）、花生（2 篇）、表达模式（2 篇）、生物能源作物（2 篇）等。其主要的研究机构包括山东农业大学（7 篇）、山东大学（3 篇）、青岛农业大学（1 篇）、潍坊医学院（1 篇）等。

代表性的文献有：Sui Jiongming（青岛农业大学生命科学学院）、Li Rui、Fan Qiancheng 等在 2013 年发表在 *Euphytica* 上的 *Isolation and characterization of a stress responsive small GTP-binding protein AhRabG3b in peanut（Arachis hypogaea L.）*；Feng Hailong（山东农业大学生命科学学院）、Ma Nana、Meng Xia 等在 2013 年发表在 *Plant Physiology and Biochemistry* 上的 *A novel tomato MYC-type ICE1-like transcription factor, SlICE1a, confers cold, osmotic and salt tolerance in transgenic tobacco*；Chen Na（山东省花生研究所）、Yang Qingli、Su Maowen 等在 2012 年发表在 *Plant Molecular Biology Reporter* 上的

Cloning of six ERF family transcription factor genes from peanut and analysis of their expression during abiotic stress 等。

第三节 生物医学领域

在 2011～2015 年，山东省在国际 SCI 期刊发表与生物医学有关的论文 5835 篇，占山东省在国际 SCI 期刊发表的有关生物的论文量的 42.785%。如图 4-4 所示，在生物医学领域，山东省的主要研究方向包括神经病与临床检验诊断、免疫学以及肿瘤疾病病理与治疗。

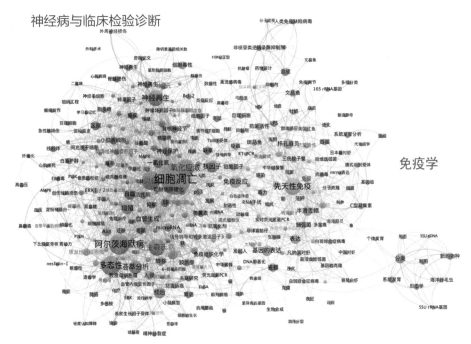

图 4-4 生物医学领域的主要研究主题和优势领域（国际 SCI 论文）

山东省各机构在 2011～2015 年的论文发表情况见表 4-12。

表 4-12　生物医学领域前 10 家高产机构（国际 SCI 论文）

序号	机构	论文发表量 / 篇	序号	机构	论文发表量 / 篇
1	山东大学	2 110	6	泰山医学院	115
2	青岛大学	538	7	中国水产科学研究院	114
3	中国海洋大学	512	8	滨州医科大学	107
4	山东农业大学	250	9	潍坊医学院	105
5	青岛农业大学	123	10	山东省农业科学院	101

通过对表 4-12 分析可以了解到，在生物医学领域，山东省高产机构是山东大学，有 2110 篇论文发表，远高于其他机构。

一、神经病与临床检验诊断

神经病特指周围神经疾病，以往也称神经炎，是一类周围神经系统发生的器质性疾病。根据神经所在的位置和功能不同，可以把神经系统分为中枢神经系统和周围神经系统。神经病是指解剖学上周围神经损害表现出的病理特征，其主要特征是周围神经有器质性的病变。

其中，神经病与临床检验诊断方向主要有阿尔茨海默病、多态性、炎症、氧化应激 4 个热点研究主题，出现频次最高的 10 个关键词如表 4-13 所示。

表 4-13　神经病与临床检验诊断方向前 10 个高频关键词（国际 SCI 论文）

序号	关键词	出现频次 / 次	序号	关键词	出现频次 / 次
1	阿尔茨海默病	113	6	神经再生	76
2	多态性	102	7	荟萃分析	60
3	炎症	100	8	核因子	51
4	氧化应激	90	9	自噬	41
5	帕金森病	83	10	一氧化氮	38

（一）阿尔茨海默病

阿尔茨海默病是一种起病隐匿的进行性发展的神经系统退行性疾病。临床上以记忆障碍、失语、失用、失认、视空间技能损害、执行功能障碍以及人格和行为改变等全面性痴呆表现为特征，病因迄今未明。65岁以前发病者称为早老性痴呆，65岁以后发病者称为老年性痴呆。该病可能是一组异质性疾病，在多种因素（包括生物和社会心理因素）的作用下才发病，如家族史、一些躯体疾病、头部外伤等。

在2011～2015年，山东省在神经病与临床检验诊断方向在国际SCI期刊上发表的论文为113篇，主要的研究热点包括多态性（31篇）、关联研究（12篇）、荟萃分析（10篇）以及生物标志物（9篇）等。其主要的研究机构包括青岛大学（68篇）、中国海洋大学（32篇）、山东大学（23篇）等。

代表性的文献有：Chi Song（青岛大学附属医院）、Wang Chong、Jiang Teng等在2015年发表在 *Current Alzheimer Research* 上的 *The Prevalence of Depression in Alzheimer's: A Systematic Review and Meta-Analysis*；Wang Jun（青岛市立医院）、Tan Lan、Wang Huifu等在2015年发表在 *Journal of Alzheimers Disease* 上的 *Anti-Inflammatory Drugs and Risk of Alzheimer's Disease: An Updated Systematic Review and Meta-Analysis*；Wang Hui（青岛市立医院）、Tan Lan、Wang Huifu等在2015年发表在 *Journal of Alzheimers Disease* 上的 *Magnetic Resonance Spectroscopy in Alzheimer's Disease: Systematic Review and Meta-Analysis*；Zhu Xichen、Yu Yang（青岛大学附属医院）、Wang Huifu等在2015年发表在 *Journal of Alzheimers Disease* 上的 *Physiotherapy Intervention in Alzheimer's Disease: Systematic Review and Meta-Analysis* 等。

（二）多态性

多态性是指群体内存在和等位基因相关的若干种表现型，单一基因座等位基因变异性在群体水平的体现。已知MHC是人类中多态性最丰富的基因系统。

在2011～2015年，山东省在国际SCI期刊上发表的在神经病与临床检验诊断方向上关于多态性的论文有102篇，主要的研究热点包括阿尔茨海默病（31篇）、关联研究（11篇）、荟萃分析（10篇）、关联（8篇）以及巴尔病毒（8篇）等。其主要的研究机构包括青岛大学（58篇）、山东大学（20篇）、中国海洋大学（15 篇）、济宁医学院（6 篇）等。

代表性的文献有：Xu Wei（青岛大学医学院）、Tan Lan、Yu Jintai 在 2015 年发表在 *Molecular Neurobiology* 上的 *The role of PICALM in Alzheimer's disease*；Jiang Teng（青岛市立医院）、Yu Jintai、Wang Yingli 等在 2014 年发表在 *Current Alzheimer research* 上的 *The genetic variation of ARRB2 is associated with late-onset alzheimer's disease in Han Chinese* 等。

（三）炎症

炎症是机体组织受损伤时所发生的一系列保护性应答，以局部血管为中心，典型特征是红、肿、热、痛和功能障碍，可参与清除异物和修补组织等。炎症是损伤和抗损伤的统一过程。

在 2011~2015 年，山东省在国际 SCI 期刊上关于神经病与临床检验诊断方向关于炎症的论文为 100 篇，主要的研究热点包括氧化应激（9 篇）、核因子-KB（8 篇）、脂多糖（6 篇）以及细胞凋亡（5 篇）等。其主要的研究机构包括山东大学（49 篇）、青岛大学（9 篇）、山东中医药大学（5 篇）以及潍坊医学院（4 篇）等。

代表性的文献有：Zhao Yuehan（山东大学医学院）、Zhang Yongdong、Pan Fang 在 2015 年发表在 *Central European Journal of Immunology* 上的 *The effects of EGb761 on lipopolysaccharide-induced depressive-like behaviour in C57BL/6J mice*；Li Weishi（青岛农业大学动物科学与技术学院）、Fu Kaiqiang、Lv Xiaopei 等在 2015 年发表在 *Internationalimmunopharmacology* 上的 *Lactoferrin suppresses lipopolysaccharide-induced endometritis in mice via down-regulation of the NF-k B pathway*；Lv Yuqiang（青岛大学医学院）、Zhang Zheng、Hou Lin 等在 2015 年发表在 *Neuroscience Letters* 上的 *Phytic acid attenuates inflammatory responses and the levels of NF-k B and p-ERK in MPTP-induced Parkinson's disease model of mice*；Chen Zuoyuan（青岛大学附属医院）、Li Shan、Zhao Wenna 等在 2014 年发表在 *Canadian Journal of Physiology and Pharmacology* 上的 *Protective effect of co-administration of rosuvastatin and probucol on atherosclerosis in rats* 等。

（四）氧化应激

氧化应激是体内氧化与抗氧化作用失衡，倾向于氧化，被认为是导致衰老和疾病的一个重要因素。

在 2011～2015 年，山东省在神经病与临床诊断方向在国际 SCI 期刊上共发表论文 90 篇，主要的研究热点包括细胞凋零（19 篇）、炎症（9 篇）、中华蜜蜂（8 篇）以及自噬（5 篇）等。其主要的研究机构包括山东大学（36 篇）、青岛大学（15 篇）、山东农业大学（12 篇）、济宁医学院（6 篇）等。

代表性论文主要包括：Du Jianxin（青岛大学附属医院）、Li Xia、Lin Cunzhi 等在 2015 年发表在 *Inflammation* 上的 *Protective Effects of Arachidonic Acid Against Paraquat-Induced Pulmonary Injury*；Yi Wenbo（山东大学齐鲁医院）、Zhang Yan、Guo Yongming 等在 2015 年发表在 *Metabolic Brain Disease* 上的 *Elevation of Sestrin-2 expression attenuates Sevoflurane induced neurotoxicity*；Chen Zuo yuan（青岛大学附属医院）、Li Shan、Zhao Wenna 等在 2014 年发表在 *Canadian Journal of Physiology and Pharmacology* 上的 *Protective effect of co-administration of rosuvastatin and probucol on atherosclerosis in rats*；Yao Pengbo（山东农业大学生命科学学院）、Chen Xiaobo、Yan Yan 等在 2014 年发表在 *Free radical Biology and Medicine* 上的 *Glutaredoxin 1, glutaredoxin 2, thioredoxin 1, and thioredoxin peroxidase 3 play important roles in antioxidant defense in Apis cerana cerana* 等。

二、免疫学

免疫学是研究生物体对抗原物质免疫应答性及其方法的生物-医学科学，只有免疫系统在正常条件下发挥相应的作用和保持相对的平衡，机体才能维持生存。如果免疫功能发生异常，必然导致机体平衡失调，出现免疫病理变化，因此在生物医学领域，对于免疫学的研究有极为重要的意义。

其中，免疫学方向主要有先天免疫、免疫反应、基因表达 3 个热点研究主题，出现频次最高的 10 个关键词如表 4-14 所示。

表 4-14 免疫学方向前 10 个高频关键词（国际 SCI 论文）

序号	关键词	出现频次 / 次	序号	关键词	出现频次 / 次
1	先天免疫	85	6	表　达	36
2	免疫反应	52	7	细胞毒性	27
3	基因表达	43	8	细胞因子	25
4	半滑舌鳎	38	9	免　疫	25
5	栉孔扇贝	37	10	鳗弧菌	25

（一）先天免疫

先天免疫是人类在漫长进化中形成的一种遗传特性，是指生物在出生时就具有的对外界病原微生物等的抗性。先天免疫作用具有范围广、反应快、相对稳定等特点，是人类对抗外界病原微生物等的一个重要方面。

在 2011～2015 年，山东省在国际 SCI 期刊上关于免疫学与先天免疫有关的论文为 85 篇，主要的研究热点包括 C 型凝集素（14 篇）、实时聚合酶链反应（8 篇）、吞噬作用（8 篇）以及模式识别受体（8 篇）等。其主要的研究机构包括山东大学（33 篇）、中国海洋大学（7 篇）、中国水产科学研究院（6 篇）等。

代表性的文献有: Liu Ning（山东大学生命科学学院）、Lan Jiangfeng、Sun Jiejie 等在 2015 年发表在 *Developmental and Comparative Immunology* 上的 *A novel crustin from Marsupenaeus japonicus promotes hemocyte phagocytosis*；Jia Zhizhao（中国科学院海洋研究所）、Zhang Tao、Jiang Shuai 等在 2015 年发表在 *Developmental and Comparative Immunology* 上的 *An integrin from oyster crassostrea gigas mediates the phagocytosis toward vibrio splendidus through LPS binding activity*；Bi Wenjie（山东大学生命科学学院）、Li Dianxiang、Xu Yihui 等在 2015 年发表在 *Developmental and Comparative Immunology* 上的 *Scavenger receptor B protects shrimp from bacteria by enhancing phagocytosis and regulating expression of antimicrobial peptides* 等。

（二）免疫反应

免疫反应是指机体对异己成分或变异的自体成分做出的防御反应。免疫反应可以分为非特异性免疫反应和特异性免疫反应。非特异性免疫构成人体防卫功能的第一道防线，并协同和参与特异性免疫反应。特异性免疫反应可以表现为正常的生理反应、异常的病理反应以及免疫耐受。按介导效应反应免疫介质不同，特异性免疫反应又可以分为 T 细胞介导的细胞免疫反应和 B 细胞介导的体液免疫反应。

在 2011～2015 年，山东省在国际 SCI 期刊上关于免疫学与免疫反应有关的论文为 52 篇，主要的研究热点包括栉孔扇贝（7）、长牡蛎（4 篇）、基因疫苗（4 篇）以及大菱鲆（3 篇）等。其主要的研究机构包括中国水产科学研究院（8 篇）、中国海洋大学（5 篇）、青岛农业大学（4 篇）、山东农业大学（4 篇）等。

代表性的文献有：Wang Weilin（中国科学院海洋研究所）、Liu Rui、Zhang Tao 等在 2015 年发表在 *Fish and Shellfish Immunology* 上的 *A novel phagocytic receptor（CgNimC）from Pacific oyster Crassostrea gigas with lipopolysaccharide and gram-negative bacteria binding activity*；Sun Zhibing（中国科学院海洋研究所）、Jiang Qinfen、Wang Lingling 等在 2014 年发表在 *Fish and Shellfish Immunology* 上的 *The comparative proteomics analysis revealed the modulation of inducible nitric oxide on the immune response of scallop Chlamys farreri*；Guo Ying（中国科学院海洋研究所）、Wang Lingling、Zhou Zhi 等在 2013 年发表在 *Fish and Shellfish Immunology* 上的 *An opioid growth factor receptor（OGFR）for 〔Met（5）〕-enkephalin in Chlamys farreri*；Wang Xingqing（中国科学院海洋研究所）、Wang Lingling、Zhang Huan 等在 2012 年发表在 *Fish and Shellfish Immunology* 上的 *Immune response and energy metabolism of Chlamys farreri under Vibrio anguillarum challenge and high temperature exposure*；Li Fengmei（中国科学院海洋研究所）、Huang Shuyan、Wang Lingling 等在 2011 年发表在 *Developmental and Comparative Immunology* 上的 *A macrophage migration inhibitory factor like gene from scallop Chlamys farreri: Involvement in immune response and wound healing* 等。

（三）基因表达

基因表达是基因所携带的遗传信息表现为表型的过程，包括基因转录成互补的 RNA 序列。对于结构基因，信使核糖核酸（mRNA）继而翻译成多肽链，并装配加工成最终的蛋白质产物。

在 2011～2015 年，山东省在国际 SCI 期刊上关于免疫学与基因表达有关的论文为 43 篇，主要的研究热点包括大菱鲆（6 篇）、牙鲆（4 篇）、大菱鲆红体病虹彩病毒（4 篇）以及鲶鱼（4 篇）等。其主要的研究机构包括中国海洋大学（20 篇）、中国水产科学研究院（7 篇）、山东大学（4 篇）、青岛农业大学（2 篇）等。

代表性的文献有：Lin Jingyun（中国海洋大学海洋生命科学学院）、Hu Guobin、Yu Changlong 等 在 2015 年 发 表 在 *Developmental and Comparative Immunology* 上 的 *Molecular cloning and expression studies of the adapter molecule myeloid differentiation factor 88（MyD88）in turbot（Scophthalmus maximus）*；Hu Guobin（中国海洋大学海洋生命科学学院）、Zhang Shoufeng、Yang Xi 等在 2015 年 发 表 在 *Fish and Shellfish Immunologyf* 上 的 *Cloning and expression analysis of a Toll-like receptor 22（tlr22）gene from turbot, Scophthalmus maximus*；Lin Jingyun（中国海洋大学海洋生命科学学院）、Hu Guobin、Liu Dahai 等在 2015 年发表在 *Fish and Shellfish Immunologyf* 上的 *Molecular cloning and expression analysis of interferon stimulated gene 15（ISG15）in turbot, Scophthalmus maximus*；Hu Guobin（中国海洋大学海洋生命科学学院）、Zhao Mingyu、Lin Jingyun 等在 2014 年发表在 *Fish and Shellfish Immunology* 上的 *Molecular cloning and characterization of interferon regulatory factor 9（IRF9）in Japanese flounder, Paralichthys olivaceus* 等。

三、肿瘤疾病病理与治疗

肿瘤学主要研究肿瘤的病因、发病机制、病理、临床表现、诊断与鉴别诊断、治疗与多学科治疗、转归和预防，包括肿瘤免疫学、肿瘤病因学、肿瘤病理学、分子肿瘤学、肿瘤诊断学、肿瘤治疗学、肿瘤预防学、实验肿瘤学、肿瘤遗传学等。肿瘤与癌症息息相关，因此对肿瘤的研究显得尤为重要。

其中，肿瘤疾病病理与治疗方向主要有细胞凋亡、增殖、预后 3 个热点研究主题，出现频次最高的 10 个关键词如表 4-15 所示。

表 4-15　肿瘤疾病病理与治疗方向前 10 个高频关键词（国际 SCI 论文）

序号	关键词	出现频次 / 次	序号	关键词	出现频次 / 次
1	细胞凋亡	212	6	分　类	37
2	增　殖	53	7	蛋白激酶 B	33
3	预　后	46	8	入　侵	30
4	血管生成	41	9	转　移	30
5	乳腺癌	39	10	胃　癌	26

（一）细胞凋亡

细胞凋亡是由死亡信号诱发的受调节的细胞死亡过程，是细胞生理性死亡的普遍形式。凋亡过程中 DNA 发生片段化，细胞皱缩分解成凋亡小体，被邻近细胞或巨噬细胞吞噬，不发生炎症。

在 2011～2015 年，山东省在国际 SCI 期刊上关于肿瘤疾病病理与治疗方向有关细胞凋亡的论文为 212 篇，主要的研究热点包括氧化应激（19 篇）、扩散（13 篇）、神经再生（10 篇）以及自噬等（10 篇）等。其主要的研究机构包括山东大学（97 篇）、青岛大学（37 篇）、滨州医科大学（8 篇）、中国海洋大学（6 篇）等。

代表性的文献有：Yi Wenbo（山东大学齐鲁医院）、Zhang Yan、Guo Yong ming 等在 2015 年发表在 *Metabolic Brain Disease* 上的 *Elevation of Sestrin-2 expression attenuates sevoflurane induced neurotoxicity*；Zhang Yanbo（泰山医学院附属医院）、Guo Zhengdong、Li Meiyi 等在 2015 年发表在 *Neural Regeneration Research* 上的 *Cerebrospinal fluid from rats given hypoxic preconditioning protects neurons from oxygen-glucose deprivation-induced injury*；Wang Jinjing（青岛大学医学院）、Wang Peng、Li Shuhong 等在 2014 年发表在 *Journal of Stroke and Cerebrovascular Diseases* 上的 *Mdivi-1 prevents apoptosis induced by ischemia-reperfusion injury in primary hippocampal cells via inhibition of reactive oxygen species-activated mitochondrial pathway* 等。

（二）增殖

增殖是指细胞通过有丝分裂产生子代细胞的过程。

在 2011～2015 年，山东省在国际 SCI 期刊上关于肿瘤疾病病理与治疗方向有关增殖的论文为 53 篇，主要的研究热点包括细胞凋亡（13 篇）、入侵（8 篇）、迁移（7 篇）以及分化（6 篇）等。其主要的研究机构包括山东大学（30 篇）、青岛大学（5 篇）、临沂市人民医院（3）等。

代表性的文献有：Liu Bin（聊城市第二人民医院）、Lu Yi、Li Jinzhi 等在 2015 年发表在 *Apmis Acta Pathologica Microbiologica Et Immunologica Scandinavica* 上的 *Leukemia inhibitory factor promotes tumor growth and metastasis in human osteosarcoma via activating STAT3*；Li Xiao（临沂市人民医院骨肿瘤科）、Chen Li、Wang Wei 等在 2015 年发表在 *Cytogenetic and Genome Research* 上的 *MicroRNA-150 Inhibits Cell Invasion and Migration and Is Downregulated in Human Osteosarcoma*。

（三）预后

预后是指在医学上根据经验预测疾病的发展情况。医学上对一种疾病的了解，除了其病因、病理、临床表现、化验及影像学特点、治疗方法等方面之外，疾病的近期和远期恢复或进展的程度也很重要。同一种疾病，由于患者的年龄、体质、合并的疾病、接受治疗的早晚等诸多因素不同，即使接受了同样的治疗预后也可以有很大的差别。

在 2011～2015 年，山东省在国际 SCI 期刊上关于肿瘤疾病病理与治疗方向有关预后的论文为 46 篇，主要的研究热点包括荟萃分析（6 篇）、免疫组织化学（5篇）、转移（5 篇）以及胃癌（4 篇）等。其主要的研究机构包括山东大学（23 篇）、青岛大学（8 篇）、潍坊医学院（2 篇）、临沂市人民医院（1 篇）等。

代表性的文献有：Wang Yawen（山东大学医学院）、Chen Xu、Gao Jiwei 等在 2015 年发表在 *Oncotarget* 上的 *High expression of cAMP responsive element binding protein 1（CREB1）is associated with metastasis, tumor stage and poor outcome in gastric cancer*；Yu Wenyuan（青岛大学附属医院）、Zhang Wei、Jiang

Yanxia 等在 2013 年发表在 *Acta Histochemica* 上的 *Clinicopathological, genetic, ultrastructural characterizations and prognostic factors of papillary renal cell carcinoma: new diagnostic and prognostic information*。

第四节　生物遗传领域

生物遗传学是研究基因的变化、生长等的一门学科。

2011～2015 年，山东省在国际 SCI 期刊发表与生物遗传有关的论文 4048 篇，占山东省在国际 SCI 期刊发表有关生物的论文量的 29.63%。如图 4-5 所示，在生物遗传领域，山东省的主要研究方向包括海洋生物遗传研究及饲

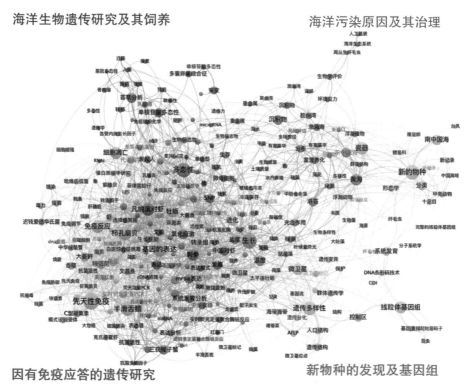

图 4-5　生物遗传领域的主要研究主题和优势领域（国际 SCI 论文）

养、免疫遗传、海洋污染原因及其治理、新物种的发现及基因组学。

对山东省在生物遗传领域发文机构前 10 家的机构统计见表 4-16。

表 4-16　生物遗传领域前 10 家高产机构（国际 SCI 论文）

序号	机构	论文发表量 / 篇	序号	机构	论文发表量 / 篇
1	中国海洋大学	954	6	山东省农业科学院	126
2	山东大学	558	7	青岛大学	109
3	山东农业大学	300	8	山东师范大学	42
4	中国水产科学研究院	283	9	烟台大学	40
5	青岛农业大学	166	10	青岛科技大学	38

通过对山东省生物遗传领域高产机构分析可以了解到，中国海洋大学在该方向具有很高的论文发表量，大概是第二名（山东大学）的两倍。

一、海洋生物遗传研究及饲养

山东省很多地方沿海。海洋生物是一个很重要的资源，因此对海洋生物的研究具有很高的价值，就遗传学而言，海洋生物遗传的研究可以帮助人们选育更好的品种来繁育，所以山东省对海洋生物的遗传研究有重要意义。

其中，海洋生物遗传研究及饲养方向主要有多态性、凡纳滨对虾、刺参 3 个热点研究主题，出现频次最高的 10 个关键词如表 4-17 所示。

表 4-17　海洋生物遗传研究及饲养方向前 10 个高频关键词（国际 SCI 论文）

序号	关键词	出现频次 / 次	序号	关键词	出现频次 / 次
1	多态性	63	6	氧化应激	31
2	凡纳滨对虾	51	7	表 达	30
3	刺 参	41	8	单核苷酸多态性	29
4	荟萃分析	34	9	mRNA 表达	29
5	三疣梭子蟹	32	10	中国对虾	29

（一）多态性

多态性是指以适当频率在一个群体的某个特定遗传位点（基因序列或非基因序列）发生两种或两种以上变异的现象，可以通过直接分析 DNA 或基因产物来确定。多态性可以分为遗传多态性和生物多态性。

在 2011～2015 年，山东省在国际 SCI 期刊上发表的关于海洋生物遗传研究及饲养方向上有关多态性的论文有 63 篇，主要的研究热点包括荟萃分析（14 篇）、肥胖（4 篇）、EST-SSR（3 篇）以及单体型（3 篇）等。其主要的研究机构包括山东大学（23 篇）、青岛大学（9 篇）、中国海洋大学（4 篇）、山东医科院（2 篇）等。

代表性的文献有：Wang H G（山东大学齐鲁医院）、Yang J、Han H 等在 2015 年发表在 *Genetics and Molecular Research* 上的 *TNF-a G-308A polymorphism is associated with insulin resistance: a meta-analysis*；Wang Jingu（山东大学公共卫生学院）、Jia Cunxian、Lian Ying 等在 2015 年发表在 *Psychiatric Genetica* 上的 *Association of the HTR2A 102T/C polymorphism with attempted suicide: a meta-analysis*；Xuan Chao（青岛大学医学院）、Lun Liming、Zhao Jinxia 等在 2013 年发表在 *Annals of Human Genetics* 上的 *PTPN22 gene polymorphism（C1858T）is associated with susceptibility to type 1 diabetes: a meta-Analysis of 19495 Cases and 25341 Controls* 等。

（二）凡纳滨对虾

凡纳滨对虾又称南美白对虾（white prawn），别名白脚虾、凡纳对虾，原产国家为厄瓜多尔，原产地为中南美太平洋海岸水域，生长气候带为热带、亚热带、暖温带、温带海域，分布于太平洋西海岸至墨西哥湾中部，生命周期为一年。它是当前世界上养殖产量最高的三大优良品种之一（其他两种为斑节对虾、中国对虾），具有生长快、抗病能力强，养殖经济效益显著的特点。

在 2011～2015 年，山东省在国际 SCI 期刊上发表的关于海洋生物遗传研究及饲养方向上有关凡纳滨对虾的论文有 51 篇，主要的研究热点包括生长（6 篇）、白斑中和症病毒（6 篇）、蜕皮（4 篇）及能量分配（4 篇）等。其主要的研究机构包括中国海洋大学（21 篇）、中国水产科学研究院（8 篇）等。

代表性的文献有：Xu Wujie（中国海洋大学海水养殖教育部重点实验室）、Pan Luqing、Zhao Dahu 等在 2012 年发表在 *Aquaculture* 上的 *Prelimi-*

nary investigation into the contribution of bioflocs on protein nutrition of Litopenaeus vannamei fed with different dietary protein levels in zero-water exchange culture tanks；Andriantahina F、Liu X、Huang H、Xiang J（中国水产研究所）等在 2012 年发表在 *Chinese Journal of Oceanology and Limnology* 上的 *ZResponse to selection, heritability and genetic correlations between body weight and body size in Pacific white shrimp, Litopenaeus vannamei* 等。

（三）刺参

刺参是海参的一种，是中国 20 多种食用海参中质量最好的一种。在海参家族中，品质比较好的是山东半岛和辽东半岛之间渤海湾的刺参。

在 2011~2015 年，山东省在国际 SCI 期刊上发表的关于海洋生物遗传研究及饲养方向上有关刺参的论文有 41 篇，主要的研究热点包括度夏（6 篇）、成长（6 篇）、灿烂弧菌（4 篇）、免疫力（3 篇）及海参（3 篇）等。其主要的研究机构包括中国海洋大学（25 篇）、中国水产科学研究院（3 篇）、山东省海洋资源与环境研究所（3 篇）等。

代表性的文献有：Jiang Senhao（中国海洋大学海水养殖教育部重点实验室）、Dong Shuanglin、Gao Qinfeng 等在 2015 年发表在 *Chinese Journal of Oceanology and Limnolog* 上的 *Effects of water depth and substrate color on the growth and body color of the red sea cucumber, Apostichopus japonicus*；Bao Jie（中国海洋大学海水养殖教育部重点实验室）、Jiang Hongbo、Tian Xiangli 等在 2014 年发表在 *Aquaculture* 上的 *Growth and energy budgets of green and red type sea cucumbers Apostichopus japonicus (Selenka) under different light colors*；Yan Fajun（中国海洋大学水产学院）、Tian Xiangli、Dong Shuanglin 等在 2014 年发表在 *Aquaculture* 上的 *Growth performance, immune response, and disease resistance against Vibrio splendidus infection in juvenile sea cucumber Apostichopus japonicus fed a supplementary diet of the potential probiotic Paracoccus marcusii DB11*；Xu Qinzeng（中国科学院海洋研究所）、Gao Fei、Xu Qiang 等在 2014 年发表在 *Chinese Journal of Oceanology and Limnology* 上

的 *Analysis of fatty acid composition of sea cucumber Apostichopus japonicus using multivariate statistics* 等。

二、免疫遗传

免疫遗传学是免疫学和遗传学交叉的边缘学科，主要研究免疫系统的结构和功能，如免疫应答、抗体的多样性等的遗传基础。此外，也应用免疫学的方法来识别个体间的遗传差异（如血型、表面抗原等）以作为遗传规律分析的指标。

其中，免疫遗传方向主要有先天免疫、基因表达、半滑舌鳎 3 个热点研究主题，出现频次最高的 10 个关键词如表 4-18 所示。

表 4-18　免疫遗传方向前 10 个高频关键词（国际 SCI 论文）

序号	关键词	出现频次 / 次	序号	关键词	出现频次 / 次
1	先天免疫	82	6	细胞凋亡	45
2	基因表达	63	7	牡　蛎	38
3	半滑舌鳎	60	8	大菱鲆	30
4	栉孔扇贝	57	9	鳗弧菌	29
5	免疫反应	49	10	牙　鲆	27

（一）先天免疫

先天免疫是生物在漫长进化中形成的一种遗传特性，是指生物在出生时就具有的对外界病原微生物等的抗性。先天免疫作用范围广、反应快、有相对的稳定性，是生物对抗外界病原微生物等的一个重要方面。

在 2011～2015 年，山东省在国际 SCI 期刊上发表的关于免疫遗传研究方向上有关先天免疫的论文有 82 篇，主要的研究热点包括 C 型凝集素（16 篇）、模式识别受体（8 篇）、实时聚合酶链反应（8 篇）、栉孔扇贝（8 篇）等。其主要的研究机构包括山东大学（29 篇）、中国海洋大学（7 篇）、山东省海洋资源与环境研究院（原山东省海洋水产研究所）（7 篇）、中国水产科学研究院（4 篇）等。

代表性的文献有: Li Hui（中国水产研究所）、Zhang Huan、Jiang Shuai 等在

2015 年发表在 *Fish and Shellfish Immunology* 上的 *A single-CRD C-type lectin from oyster Crassostrea gigas mediates immune recognition and pathogen elimination with a potential role in the activation of complement system*；Zhang Qing（山东大学生命科学学院）、Wang Xiuqing、Jiang Haishan 等在 2014 年发表在 *Developmental and Comparative Immunology* 上的 *Calnexin functions in antibacterial immunity of Marsupenaeus japonicus*；Xu Y（山东大学）、Bi W、Wang X 等在 2014 年发表在 *Developmental and Comparative Immunology* 上的 *Two novel C-type lectins with a low-density lipoprotein receptor class A domain have antiviral function in the shrimp Marsupenaeus japonicus* 等。

（二）基因表达

在 2011~2015 年，山东省在国际 SCI 期刊上发表的关于免疫遗传研究方向上有关基因表达的论文有 63 篇，主要的研究热点包括半滑舌鳎（7 篇）、大菱鲆（6 篇）、鳗弧菌（4 篇）、牙鲆（4 篇）等。其主要的研究机构包括中国海洋大学（33 篇）、中国水产科学研究院（11 篇）、山东农业大学（5 篇）、青岛农业大学（4 篇）等。

代表性的文献有：Lin Jingyun（中国海洋大学海洋生命科学学院）、Hu Guobin、Yu Changlong 等在 2015 年发表在 *Developmental and Comparative Immunology* 上的 *Molecular cloning and expression studies of the adapter molecule myeloid differentiation factor 88（MyD88）in turbot（Scophthalmus maximus）*；Hu Guobin（中国海洋大学海洋生命科学学院）、Zhang Shoufeng、Yang Xi 等在 2015 年发表在 *Fish and Shellfish Immunology* 上的 *Cloning and expression analysis of a Toll-like receptor 22（tlr22）gene from turbot, Scophthalmus maximus*；Xia Jun（海洋生命科学学院）、Hu Guobin、Dong Xianzhi 等在 2012 年发表在 *Fish and Shellfish Immunology* 上的 *Molecular characterization and expression analysis of interferon regulatory factor 5（IRF-5）in turbot, Scophthalmus maximus* 等。

（三）半滑舌鳎

半滑舌鳎是一种暖温性近海大型底层鱼类，终年栖息在中国近海海域，具有广温、广盐、适应多变环境条件的特点。半滑舌鳎自然资源量少，味道鲜美，出肉率高，口感爽滑，鱼肉久煮而不老，无腥味和异味，属于高蛋白，营养丰富。因此人工养殖具有很高的价值。

在 2011～2015 年，山东省在国际 SCI 期刊上发表的关于免疫遗传研究方向上有关半滑舌鳎的论文有 60 篇，主要的研究热点包括基因表达（7 篇）、鳗弧菌（7 篇）、半滑舌鳎（7 篇）、抗菌（5 篇）等。其主要的研究机构包括中国水产科学研究院（19 篇）、中国海洋大学（14 篇）、青岛海洋科学与技术国家实验室（5 篇）等。

代表性的文献有：Zhang Xiang（中国水产科学研究院）、Wang Shaolin、Chen Songlin 等在 2015 年发表在 *Fish and Shellfish Immunology* 上的 *Transcriptome analysis revealed changes of multiple genes involved in immunity in Cynoglossus semilaevis during Vibrio anguillarum infection*；Gong Guangye（中国水产科学研究院）、Sha Zhenxia、Chen Songlin 等在 2015 年发表在 *Marine Biotechnology* 上的 *Expression profiling analysis of the microRNA response of Cynoglossus semilaevis to Vibrio anguillarum and other Stimuli*；Zhang Junjie（中国水产科学研究院）、Shao Changwei、Zhang Liyan 等在 2014 年发表在 *Bmc Genomics* 上的 *A first generation BAC-based physical map of the half-smooth tongue sole*（*Cynoglossus semilaevis*）*genome*；Sha Zhenxia（中国水产科学研究院）、Gong Guangye、Wang Shaolin 等在 2014 年发表在 *Developmental and Comparative Immunology* 上的 *Identification and characterization of Cynoglossus semilaevis microRNA response to Vibrio anguillarum infection through high-throughput sequencing* 等。

三、海洋污染原因及其治理

海洋污染通常是指人类改变了海洋原来的状态，使海洋生态系统遭到破坏。有害物质进入海洋环境而造成的污染，会损害生物资源，危害人类健康，妨碍捕鱼和人类在海上的其他活动，损坏海水质量和环境质量等。我国污染最严重的渤海海域污染已造成渔场外迁、鱼群死亡、赤潮泛滥、有些滩涂养殖场荒废、一些珍贵的海生资源丧失。

其中，海洋污染原因及其治理方向主要有生长、黄海、温度、沉积物4个热点研究主题，出现频次最高的10个关键词如表4-19所示。

表4-19　海洋污染原因及其治理方向前10个高频关键词（国际SCI论文）

序号	关键词	出现频次/次	序号	关键词	出现频次/次
1	生　长	70	6	浒　苔	28
2	黄　海	42	7	多宝鱼	25
3	温　度	35	8	盐　度	25
4	沉积物	35	9	分　布	22
5	中国东海	32	10	富营养化	21

（一）生长

生物体由小到大的过程即为生长。多细胞生物体的生长要从细胞分裂和细胞生长两方面来考虑，是指细胞繁殖、增大和细胞间质增加，表现为组织、器官、身体各部以至全身的大小、长短和重量的增加以及身体成分的变化，为量的改变。单细胞生物的增殖也具有同样的关系。在细菌学的领域里，个体数的增加也称为生长。

在2011～2015年，山东省在国际SCI期刊上发表的关于海洋污染原因及其治理研究方向上有关生长的论文有70篇，主要的研究热点包括生存（8篇）、大比目鱼（7篇）、刺参（6篇）、凡纳滨对虾（6篇）、大黄鱼（5篇）等。其主要的研究机构包括中国海洋大学（44篇）、中国水产科学研究院（9篇）、青岛农业大学（4篇）等。

代表性的文献有：Cai Zuonan（中国海洋大学海水养殖教育部重点实验室）、Li Wenjie、Mai Kangsen等在2015年发表在 *Aquaculture* 上的 *Effects of dietary size-fractionated fish hydrolysates on growth, activities of digestive enzymes and aminotransferases and expression of some protein metabolism related genes in large yellow croaker（Larimichthys crocea）larvae*；Jiang Senhao（中国海洋大学海水养殖教育部重点实验室）、Dong Shuanglin、Gao Qinfeng等在2015年

发表在 *Chiese Journal of Oceanology and Limnology* 上的 *Effects of water depth and substrate color on the growth and body color of the red sea cucumber, Apostichopus japonicus*；Bao Jie（中国海洋大学海水养殖教育部重点实验室）、Jiang Hongbo、Tian Xiangli 等在 2014 年发表在 *Aquaculture* 上的 *Growth and energy budgets of green and red type sea cucumbers Apostichopus japonicus（Selenka）under different light colors* 等。

（二）黄海

山东半岛深入黄海之中。黄海的生物资源极其丰富，其中以温带种占优势，但也有一定数量的暖水种成分。海洋游泳动物中鱼类占主要地位，共约 300 种，主要经济鱼类有小黄鱼、带鱼、鲐鱼、鲅鱼、黄姑鱼、鳓鱼、太平洋鲱鱼、鲳鱼、鳕鱼等。此外，还有金乌贼、枪乌贼等头足类和鲸类中的小鳁鲸、长须鲸和虎鲸。浮游生物以温带种占优势，其数量一年内出现春、秋两次高峰。

在 2011～2015 年，山东省在国际 SCI 期刊上发表的关于海洋污染原因及其治理研究方向上有关黄海的论文有 42 篇，主要的研究热点包括石莼浒苔（8 篇）、渤海（7 篇）、绿潮（5 篇）、中国（5 篇）等。其主要的研究机构包括中国海洋大学（15 篇）、中国水产科学研究院（3 篇）、聊城大学（2 篇）等。

代表性的文献有：Zhang Qingchun（中国科学院海洋研究所）、Liu Qing、Yun RenChen 等在 2015 年发表在 *Estuarine Coastal and Shelf Science* 上的 *Application of a fluorescence in situ hybridization（FISH）method to study green tides in the Yellow Sea*；Yang GuiPeng（中国海洋大学压学和压学工程学院）、Wang Xin、Zhang Honghai 等在 2014 年发表在 *Journal of Sea Research* 上的 *Temporal and spatial variations of dimethylsulfoxide in the Bohai Sea and the Yellow Sea*；Xiao Jie（国家海洋局第一海洋研究所）、Li Yan、Song Wei 等在 2013 年发表在 *Harmful Algae* 上的 *Discrimination of the common macroalgae（Ulva and Blidingia）in coastal waters of Yellow Sea, northern China, based on restriction fragment-length polymorphism*（*RFLP*）*analysis* 等。

（三）温度

环境温度直接或间接影响生物的生长发育、生活状态、繁殖和分布状况。任何一种生物的生长发育都有一定的温度条件，生物能够生长发育的温度范围称为有效温度范围。超过有效温度的上限或下限时，生物都不能生长，甚至死亡。

在 2011～2015 年，山东省在国际 SCI 期刊上发表的关于海洋污染原因及其治理研究方向上有关温度的论文有 35 篇，主要的研究热点包括盐度（6篇）、辐照度（3篇）、猎物浓度（2篇）、生长（2篇）、繁殖（2篇）等。其主要的研究机构包括中国海洋大学（16篇）、中国水产科学研究院（3篇）、青岛农业大学（3篇）等。

代表性的文献有：Fang Jinghui（黄海水产研究所）、Zhang Jihang、Liu Yi 等在 2015 年发表在 *Marine Biology Research* 上的 *Effects of temperature and salinity on mortality and metabolism of Ophiopholis mirabilis*；Li Chengchun（中国科学院海洋研究所）、Xu Kuidong、Lei Yanli 在 2011 年发表在 *Aquatic Microbial Ecology* 上的 *Growth and grazing responses to temperature and prey concentration of Condylostoma spatiosum, a large benthic ciliate, feeding on Oxyrrhis marina* 等。

（四）沉积物

沉积物为地质学专业术语，为任何可以由流体流动所移动的微粒，并最终成为在水或其他液体底下的一层固体微粒。沉积作用即为混悬剂的沉降过程，江河、海洋及湖泊均会累积产生沉积物，这些物质可以在陆地沉积或在海洋沉积。陆生的沉积物由陆地产生，但是也可以在陆地、海洋或湖泊沉积。沉积物是沉积岩的原料，沉积岩可以包含水栖生物的化石。这些水栖生物在死后被累积的沉积物所覆盖。

在 2011～2015 年，山东省在国际 SCI 期刊上发表的关于海洋污染原因及其治理研究方向上有关沉积物的论文有 35 篇，主要的研究热点包括胶州湾

（3 篇）、重金属（3 篇）、多氯联苯（2 篇）、汞（2 篇）等。其主要的研究机构包括中国海洋大学（18 篇）、青岛海洋地质研究所（3 篇）、青岛农业大学（2 篇）等。

代表性的文献有：Liu Shanshan（国土资源部海洋油气资源与环境地质重点实验室）、Zhang Yong、Bi Shipu 等在 2015 年发表在 *Marine Pollution Bulletin* 上的 *Heavy metals distribution and environmental quality assessment for sediments off the southern coast of the Shandong Peninsula, China*；Liu Xin（中国科学院海洋研究所）、Xiao Tian、Luan Qingshan 等在 2011 年发表在 *Chinese Journal of Oceanology and Limnology* 上的 *Bacterial diversity, composition and temporal-spatial variation in the sediment of Jiaozhou Bay, China* 等。

四、新物种的发现及基因组学

生物进化的实质在于种群基因频率的改变，突变和基因重组、自然选择及隔离是物种形成过程中的 3 个基本环节。在这个过程中，突变和基因重组是产生生物进化的原材料，自然选择使种群的基因频率定向改变并决定生物进化的方向，自然选择下群体基因库中基因频率的改变并不意味着新物种的形成，因为基因交流并未中断，群体分化并未超出种的界限。只有通过隔离才能最终出现新种，新物种的出现也为基因多样性提供了原材料。

其中，新物种的发现及基因组学方向主要有新的物种、遗传多样性、中国 3 个热点研究主题，出现频次最高的 10 个关键词如表 4-20 所示。

表 4-20　新物种的发现及基因组学方向前 10 个高频关键词（国际 SCI 论文）

序号	关键词	出现频次/次	序号	关键词	出现频次/次
1	新的物种	68	6	中国南海	37
2	遗传多样性	56	7	进化	37
3	中国	49	8	转录组	29
4	线粒体基因组	48	9	分类	29
5	微卫星	41	10	控制区	27

（一）新的物种

在 2011～2015 年，山东省在国际 SCI 期刊上发表的关于新物种的发现及基因组学的研究方向上有关新的物种的论文有 68 篇，主要的研究热点包括中国南海（16 篇）、中国（13 篇）、分类学（8 篇）、甲壳纲动物（7 篇）等。其主要的研究机构包括中国海洋大学（11 篇）、山东农业大学（6 篇）、临沂大学（2 篇）等。

代表性的文献有：Sha Zhongli（中国科学院海洋研究所）、Ren Xianqiu 在 2015 年发表在 *Chinese Journal of Oceanology and Limnology* 上的 *A new species of the genus Arcoscalpellum（Cirripedia, Thoracica, Scalpellidae）from deep waters in the South China Sea*；Xiao Lichan（中国科学院海洋研究所）、Wang Yongliang、Sha Zhongli 在 2015 年发表在 *Crustaceana* 上的 *A new species of the genus diogenes（decapoda, anomura, diogenidae）from the South China Sea*；An Jianmei、Markham John、Lin Xinzheng（中国科学院海洋研究所）在 2015 年发表在 *Journal of Natural History* 上的 *A review of the genus Parapenaeon Richardson, 1904（Crustacea: Isopoda: Bopyridae: Orbioninae）, with description of three new species from China*；Song Wen（中国海洋大学进化与海洋生物多样性研究所）、Zhao Xialu、Liu Weiwei 等在 2015 年发表在 *Systematics and Biodiversity* 上的 *Biodiversity of oligotrich ciliates in the South China Sea: description of three new Strombidium species（Protozoa, Ciliophora, Oligotrichia）with phylogenetic analyses* 等。

（二）遗传多样性

在 2011～2015 年，山东省在国际 SCI 期刊上发表的关于新物种的发现及基因组学研究方向上有关遗传多样性的论文有 56 篇，主要的研究热点包括基因结构（12 篇）、微卫星（12 篇）、人口结构（8 篇）等。其主要的研究机构包括中国海洋大学（27 篇）、中国水产科学研究院（10 篇）、山东农业大学（5 篇）、青岛农业大学（3 篇）等。

代表性的文献有：Li Ning（中国海洋大学进化与海洋生物多样性研究所）、Chen Xiao、Sun Dianrong 等 在 2015 年 发 表 在 *Mitochondrial Dna* 上的 *Phylogeography and population structure of the red stingray, Dasyatis akajei inferred by mitochondrial control region*；Xiao yongshuang（中国海洋大学进化与海洋生物多样性研究所）、Song Na、Li Jun 等在 2015 年发表在 *Mitochondrial Dna* 上的 *Significant population genetic structure detected in the small yellow croaker Larimichthys polyactis inferred from mitochondrial control region*；Zhao Linlin（中国海洋大学水产学院）、Song Na、Li Ning 等在 2015 年发表在 *Pakistan Journal of Zoology* 上的 *Genetic diversity and population structure of a pelagic fish, jack mackerel（Trachurus japonicus），Based on AULP Analysis*；Pan Ting（中国水产科学研究院）、Zhang Yan、Gao Tianxiang 等在 2014 年发表在 *Biochemical Systematics and Ecology* 上的 *Genetic diversity of Pleuronectes yokohamae population revealed by fluorescence microsatellite labeled* 等。

（三）中国

在 2011～2015 年，山东省在国际 SCI 期刊上发表的关于新物种的发现及基因组学的研究方向上有关中国的论文有 49 篇，主要的研究热点包括新物种（13 篇）、黄海（5 篇）、分类学（3 篇）、鳃虱科（3 篇）等。其主要的研究机构包括中国海洋大学（9 篇）、山东农业大学（4 篇）、青岛农业大学（2 篇）、聊城大学（2 篇）等。

代表性的文献有：An Jianmei、Markham John、Li Xinzheng（中国科学院海洋研究所）在 2015 年发表在 *Journal of Natural History* 上的 *A review of the genus Parapenaeon Richardson, 1904（Crustacea: Isopoda: Bopyridae: Orbioninae），with description of three new species from China*；Xu Peng（中国科学院海洋研究所）、Li Xinzheng 在 2014 年发表在 *Chinese Journal of Oceanology and Limnology* 上的 *Eualus heterodactylus sp nov., a new hippolytid shrimp from Chinese coast of the Yellow Sea（Crustacea, Decapoda, Caridea）*；

An Jianmei、Boyko Christopher B、Li Xinzheng（中国科学院海洋研究所）在 2012 年发表在 *Journal of Natural History* 上的 *Two new species of the genus Megacepon George, 1947*（*Crustacea: Isopoda: Bopyridae*）*infesting Varunidae*（*Crustacea: Brachyura: Grapsoidea*）*from China* 等。

第五章

山东省生物技术领域的研究优势分析和预见

本书通过界定生物技术的定义和分类，利用文献计量学的方法对山东省生物技术领域在国内外发表的文献数据进行分析，研究其发展现状与优势领域。通过对山东省生物技术领域的发文量、论文出版机构、学科分布和高被引文献等进行统计分析，揭示山东省生物技术领域的知识结构和数量变化规律，利用可视化知识图谱将山东省生物技术领域划分为生物遗传、生物医学、生物工程和生物农业四个研究方向进行热点研究分析。通过分析，揭示山东省生物技术领域的发展现状以及优势热点领域，为山东省更好地制定学科发展策略提供参考，继而更有效地为科学技术、经济和社会的发展服务。

第一节　山东省生物技术领域科学研究概况

通过前三章对山东省国内外文献的统计性分析和知识图谱分析，具体地从研究领域的总体发展态势、出版机构、学科分布以及主题分布几个方面揭示了目前山东省生物技术领域科学研究的发展概况，得出了以下的结论。

（一）山东省生物技术领域的发文量随时间的发展态势

从山东省生物技术领域的发文量随时间的发展态势来看，山东省在国内CSCD期刊的发文量呈现逐年下降趋势，而在国际SCI期刊的发文量呈现逐年上升趋势。通过对全国在生物技术领域发表论文量的比较研究发现，全国生物技术领域发表论文也呈下降趋势。相较于全国的下降趋势，山东省生物技术领域地区发表的论文量占全国生物技术领域的比例在不断增加。

（二）山东省生物技术领域论文的产出机构分布

从山东省生物技术领域论文的产出机构分布来看，山东省在国内CSCD期刊发表论文数量较多的机构分别是中国科学院海洋研究所、中国水产科学研究院黄海水产研究所和中国海洋大学海洋生命学院。在国际SCI期刊发文机构中，发表论文数量较多的机构是山东大学、中国科学院海洋研究所和中国海洋大学海洋生命学院。这与山东省在海洋产业、海洋区位优势和科技优势突出，海洋经济产业发展迅速相吻合。

（三）山东省生物技术领域文献的学科分布

从山东省生物技术研究文献的学科分布来看，在国内CSCD期刊发表的论文量上，植物学、神经科学与神经学和基因遗传等领域是山东省生物技术领域论文产出的重要学科领域。由于生物学领域的国内发文量整体呈现下降趋势，因此各学科的发文量也均呈下降趋势，但是生命科学生物医学其他主题领域有明显增长，肿瘤学领域也有少量增长。山东省占全国论文比例最高的学科是渔业、环境科学与生态学、动物学、生理学以及神经科学与神经学。从国际SCI期刊的产出来看，产出较高的学科有生物化学与分子生物学、生物技术与应用微生物学、海洋与淡水生物学、细胞生物学、化学等，各学科的国际SCI期刊论文的产出量增长迅速。在国际SCI期刊中，山东省生物技术领域占全国比例最高的学科主要有海洋学、渔业、海洋与淡水生物学、兽医学等。

（四）山东省生物技术领域文献的研究主题分布

从山东省生物技术领域文献的研究主题分布来看，在国内 CSCD 期刊发表论文的热点研究主题有生物多样性（基因多样性与物种多样性）、表达（原核表达与基因表达）、疾病研究（脑梗死、磁共振成像）、动植物研究（浮游植物、大菱鲆、拟芥蓝、大型底栖动物）、胁迫（盐胁迫、干旱胁迫）。在国际 SCI 期刊发表论文的热点研究主题有细胞氧化应激、细胞增殖、细胞自噬、（细胞）凋亡与线粒体、神经再生等。

第二节　山东省生物技术领域的优势研究领域

一、基于国内 CSCD 期刊论文数据

基于国内 CSCD 期刊论文数据，山东省生物技术领域包含四个重点方向——生物遗传、生物医学、生物工程以及生物农业。

（一）生物遗传方向

山东省的主要研究主题和优势领域包括动植物发育遗传、蛋白质组学、群体遗传、细胞遗传、微生物遗传。有关动植物发育遗传的研究热点主题包含遗传多样性、克隆、微卫星、基因表达、生长等；蛋白质组学的研究热点主题包含原核表达、基因克隆、鉴定、毕赤酵母、纯化等；群体遗传的研究热点主题包含多样性、生物量、大型底栖动物、群落结构、丰度等；细胞遗传的研究热点主题包含表达、小鼠、生物信息学、壳聚糖、实时荧光定量 PCR 等；微生物遗传的研究热点主题包含序列分析、脊尾白虾、系统进化、多态性、系统发育分析等。

（二）生物医学方向

山东省的主要研究主题和优势领域包括神经系统疾病、心脑血管疾病、精神疾病、磁共振波谱分析。有关神经系统疾病的研究热点主题包含大鼠、帕金森病、阿尔茨海默病、癫痫、脑缺血等；心脑血管疾病的研究热点主题包含脑梗死、急性脑梗死、儿童、卒中、基因多态性等；精神疾病的研究热点主题包含脑卒中、精神分裂症、抑郁症、抑郁、危险因素等；磁共振波谱分析的研究热点主题包含磁共振成像、脑出血、多发性硬化、脑、视神经脊髓炎等。

（三）生物工程方向

山东省的主要研究主题和优势领域包括微生物发酵、营养基因组学、生物数学应用、基因工程。微生物发酵的研究热点主题包含壳聚糖、大肠杆菌、克隆、分离纯化、多糖等；营养基因组学研究热点主题包含脂肪酸、脂肪酶、营养成分、大鼠、2型糖尿病等；生物数学应用研究热点主题包含稳定性、数值模拟、固定化、误差估计、收敛性等；基因工程研究热点主题包含基因表达、细胞凋亡、序列分析、东亚三角涡虫、猪等。

（四）生物农业方向

山东省的主要研究主题和优势领域包括作物栽培、作物遗传育种和海洋植物群落。作物栽培的研究热点主题包含盐胁迫、光合作用、干旱胁迫、温度、生长等。作物遗传育种的研究热点主题包含遗传多样性、原核表达、番茄、基因表达、克隆。海洋植物群落的研究热点主题包含新记录、浮游植物、物种多样性、归化植物、植物区系等。

二、基于国际 SCI 期刊论文数据

基于国际 SCI 期刊论文数据，山东省生物技术领域包含 4 个重点方向——生物遗传、生物农业、生物医学以及生物工程。

（一）生物遗传方向

山东省的主要研究主题和优势领域包括海洋生物遗传研究及饲养、免疫遗传、海洋污染原因及其治理、新物种的发现及基因组学。海洋生物遗传研究及饲养的研究热点主题包含多态性、凡纳滨对虾、刺参、荟萃分析、三疣梭子蟹等；免疫遗传的研究热点主题包含先天免疫、基因的表达、半滑舌鳎、栉孔扇贝、免疫反应等；海洋污染原因及其治理的研究热点主题包含生长、黄海、温度、沉积物、东中国海等；新物种的发现及基因组学的研究热点主题包含新的物种、遗传多样性、线粒体基因组、微卫星等。

（二）生物农业方向

山东省的主要研究主题和优势领域包括转基因农作物的研究、作物育种与良种繁育、农作物能源、农作物生理条件探究。转基因农作物的研究的研究热点主题包含拟南芥、转基因烟草、非生物胁迫、苹果等；作物育种与良种繁育的研究热点主题包含盐胁迫、玉米、基因表达、番茄、小麦等。农作物能源的研究热点主题包含光合作用、盐耐受性、氧化应激、棉花、叶绿素荧光等；农作物生理条件探究的研究热点主题包含生物柴油、分类、微藻等。

（三）生物医学方向

山东省的主要研究主题和优势领域包括神经病与临床检验诊断、肿瘤病病理与治疗以及免疫学。神经病与临床检验诊断的研究热点主题包含阿尔茨海默病、多态性、炎症、氧化应激、帕金森病等；肿瘤病病理与治疗的研究热点主题包含细胞凋亡、增殖、预后、血管生成、乳腺癌等；免疫学的研究热点主题包含先天免疫、免疫反应、基因的表达、半滑舌鳎、栉孔扇贝等。

（四）生物工程方向

山东省的主要研究主题和优势领域包括肿瘤治疗、仿生学的环境治理应用、植物遗传学、工业微生物的应用。工业微生物的应用研究热点主题包含大肠杆菌、细胞毒性、合成、响应面方法、纤维素酶等；仿生学的环境治理应用的研究热点主题包括净化、吸附、壳聚糖、荧光、石墨烯等；植物遗传学的研究热点主题包括基因表达、微 RNA、表达式、遗传多样性、转录组等。肿瘤治疗的研究热点主题包括细胞凋亡、氧化应激、多态性、荟萃分析、扩散等。

第三节　山东省生物技术领域的研究发展预见

结合山东省生物技术领域的具体情况，从农业、医药科技、海洋生物 3 方面积极推动山东省生物技术体系建设。

一、在农业中的应用方面

生物技术在农业中的应用拥有广阔前景，山东省作为我国农业产值多年位列第一的省份，在农业研究领域具有独特的优势，尤其在转基因、克隆以及海洋生物技术领域等研究上取得了一系列实质性进展。在进一步加强优势领域的同时，也需要注意相关研究的开展。第一，转基因技术作为生物技术领域在农业中的一个重要领域，在不断发展技术研究的同时，应加强公众对转基因技术的正确认识，提高公众对其的接受程度。第二，针对山东省农业功能区划分，开展生物技术的相关研究，促进形成地域特色鲜明、优势互补的现代农业产业体系。第三，生物能源作为可生物降解、无毒性、对环境无害的能源，是世界各国都在加强政策扶植和研发投入的领域。山东省在生物能源领域已经具有一定的优势，但是需要加强生物能源领域的技术创新与产业体系建立，将技术优势转化为产业经济优势。

二、在医药科技革命方面

生物技术作为医药科技革命的推进器正在悄然创新和拓展医药功能，使得很多传统医药无法处理的遗传性和后天病理性的代谢、免疫、内分泌、心血管以及生殖等疾病能够获得有效治疗。山东省在神经系统疾病、心脑血管疾病、精神疾病、肿瘤病病理与治疗以及免疫学方面具有明显的优势，应当进一步将技术优势转化为经济优势，加强生物技术药物技术转化，组建产学研联盟。

三、在海洋生物技术方面

山东省作为我国的海洋大省，也是海洋生物技术研发大省，具有在海洋生物遗传研究及饲养、海洋污染、海洋生物多样性等方面的优势。在我国海洋生态环境受到严重污染的情况下，应该发挥山东省的技术优势，进一步加强海洋生态环境的保护。在海洋生物养殖上提高技术含量、增加产品附加值。促进海洋生物制药技术的发展，能够为新药开发和保健产品制造提供有效的生物技术保障。

第二部分

专利分析报告

第六章

山东省生物技术领域专利发展总体概况

2011～2015 年，山东省生物技术领域共申请发明专利 75 949 件以及获得授权的发明专利 17 486 件，分别占全国总量的 13.57% 及 9.06%。在本章，作者将对山东省 2011～2015 年生物技术领域发明专利申请量的年代分布、主要发明人和申请人、优势技术领域等方面进行分析。

第一节 专利产出分析

一、申请量分析

2011～2015 年，全国在生物技术领域的发明专利总申请量为 559 442 件，其中山东省发明专利申请量为 75 949 件，占全国总量的 13.57%。发明专利申请量的绝对数量和相对占比均呈现稳步增长的态势，如图 6-1 所示。2011 年山东省生物技术领域发明专利申请量为 5602 件，占全国同类专利总申请量的 7.93%，2015 年上升为 22 239 件，占全国同类专利申请总量的 16%。

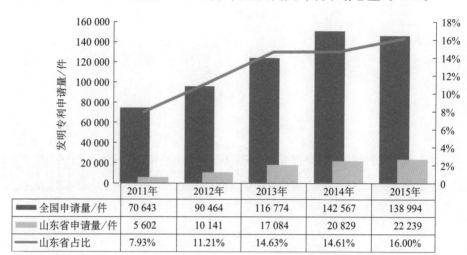

	2011年	2012年	2013年	2014年	2015年
■ 全国申请量/件	70 643	90 464	116 774	142 567	138 994
▨ 山东省申请量/件	5 602	10 141	17 084	20 829	22 239
— 山东省占比	7.93%	11.21%	14.63%	14.61%	16.00%

图 6-1　2011～2015 年山东省生物技术领域发明专利申请量占全国的比例
发明专利由于审查时间较长，很多还没有公开，所以这里的申请量是已经公开的申请量，而不
是受理的申请量

二、授权量分析

2011～2015 年，全国在生物技术领域的发明专利授权总量为 193 070 件，其中山东省发明专利授权量为 17 486 件，占全国发明专利授权总量的 9.06%。从年份分布来，2011 年山东省生物技术领域发明专利授权量为 2189 件，占 2011 年全国发明专利授权总量的 8.40%。而到了 2015 年，山东省发明专利授权量增至 4097 件，占 2015 年全国发明专利授权总量的 9.99%。山东省生物技术领域发明专利授权量的绝对数量基本呈稳步上升的态势，如图 6-2 所示。

相较于发明专利申请量，山东省发明专利授权量的全国占比略低。这一方面说明山东省在授权发明专利的数量方面还有较高的提升空间；另一方面说明，由于申请专利的时滞效应，可以预见到申请专利的占比上升意味着在此后的几年里，山东省的发明专利授权量也会有相应的大的提高。

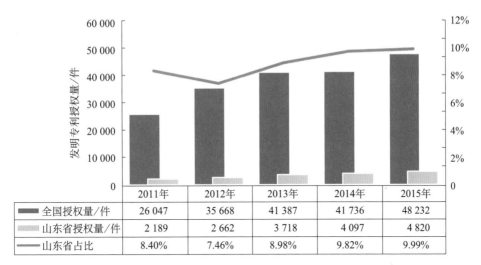

图 6-2　2011～2015 年山东省生物技术发明专利授权量占全国的比例

第二节　专利申请情况分析

一、申请人分析

山东省在生物技术领域的 75 949 件专利申请，共涉及 16 905 个专利申请人，排名靠前的申请人大部分是高校。其中，排名前五的申请人都是高校，分别为山东大学、青岛农业大学、山东农业大学、中国海洋大学和济南大学，发明专利申请量都在 500 件以上或接近 500 件。表 6-1 列出了申请发明专利量最高的 20 家机构。

进一步统计了高产机构的专利申请在各不同技术领域（IPC 分类）中的布局，见表 6-2。

表 6-1　2011～2015 年山东省生物技术领域申请专利中发明专利量前 20 个申请人分布

序号	申请人	专利量 / 件						在山东省占比 / %
		2011 年	2012 年	2013 年	2014 年	2015 年	总计	
1	山东大学	173	193	175	169	229	939	1.24
2	青岛农业大学	45	93	232	152	145	667	0.88
3	山东农业大学	60	71	116	125	164	536	0.71
4	中国海洋大学	85	88	104	114	134	525	0.69
5	济南大学	22	62	74	133	157	448	0.59
6	中国科学院海洋研究所	42	53	79	78	88	340	0.45
7	青岛信立德中药技术研究开发有限公司	0	182	4	145	0	331	0.44
8	青岛市市立医院	4	13	73	127	101	318	0.42
9	海利尔药业集团股份有限公司	35	48	91	87	51	312	0.41
10	李承平	14	287	11	0	0	312	0.41
11	淄博齐鼎立专利信息咨询有限公司	0	0	31	1	278	310	0.41
12	中国水产科学研究院黄海水产研究所	43	56	81	57	54	291	0.38
13	青岛科技大学	22	12	59	87	110	290	0.38
14	青岛华之草医药科技有限公司	0	0	2	83	201	286	0.38
15	潍坊友容实业有限公司	0	0	0	0	265	265	0.35
16	青岛百草汇中草药研究所	0	87	107	55	0	249	0.33
17	青岛大学	27	32	40	33	84	244	0.32
18	青岛艾华隆生物科技有限公司	72	92	78	0	0	242	0.32
19	山东理工大学	13	52	46	68	59	238	0.31
20	青岛嘉禾丰肥业有限公司	1	61	75	88	9	234	0.31

表 6-2　2011～2015 年山东省生物技术领域申请专利前五个申请人 -IPC-
发明专利申请量对应表

序号	申请人	IPC小类	IPC 含义	专利量/件
1	山东大学	A61K	医用、牙科用或梳妆用的配制品	463
		A61P	化合物或药物制剂的特定治疗活性	431
		G01N	借助于测定材料的化学或物理性质来测试或分析材料	356
		C12N	微生物或酶；其组合物（杀生剂、害虫驱避剂或引诱剂，或含有微生物、病毒、微生物真菌、酶、发酵物的植物生长调节剂，或从微生物或动物材料产生或提取制得的物质入 A01N63；药品入 A61K；肥料入 C05F）；繁殖、保藏或维持微生物；变异或遗传工程；培养基	261
		G06F	电数字数据处理（部分计算是用液压或气动完成的计算机入 G06D，光学完成的入 G06E；基于特定计算模型的计算机系统入 G06N）	231
		C02F	水、废水、污水或污泥的处理	207
		C07D	杂环化合物	181
		C12R	与涉及微生物之 C12C 至 C12Q 小类相关的引得表	147
		H04L	数字信息的传输，例如电报通信（电报和电话通信的公用设备入 H04M）〔4〕	141
		B01J	化学或物理方法，例如，催化作用、胶体化学；其有关设备（特殊用途的方法或设备，见这些方法或设备的有关类目，例如，F26B3/08）〔2〕	133
2	青岛农业大学	A61K	医用、牙科用或梳妆用的配制品	222
		A61P	化合物或药物制剂的特定治疗活性	205
		C12N	微生物或酶；其组合物（杀生剂、害虫驱避剂或引诱剂，或含有微生物、病毒、微生物真菌、酶、发酵物的植物生长调节剂，或从微生物或动物材料产生或提取制得的物质入 A01N63；药品入 A61K；肥料入 C05F）；繁殖、保藏或维持微生物；变异或遗传工程；培养基	132
		A01P	化学化合物或制剂的杀生、害虫驱避、害虫引诱或植物生长调节活性	88
		A01G	园艺；蔬菜、花卉、稻、果树、葡萄、啤酒花或海菜的栽培；林业；浇水	87
		A01N	人体、动植物体或其局部的保存；杀生剂，例如作为消毒剂，作为农药或作为除草剂；害虫驱避剂或引诱剂；植物生长调节剂	74
		A23K	专门适用于动物的喂养饲料；其生产方法	66
		A01D	收获；割草	64
		C12R	与涉及微生物之 C12C 至 C12Q 小类相关的引得表	63
		A23L	不包含在 A21D 或 A23B 至 A23J 小类中的食品、食料或非酒精饮料；它们的制备或处理，例如烹调、营养品质的改进、物理处理；食品或食料的一般保存	60

续表

序号	申请人	IPC小类	IPC 含义	专利量/件
3	山东农业大学	C12N	微生物或酶；其组合物（杀生剂、害虫驱避剂或引诱剂，或含有微生物、病毒、微生物真菌、酶、发酵物的植物生长调节剂，或从微生物或动物材料产生或提取制得的物质入 A01N63；药品入 A61K；肥料入 C05F）；繁殖、保藏或维持微生物；变异或遗传工程；培养基	196
		A01G	园艺；蔬菜、花卉、稻、果树、葡萄、啤酒花或海菜的栽培；林业；浇水	110
		C12R	与涉及微生物之 C12C 至 C12Q 小类相关的引得表	76
		C12Q	包含酶或微生物的测定或检验方法；其所用的组合物或试纸；这种组合物的制备方法；在微生物学方法或酶学方法中的条件反应控制	76
		A01H	新植物或获得新植物的方法；通过组织培养技术的植物再生	58
		G01N	借助于测定材料的化学或物理性质来测试或分析材料	58
		A01N	人体、动植物体或其局部的保存；杀生剂；害虫驱避剂或引诱剂；植物生长调节剂	51
		A01P	化学化合物或制剂的杀生、害虫驱避、害虫引诱或植物生长调节活性	48
		A23L	不包含在 A21D 或 A23B 至 A23J 小类中的食品、食料或非酒精饮料；它们的制备或处理，例如烹调、营养品质的改进、物理处理；食品或食料的一般保存	48
		A01C	种植；播种；施肥	47
4	中国海洋大学	C12N	微生物或酶；其组合物（杀生剂、害虫驱避剂或引诱剂，或含有微生物、病毒、微生物真菌、酶、发酵物的植物生长调节剂，或从微生物或动物材料产生或提取制得的物质入 A01N63；药品入 A61K；肥料入 C05F）；繁殖、保藏或维持微生物；变异或遗传工程；培养基	138
		C12R	与涉及微生物之 C12C 至 C12Q 小类相关的引得表	117
		A61P	化合物或药物制剂的特定治疗活性	102
		A61K	医用、牙科用或梳妆用的配制品	102
		C12P	发酵或使用酶的方法合成所需要的化合物或组合物或从外消旋混合物中分离旋光异构体	97
		A23L	不包含在 A21D 或 A23B 至 A23J 小类中的食品、食料或非酒精饮料；它们的制备或处理；食品或食料的一般保存	88
		G01N	借助于测定材料的化学或物理性质来测试或分析材料	80
		C02F	水、废水、污水或污泥的处理	65
		A01K	畜牧业；禽类、鱼类、昆虫的管理；捕鱼；饲养或养殖其他类不包含的动物；动物的新品种	57
		G06F	电数字数据处理（部分计算是用液压或气动完成的计算机入 G06D，光学完成的入 G06E；基于特定计算模型的计算机系统入 G06N）	49

续表

序号	申请人	IPC小类	IPC 含义	专利量/件
5	济南大学	G01N	借助于测定材料的化学或物理性质来测试或分析材料	247
		C02F	水、废水、污水或污泥的处理	183
		B01J	化学或物理方法，例如，催化作用、胶体化学；其有关设备（特殊用途的方法或设备，见这些方法或设备的有关类目，例如，F26B3/08）〔2〕	117
		C04B	石灰；氧化镁；矿渣；水泥；其组合物，例如：砂浆、混凝土或类似的建筑材料；人造石；陶瓷（微晶玻璃陶瓷入C03C10/00）；耐火材料（难熔金属的合金入C22C）；天然石的处理〔4〕	87
		C08G	用碳—碳不饱和键以外的反应得到的高分子化合物（发酵或使用酶的方法合成目标化合物或组合物或从外消旋混合物中分离旋光异构体入C12P）〔2〕	64
		B01D	分离（用湿法从固体中分离固体入B03B、B03D，用风力跳汰机或摇床入B03B，用其他干法入B07；固体物料从固体物料或流体中的磁或静电分离，利用高压电场的分离入B03C；离心机、涡流装置入B04B；涡旋装置入B04C；用于从含液物料中挤出液体的压力机本身入B30B9/02）〔5〕	47
		C07C	无环或碳环化合物（高分子化合物入C08；有机化合物的电解或电泳生产入C25B3/00，C25B7/00）	45
		C01G	含有不包含在C01D或C01F小类中之金属的化合物	43
		B29C	塑料的成型或连接；塑性状态物质的一般成型；已成型产品的后处理，例如修整（以金属形式加工的入B23；磨削、抛光入B24；切割入B26D、B26F；制作预型件入B29B11/00；通过将原本不相连接的层结合成为各层连在一起的产品来制造层状产品入B32B7/00至B32B41/00）〔4〕	41
		G06F	电数字数据处理（部分计算是用液压或气动完成的计算机入G06D，光学完成的入G06E；基于特定计算模型的计算机系统入G06N）	40

山东大学在"十二五"期间申请生物技术领域专利 939 件，占全国该领域申请量的 1.24%。主要布局在 A61K（医用、牙科用或梳妆用的配制品）、A61P（化合物或药物制剂的特定治疗活性）、G01N（借助于测定材料的化学或物理性质来测试或分析材料）、C12N〔微生物或酶；其组合物（杀生剂、害虫驱避剂或引诱剂，或含有微生物、病毒、微生物真菌、酶、发酵物的植物生长调节剂，或从微生物或动物材料产生或提取制得的物质入 A01N63；

药品入 A61K；肥料入 C05F）；繁殖、保藏或维持微生物；变异或遗传工程；培养基〕、G06F（电数字数据处理）等技术领域。

青岛农业大学在 2011～2015 年共申请生物技术领域的相关发明专利 667 件，占山东省发明专利申请总量的 0.88%，主要涉及 A61K（医用、牙科用或梳妆用的配制品）、A61P（化合物或药物制剂的特定治疗活性）、C12N〔微生物或酶；其组合物（杀生剂、害虫驱避剂或引诱剂，或含有微生物、病毒、微生物真菌、酶、发酵物的植物生长调节剂，或从微生物或动物材料产生或提取制得的物质入 A01N63；药品入 A61K；肥料入 C05F）；繁殖、保藏或维持微生物；变异或遗传工程；培养基〕、A01P（化学化合物或制剂的杀生、害虫驱避、害虫引诱或植物生长调节活性）、A01G（园艺；蔬菜、花卉、稻、果树、葡萄、啤酒花或海菜的栽培；林业；浇水）、A01N（人体、动植物体或其局部的保存；杀生剂，例如作为消毒剂，作为农药或作为除草剂；害虫驱避剂或引诱剂；植物生长调节剂）等技术领域。

山东农业大学在 2011～2015 年共申请生物技术领域的相关发明专利 536 件，占山东省发明专利申请总量的 0.71%，主要涉及 C12N〔微生物或酶；其组合物（杀生剂、害虫驱避剂或引诱剂，或含有微生物、病毒、微生物真菌、酶、发酵物的植物生长调节剂，或从微生物或动物材料产生或提取制得的物质入 A01N63；药品入 A61K；肥料入 C05F）；繁殖、保藏或维持微生物；变异或遗传工程；培养基〕、A01G（园艺；蔬菜、花卉、稻、果树、葡萄、啤酒花或海菜的栽培；林业；浇水）、C12R（与涉及微生物之 C12C 至 C12Q 小类相关的引得表）、C12Q（包含酶或微生物的测定或检验方法；其所用的组合物或试纸；这种组合物的制备方法；在微生物学方法或酶学方法中的条件反应控制）、A01H（新植物或获得新植物的方法；通过组织培养技术的植物再生）等技术领域。

二、申请专利中的发明人分析

专利发明人是对发明创造的实质性特点做出创造性贡献的人。通过对专利发明人的统计分析，有利于政府和企业掌握该领域的主要研究人员，为政府制定投资和奖励政策、企业发掘高层次技术人才提供依据。

专利的发明人不能是单位，只能是个人。山东省生物技术领域的 75 949 件专利申请中，共涉及 45 706 个专利发明人。表 6-3 列出了其中发明专利数最多的前 20 个发明人。他们的发明专利数量都超过 200 个，是山东省生物技术领域的"发明大王"。

表 6-3 2011～2015 年山东省生物技术领域申请专利中前 20 位发明专利发明人统计

序号	发明人	数量 / 件	占比 / %
1	曲田桂	804	1.06
2	张旭东	475	0.63
3	葛尧伦	351	0.46
4	刘学键	333	0.44
5	李顺光	332	0.44
6	田丽华	314	0.41
7	李承平	312	0.41
8	郝智慧	307	0.40
9	王 胜	275	0.36
10	陈 鹏	272	0.36
11	王明刚	257	0.34
12	刘文利	237	0.31
13	刘 毅	232	0.31
14	荆晓丽	230	0.30
15	严中明	225	0.30
16	邵绪霞	223	0.29
17	周庆福	223	0.29
18	王 璐	222	0.29
19	张爱丽	216	0.28
20	张美丽	201	0.26

排在第一的发明人是曲田桂，发明专利申请量高达 804 件，占山东省生物技术领域全部专利申请量的 1.06%，远超过其他研究人员。曲田桂是青岛田瑞牧业科技有限公司董事长，他的主要发明围绕动物饲料、禽类的房舍、家禽或其他鸟类的饲喂或饮水设备、肥料及肥料制造、含有来自藻类、苔藓、真菌或植物或其派生物的药物制剂等。

排在第二位的发明人张旭东，共参与发明 475 件，占山东省生物技术领域全部专利申请量的 0.63%。其中 217 件专利权属于青岛海益诚管理技术有限公司；50 件专利张旭东既为发明人，又为申请人。

排在第三位的发明人是葛尧伦，发明专利申请量为 351 件，占山东省生物技术全部专利申请量的 0.46%。葛尧伦是海利尔药业集团股份有限公司董事长、中国农药工业协会常务理事、山东省农药工业协会副理事长，申请专利主要围绕含有杂环化合物的杀生剂、害虫驱避剂或引诱剂、植物生长调节剂、杀菌剂、含有不属于环原子并且不键合到碳或氢原子的碳原子，有机化合物的杀生剂、杀节肢动物剂等。

表 6-4 中列出了这些高产发明人的合作发明人。合作发明指的是由两个人或两个人以上共同完成的一项发明创造。一个专利可以有多个发明人，发明人之间的合作关系有助于揭示该技术专业人员之间的联系。

表6-4 2011～2015 年山东省生物技术领域申请专利中前五位发明专利发明人合作关系

序号	发明人	专利数 / 件	合作专利数 / 件	合作者数量 / 人
1	曲田桂	804	73	23
	合作者（合作件数）	赵永涛（36）、王海丽（26）、吴德专（26）、马丕云（26）、张亚炜（24）、谭胜利（24）、鹿淑梅（18）、高斌（13）、于执国（10）、王玲（10）		
	研究领域	A01K（453）、C05G（141）、A01C（107）、A23K（96）、A61P（72）、A61K（71）、C05F（54）、A61L（24）、A01G（18）、B08B（8）		
2	张旭东	475	5	7
	合作者（合作件数）	郭文波（1）、崔海影（1）、孙启亮（1）、何文（1）、姚静（1）、李玲（1）、闵丹丹（1）		
	研究领域	C05G（223）、A23L（116）、A01N（57）、A01P（57）、A61P（50）、A61K（50）、C12G（25）、A23G（21）、A61Q（13）、A23K（9）		
3	葛尧伦	351	351	53
	合作者（合作件数）	陈鹏（170）、韩先正（123）、司国栋（73）、吕文东（62）、葛大鹏（56）、杜秀斌（55）、杨波涛（52）、梅春晓（39）、白复芹（31）、陈健（25）		
	研究领域	A01N（350）、A01P（350）、A01C（5）、C05G（1）、C07C（0）		
4	刘学键	335	6	6
	合作者（合作件数）	王宗继（3）、焦念强（3）、杜广青（2）、蒋丽华（1）、陈香利（1）、吴文波（1）		

续表

序号	发明人	专利数／件	合作专利数／件	合作者数量／人
4	研究领域	A61P（331）、A61K（328）、C07D（107）、C07C（10）、A23L（10）、C07F（4）、F26B（1）		
5	李顺光	332	0	0
	合作者 （合作件数）	—		
	研究领域	A61P（332）、A61K（332）		

曲田桂的 804 件发明专利中，有 73 件是和其他发明人一起申请的，共有 23 个发明人与曲田桂一起合作过，如赵永涛（36 件）、王海丽（26 件）、吴德专（26 件）、马丕云（26 件）等；排在第二位的张旭东更喜欢独立发明，他的发明中仅有 5 个是与他人合作的；而排在第三位的葛尧伦则不同，他的 351 件发明全都是与其他人一起合作的，共有 53 个发明人与葛尧伦合作过，包括陈鹏（170 件）、韩先正（123 件）、司国栋（73 件）、吕文东（62 件）等。

第三节　专利授权情况分析

一、专利权人分析

专利申请人在专利获得授权之后就成了专利权人。如果说专利申请情况揭示的是山东省在专利布局上的未来动态，那么发明专利的授权情况则反映了山东省在生物技术领域的现状。

2011～2015 年，山东省生物技术领域 17 486 件获得授权的发明专利共有 18 887 名专利权人。山东省生物技术领域专利授权量位居第一的是山东大学，共有 635 件专利获得授权，占山东省生物技术领域专利授权总量的 3.63%。中国海洋大学以 292 件专利排在第二位。第三～第六位依次是山东农业大学、中国水产科学研究院黄海水产研究所、青岛农业大学、中国科学院海洋研究所。表 6-5 列出了排名前 20 位的专利权人在各年的专利授权量，表 6-6 则列出排在前五位的专利权人所涉及的主要领域。

表 6-5 2011～2015 年山东省生物技术领域授权专利中前 20 位发明专利权人分布

序号	专利权人	专利授权量 / 件						占山东省的比例 / %
		2011 年	2012 年	2013 年	2014 年	2015 年	总计	
1	山东大学	112	131	148	121	123	635	3.63
2	中国海洋大学	42	67	70	55	58	292	1.67
3	山东农业大学	17	39	56	49	67	228	1.30
4	中国水产科学研究院黄海水产研究所	40	35	51	45	51	222	1.27
5	青岛农业大学	4	28	47	62	80	221	1.26
6	中国科学院海洋研究所	25	47	49	49	45	215	1.23
7	济南大学	11	15	33	41	72	172	0.98
8	山东轩竹医药科技有限公司	88	33	10	14	14	159	0.91
9	青岛绿曼生物工程有限公司	0	0	39	91	21	151	0.86
10	青岛正大海尔制药有限公司	1	1	0	113	3	118	0.67
11	青岛市市立医院	4	1	5	24	74	108	0.62
12	宋爱民	5	37	9	47	8	106	0.61
13	鲁南制药集团股份有限公司	37	24	5	7	18	91	0.52
14	聊城大学	16	19	16	14	22	87	0.50
15	山东理工大学	5	4	7	31	36	83	0.47
16	山东新希望六和集团有限公司	0	0	15	26	41	82	0.47
17	青岛科技大学	6	16	7	19	33	81	0.46
18	青岛大学	5	16	13	12	34	80	0.46
19	山东轻工业学院	7	14	33	20	3	77	0.44
20	山东新时代药业有限公司	11	12	21	16	12	72	0.41

表 6-6　2011～2015 年山东省生物技术领域前五位授权专利权人 -IPC-
发明专利授权量对应表

序号	专利权人	IPC 小类	IPC 含义	授权量 / 件
1	山东大学	A61K	医用、牙科用或梳妆用的配制品	314
		A61P	化合物或药物制剂的特定治疗活性	310
		C12N	微生物或酶；其组合物（杀生剂、害虫驱避剂或引诱剂，或含有微生物、病毒、微生物真菌、酶、发酵物的植物生长调节剂，或从微生物或动物材料产生或提取制得的物质入 A01N63；药品入 A61K；肥料入 C05F）；繁殖、保藏或维持微生物；变异或遗传工程；培养基	174
		C02F	水、废水、污水或污泥的处理	128
		C12R	与涉及微生物之 C12C 至 C12Q 小类相关的引得表	102
		C07D	杂环化合物	76
		C12P	发酵或使用酶的方法合成所需要的化合物或组合物或从外消旋混合物中分离旋光异构体	74
		C12Q	包含酶或微生物的测定或检验方法；其所用的组合物或试纸；这种组合物的制备方法；在微生物学方法或酶学方法中的条件反应控制	35
		A23L	不包含在 A21D 或 A23B 至 A23J 小类中的食品、食料或非酒精饮料；它们的制备或处理，例如烹调、营养品质的改进、物理处理；食品或食料的一般保存	30
		C07H	糖类；及其衍生物；核苷；核苷酸；核酸	27
2	中国海洋大学	C12N	微生物或酶；其组合物（杀生剂、害虫驱避剂或引诱剂，或含有微生物、病毒、微生物真菌、酶、发酵物的植物生长调节剂，或从微生物或动物材料产生或提取制得的物质入 A01N63；药品入 A61K；肥料入 C05F）；繁殖、保藏或维持微生物；变异或遗传工程；培养基	80
		A61P	化合物或药物制剂的特定治疗活性	57
		A61K	医用、牙科用或梳妆用的配制品	54
		A01K	畜牧业；禽类、鱼类、昆虫的管理；捕鱼；饲养或养殖其他类不包含的动物；动物的新品种	49
		C12P	发酵或使用酶的方法合成所需要的化合物或组合物或从外消旋混合物中分离旋光异构体	43
		C12R	与涉及微生物之 C12C 至 C12Q 小类相关的引得表	41
		A23L	不包含在 A21D 或 A23B 至 A23J 小类中的食品、食料或非酒精饮料；它们的制备或处理，例如烹调、营养品质的改进、物理处理；食品或食料的一般保存	41

续表

序号	专利权人	IPC小类	IPC含义	授权量/件
2	中国海洋大学	C02F	水、废水、污水或污泥的处理	32
		C12Q	包含酶或微生物的测定或检验方法；其所用的组合物或试纸；这种组合物的制备方法；在微生物学方法或酶学方法中的条件反应控制	26
		G01N	借助于测定材料的化学或物理性质来测试或分析材料	17
3	山东农业大学	C12N	微生物或酶；其组合物（杀生剂、害虫驱避剂或引诱剂，或含有微生物、病毒、微生物真菌、酶、发酵物的植物生长调节剂，或从微生物或动物材料产生或提取制得的物质入 A01N63；药品入 A61K；肥料入 C05F）；繁殖、保藏或维持微生物；变异或遗传工程；培养基	94
		C12R	与涉及微生物之 C12C 至 C12Q 小类相关的引得表	43
		A01G	园艺；蔬菜、花卉、稻、果树、葡萄、啤酒花或海菜的栽培；林业；浇水	40
		C12Q	包含酶或微生物的测定或检验方法；其所用的组合物或试纸；这种组合物的制备方法；在微生物学方法或酶学方法中的条件反应控制	39
		A01N	人体、动植物体或其局部的保存；杀生剂，例如作为消毒剂，作为农药或作为除草剂；害虫驱避剂或引诱剂；植物生长调节剂	25
		A01P	化学化合物或制剂的杀生、害虫驱避、害虫引诱或植物生长调节活性	24
		A01H	新植物或获得新植物的方法；通过组织培养技术的植物再生	22
		C05G	分属于 C05 大类下各小类中肥料的混合物；由一种或多种肥料与无特殊肥效的物质，例如农药、土壤调理剂、润湿剂所组成的混合物	22
		A23L	不包含在 A21D 或 A23B 至 A23J 小类中的食品、食料或非酒精饮料；它们的制备或处理，例如烹调、营养品质的改进、物理处理；食品或食料的一般保存	18
		A01C	种植；播种；施肥	14
4	中国水产科学研究院黄海水产研究所	A01K	畜牧业；禽类、鱼类、昆虫的管理；捕鱼；饲养或养殖其他类不包含的动物；动物的新品种	89

续表

序号	专利权人	IPC 小类	IPC 含义	授权量/件
4	中国水产科学研究院黄海水产研究所	C12Q	包含酶或微生物的测定或检验方法；其所用的组合物或试纸；这种组合物的制备方法；在微生物学方法或酶学方法中的条件反应控制	60
		C12N	微生物或酶；其组合物（杀生剂、害虫驱避剂或引诱剂，或含有微生物、病毒、微生物真菌、酶、发酵物的植物生长调节剂，或从微生物或动物材料产生或提取制得的物质入 A01N63；药品入 A61K；肥料入 C05F）；繁殖、保藏或维持微生物；变异或遗传工程；培养基	52
		C12R	与涉及微生物之 C12C 至 C12Q 小类相关的引得表	25
		C02F	水、废水、污水或污泥的处理	14
		A61P	化合物或药物制剂的特定治疗活性	13
		A61K	医用、牙科用或梳妆用的配制品	13
		A23K	专门适用于动物的喂养饲料；其生产方法	12
		A01G	园艺；蔬菜、花卉、稻、果树、葡萄、啤酒花或海菜的栽培；林业；浇水	12
		A23L	不包含在 A21D 或 A23B 至 A23J 小类中的食品、食料或非酒精饮料；它们的制备或处理，例如烹调、营养品质的改进、物理处理；食品或食料的一般保存	8
5	青岛农业大学	A61P	化合物或药物制剂的特定治疗活性	65
		A61K	医用、牙科用或梳妆用的配制品	65
		C12N	微生物或酶；其组合物（杀生剂、害虫驱避剂或引诱剂，或含有微生物、病毒、微生物真菌、酶、发酵物的植物生长调节剂，或从微生物或动物材料产生或提取制得的物质入 A01N63；药品入 A61K；肥料入 C05F）；繁殖、保藏或维持微生物；变异或遗传工程；培养基	45
		A01G	园艺；蔬菜、花卉、稻、果树、葡萄、啤酒花或海菜的栽培；林业；浇水	34
		A01K	畜牧业；禽类、鱼类、昆虫的管理；捕鱼；饲养或养殖其他类不包含的动物；动物的新品种	26
		A01P	化学化合物或制剂的杀生、害虫驱避、害虫引诱或植物生长调节活性	22
		C12R	与涉及微生物之 C12C 至 C12Q 小类相关的引得表	19

续表

序号	专利权人	IPC 小类	IPC 含义	授权量/件
5	青岛农业大学	A01N	人体、动植物体或其局部的保存；杀生剂，例如作为消毒剂，作为农药或作为除草剂；害虫驱避剂或引诱剂；植物生长调节剂	18
		C12Q	包含酶或微生物的测定或检验方法；其所用的组合物或试纸；这种组合物的制备方法；在微生物学方法或酶学方法中的条件反应控制	14
		A23L	不包含在 A21D 或 A23B 至 A23J 小类中的食品、食料或非酒精饮料；它们的制备或处理，例如烹调、营养品质的改进、物理处理；食品或食料的一般保存	13

山东大学在生物技术领域获得授权的发明专利有 635 项，主要的技术领域包括 A61K（医用、牙科用或梳妆用的配制品）、A61P（化合物或药物制剂的特定治疗活性）、C12N〔微生物或酶；其组合物（杀生剂、害虫驱避剂或引诱剂，或含有微生物、病毒、微生物真菌、酶、发酵物的植物生长调节剂，或从微生物或动物材料产生或提取制得的物质入 A01N63；药品入 A61K；肥料入 C05F）；繁殖、保藏或维持微生物；变异或遗传工程；培养基〕、C02F（水、废水、污水或污泥的处理）、C12R（与涉及微生物之 C12C 至 C12Q 小类相关的引得表）等。

中国海洋大学在生物技术领域获得授权的发明专利有 292 件，主要的技术领域包括 C12N〔微生物或酶；其组合物（杀生剂、害虫驱避剂或引诱剂，或含有微生物、病毒、微生物真菌、酶、发酵物的植物生长调节剂，或从微生物或动物材料产生或提取制得的物质入 A01N63；药品入 A61K；肥料入 C05F）；繁殖、保藏或维持微生物；变异或遗传工程；培养基〕、A61P（化合物或药物制剂的特定治疗活性）、A61K（医用、牙科用或梳妆用的配制品）、A01K（畜牧业；禽类、鱼类、昆虫的管理；捕鱼；饲养或养殖其他类不包含的动物；动物的新品种）、C12P（发酵或使用酶的方法合成所需要的化合物或组合物或从外消旋混合物中分离旋光异构体）等。

山东农业大学在生物技术领域获得授权的发明专利有 228 件，主要的技术领域包括 C12N〔微生物或酶；其组合物（杀生剂、害虫驱避剂或引诱剂，或含有微生物、病毒、微生物真菌、酶、发酵物的植物生长调节剂，或从微生物或动物材料产生或提取制得的物质入 A01N63；药品入 A61K；肥料入 C05F）；繁殖、保藏或维持微生物；变异或遗传工程；培养基〕、C12R（与涉及微生物之 C12C 至 C12Q 小类相关的引得表）、A01G（园艺；蔬菜、花卉、稻、果树、葡萄、啤酒花或海菜的栽培；林业；浇水）、C12Q（包含酶或微生物的测定或检验方法；其所用的组合物或试纸；这种组合物的制备方法；在微生物学方法或酶学方法中的条件反应控制）、A01N（人体、动植物体或其局部的保存；杀生剂，例如作为消毒剂，作为农药或作为除草剂；害虫驱避剂或引诱剂；植物生长调节剂）等。

中国水产科学研究院黄海水产研究所在生物技术领域获得授权的发明专利有 222 件，主要的技术领域包括 A01K（畜牧业；禽类、鱼类、昆虫的管理；捕鱼；饲养或养殖其他类不包含的动物；动物的新品种）、C12Q（包含酶或微生物的测定或检验方法；其所用的组合物或试纸；这种组合物的制备方法；在微生物学方法或酶学方法中的条件反应控制）、C12N〔微生物或酶；其组合物（杀生剂、害虫驱避剂或引诱剂，或含有微生物、病毒、微生物真菌、酶、发酵物的植物生长调节剂，或从微生物或动物材料产生或提取制得的物质入 A01N63；药品入 A61K；肥料入 C05F）；繁殖、保藏或维持微生物；变异或遗传工程；培养基〕、C12R（与涉及微生物之 C12C 至 C12Q 小类相关的引得表）、C02F（水、废水、污水或污泥的处理）等。

青岛农业大学在生物技术领域获得授权的发明专利有 221 件，主要的技术领域包括 A61P（化合物或药物制剂的特定治疗活性）、A61K（医用、牙科用或梳妆用的配制品）、C12N〔微生物或酶；其组合物（杀生剂、害虫驱避剂或引诱剂，或含有微生物、病毒、微生物真菌、酶、发酵物的植物生长调节剂，或从微生物或动物材料产生或提取制得的物质入 A01N63；药品入 A61K；肥料入 C05F）；繁殖、保藏或维持微生物；变异或遗传工程；培养基〕、A01G（园艺；蔬菜、花卉、稻、果树、葡萄、啤酒花或海菜的栽培；林业；浇水）、A01K（畜牧业；禽类、鱼类、昆虫的管理；捕鱼；饲养或养殖其他类不包含的动物；动物的新品种）等。

二、授权专利中的发明人分析

2011～2015 年，山东省生物技术领域 17 486 件授权专利中共有 25 206 位专利发明人，表 6-7 列出了 2011～2015 年获得专利授权数量最多的前 20 位专利发明人。

表 6-7　2011～2015 年山东省生物技术领域授权专利中前 20 位发明专利发明人统计

序号	发明人	专利授权量 / 件						占比 / %
		2011 年	2012 年	2013 年	2014 年	2015 年	总计	
1	赵志全	51	37	26	19	29	162	0.93
2	刘文利	0	0	39	91	21	151	0.86
3	周庆福	0	0	39	91	21	151	0.86
4	黄振华	77	27	10	13	5	132	0.75
5	王明刚	3	2	1	113	5	124	0.71
6	任 莉	1	1	0	113	3	118	0.67
7	陈阳生	1	1	0	112	3	117	0.67
8	宋爱民	5	37	9	47	8	106	0.61
9	孙胜波	0	0	29	20	48	97	0.55
10	柳 晖	2	2	11	42	20	77	0.44
11	魏 琴	2	3	8	12	42	67	0.38
12	张崇禧	13	16	9	9	16	63	0.36
13	张 勇	2	2	8	20	30	62	0.35
14	杨庆利	8	21	17	4	11	61	0.35
15	吴 丹	1	1	8	11	31	52	0.30
16	江成真	2	6	6	24	11	49	0.28
17	刘运波	17	2	28	2	0	49	0.28
18	胡 炜	7	12	14	12	2	47	0.27
19	马洪敏	0	0	7	8	32	47	0.27
20	刘昌衡	10	12	14	10	0	46	0.26

下面对前五位专利发明人逐一进行介绍。

排在第一位的赵志全共获得 162 件授权。赵志全是鲁南制药集团股份有限公司原董事长、总经理，其主要技术领域是 A61P（化合物或药物制剂的特定治疗活性）、A61K（医用、牙科用或梳妆用的配制品）、C12P 发酵或使用酶的方法合成所需要的化合物或组合物或从外消旋混合物中分离旋光异构体等。

并列排在第二位的周庆福和刘文利来自青岛绿曼生物工程有限公司，其中前者是该公司的董事长。两人合作获得 151 项发明专利的授权，其主要技术领域是 A61K（医用、牙科用或梳妆用的配制品）、A61P（化合物或药物制剂的特定治疗活性）、A01K（畜牧业；禽类、鱼类、昆虫的管理；捕鱼；饲养或养殖其他类不包含的动物；动物的新品种）等。

排在第四位的黄振华是山东轩竹医药科技有限公司的主要股东之一，该公司主要从事创新小分子药物的研究和开发，建有药物体内外评价中心、新药动物药效学评价中心、早期动物毒性评价中心等技术平台。其主要技术领域是 A61K（医用、牙科用或梳妆用的配制品）、A61P（化合物或药物制剂的特定治疗活性）、C07D（杂环化合物）等。

排在第五位的王明刚是青岛正大海尔制药有限公司总经理。其主要的技术领域是 A61P（化合物或药物制剂的特定治疗活性）、A61K（医用、牙科用或梳妆用的配制品）、C02F（水、废水、污水或污泥的处理）等。

表 6-8 列出了获得专利授权最多的前五位发明人的合作情况。从表中可以看出，不同发明人的合作强度有显著不同。周庆福、刘文利和王明刚的发明专利全部是合作发明。赵志全的 162 件专利中，有 108 件属于合作发明专利，占 2/3 左右，其主要合作者是郝贵周（23 件）、王洪臣（8 件）、强红刚（7 件）、冯中（7 件）等。黄振华的 132 件发明专利中，有 35 件是与他人合作的，合作者包括赵红宇（13 件）、周广连（7 件）、宋运涛（5 件）、张蕙（5 件）等。

表 6-8 2011～2015 年山东省生物技术前五位专利发明人合作关系

序号	发明人	专利数 / 件	合作专利数 / 件	合作者数量 / 人
1	赵志全	162	108	82
	合作者（合作件数）	郝贵周（23）、王洪臣（8）、强红刚（7）、冯中（7）、陈小伟（6）、姚景春（6）、张帅（5）、张丽萍（5）、张则平（4）、白文钦（4）		
	研究领域	A61P（143）、A61K（136）、C12P（13）、C12R（11）、C07D（9）、C12N（7）、C07H（7）、C07K（3）、G01N（2）		

续表

序号	发明人	专利数 / 件	合作专利数 / 件	合作者数量 / 人
2	刘文利	151	151	5
	合作者 （合作件数）	周庆福（151）、李学海（1）、李建福（1）、段春华（1）、陈恩保（1）		
	研究领域	A61P（150）、A61K（150）、A01K（1）、B01D（1）		
3	周庆福	151	151	5
	合作者 （合作件数）	刘文利（151）、李学海（1）、李建福（1）、段春华（1）、陈恩保（1）		
	研究领域	A61P（150）、A61K（150）、A01K（1）、B01D（1）		
4	黄振华	132	35	17
	合作者 （合作件数）	赵红宇（13）、周广连（7）、宋运涛（5）、张蕙（5）、董岩岩（3）、张敏（3）、张艳（2）、王全勇（2）、周岩（2）、袁强（1）		
	研究领域	A61K（132）、A61P（131）、C07D（98）、C07C（9）、C07F（2）、C07J（2）、C07H（1）、C08B（1）、A23L（1）		
5	王明刚	124	124	19
	合作者 （合作件数）	任莉（118）、陈阳生（117）、孙桂玉（6）、刘晓霞（6）、翟翠云（5）、李旭坤（3）、刘伟华（3）、李德军（3）、刘军（2）、魏晓飞（2）		
	研究领域	A61P（119）、A61K（118）、C02F（3）、A01N（2）、A01P（2）、C07D（2）、C07C（1）、B01J（1）、C01C（1）、B01D（1）		

第四节　技术领域分析

一、申请专利的技术领域分布

在本节中，利用专利所属的 IPC 大组作为技术领域的划分依据。IPC 大组是在 IPC 分类代码的一个相对较大的细分类目，对该领域专利申请量的 IPC 大组分布进行分析，有助于精确地掌握山东省在生物技术领域的技术研发优势领域。

统计显示，山东省的发明专利申请主要分布在 A61K36（含有来自藻类、苔藓、真菌或植物或其派生物，例如传统草药的未确定结构的药物制剂）、A61K35（含有其有不明结构的原材料或其反应产物的医用配制品）、A61P1（治疗消化道或消化系统疾病的药物）、A23L1（食品或食料；它们的制备或处理）、A61K9（以特殊物理形状为特征的医药配制品）等 IPC 大组，见表 6-9。

表 6-9　山东省生物技术领域发明专利申请量最多的 IPC 大组（2011～2015 年）

序号	IPC 大组	IPC 含义	申请量 / 件					
			2011 年	2012 年	2013 年	2014 年	2015 年	总计
1	A61K36	含有来自藻类、苔藓、真菌或植物或其派生物，例如传统草药的未确定结构的药物制剂	1 921	4 347	7 117	8 835	10 110	32 330
2	A61K35	含有其有不明结构的原材料或其反应产物的医用配制品	930	1 336	2 778	3 387	4 629	13 060
3	A61P1	治疗消化道或消化系统疾病的药物	464	1 022	1 923	1 990	2 265	7 664
4	A23L1	食品或食料；它们的制备或处理	446	844	1 800	2 413	1 318	6 821
5	A61K9	以特殊物理形状为特征的医药配制品	432	784	1 526	1 788	2 094	6 624
6	A61K31	含有机有效成分的医药配制品	613	825	1 343	1 262	1 902	5 945
7	A61P31	抗感染药，即抗生素、抗菌剂、化疗剂	413	877	1 334	1 231	1 466	5 321
8	A61P17	治疗皮肤疾病的药物	361	679	1 091	1 089	1 245	4 465
9	A61K33	含无机有效成分的医用配制品	368	563	960	1 175	1 301	4 367
10	A61P15	治疗生殖或性疾病的药物	202	499	788	918	1 271	3 678
11	A61P29	非中枢性止痛剂，退热药或抗炎剂，例如抗风湿药；非甾体抗炎药（NSAIDs）	218	551	779	974	1 137	3 659
12	A61P9	治疗心血管系统疾病的药物	212	462	740	1 011	1 186	3 611
13	A61P11	治疗呼吸系统疾病的药物	220	528	878	946	1 022	3 594
14	A61P25	治疗神经系统疾病的药物	185	454	645	968	1 069	3 321

续表

序号	IPC 大组	IPC 含义	申请量 / 件					
			2011 年	2012 年	2013 年	2014 年	2015 年	总计
15	A61P35	抗肿瘤药	215	296	777	777	883	2 948
16	A61P19	治疗骨骼疾病的药物	164	444	568	760	956	2 892
17	C05G3	一种或多种肥料与无特殊肥效组分的混合物	167	238	667	855	826	2 753
18	A01N43	含有杂环化合物的杀生剂、害虫驱避剂或引诱剂，或植物生长调节剂	192	393	526	611	526	2 248
19	C12R1	微生物	277	362	527	494	542	2 202
20	A61P7	治疗血液或细胞外液疾病的药物	108	233	466	587	610	2 004

进一步对 IPC 大组下山东省和全国的发明专利申请量进行统计，得到山东省生物技术领域各分支方向的占比情况，见表 6-10。可以发现，A61K35（含有其有不明结构的原材料或其反应产物的医用配制品）、A61K33（含无机有效成分的医用配制品）、A61K36（含有来自藻类、苔藓、真菌或植物或其派生物，例如传统草药的未确定结构的药物制剂）、A61P15（治疗生殖或性疾病的药物）、A01N65（含有藻类、地衣、苔藓、多细胞真菌或植物材料，或其提取物的杀生剂、害虫驱避剂或引诱剂或植物生长调节剂）等生物技术领域在山东省具有较大优势，申请专利占全国的比例都超过或接近 30%。

表 6-10　山东省生物技术领域发明专利申请量全国占比最高的 IPC 大组（2011～2015 年）

序号	IPC 大组	IPC 含义	占比 / %					
			2011 年	2012 年	2013 年	2014 年	2015 年	总计
1	A61K35	含有其有不明结构的原材料或其反应产物的医用配制品	24.36	31.15	38.38	32.91	38.21	34.60
2	A61K33	含无机有效成分的医用配制品	22.22	30.53	35.00	32.76	34.57	32.13
3	A61K36	含有来自藻类、苔藓、真菌或植物或其派生物，例如传统草药的未确定结构的药物制剂	19.81	28.49	35.98	28.66	34.15	30.74
4	A61P15	治疗生殖或性疾病的药物	16.71	29.84	32.75	27.67	37.44	30.65

续表

序号	IPC 大组	IPC 含义	占比 / %					
			2011 年	2012 年	2013 年	2014 年	2015 年	总计
5	A01N65	含有藻类、地衣、苔藓、多细胞真菌或植物材料，或其提取物的杀生剂、害虫驱避剂或引诱剂或植物生长调节剂	14.45	26.78	42.75	31.16	22.88	28.57
6	A61P1	治疗消化道或消化系统疾病的药物	15.11	23.35	31.94	24.27	28.27	25.82
7	A61P13	治疗泌尿系统的药物	12.51	25.91	28.77	22.84	33.18	25.78
8	A61P11	治疗呼吸系统疾病的药物	13.45	24.62	31.31	23.64	27.53	25.14
9	A61P19	治疗骨骼疾病的药物	11.95	25.11	25.03	23.73	30.90	24.71
10	A61P7	治疗血液或细胞外液疾病的药物	10.31	17.40	26.70	25.30	28.37	23.30
11	A61P17	治疗皮肤疾病的药物	16.62	23.92	27.61	20.04	24.13	22.83
12	A61P9	治疗心血管系统疾病的药物	8.84	15.52	22.14	23.06	30.56	21.26
13	A61P25	治疗神经系统疾病的药物	8.64	17.13	20.71	21.54	28.09	20.49
14	A61K9	以特殊物理形状为特征的医药配制品	9.68	14.94	22.18	20.27	27.06	19.98
15	A01P7	杀节肢动物剂	13.36	18.22	25.21	22.97	16.60	19.93
16	A61P29	非中枢性止痛剂，退热药或抗炎剂，例如抗风湿药；非甾体抗炎药（NSAIDs）	10.09	18.61	21.55	19.21	24.53	19.84
17	A61P31	抗感染药，即抗生素、抗菌剂、化疗剂	11.57	19.07	22.36	18.09	24.05	19.68
18	A01P3	杀菌剂	10.23	14.59	23.79	17.13	18.03	17.48
19	A01N43	含有杂环化合物的杀生剂、害虫驱避剂或引诱剂，或植物生长调节剂	9.73	16.03	20.14	19.81	19.09	17.46
20	C05G3	一种或多种肥料与无特殊肥效组分的混合物	13.39	13.41	20.21	17.77	12.50	15.52

二、授权专利的技术领域分布

从已获得专利授权的情况来看，A61K36（含有来自藻类、苔藓、真菌或植物或其派生物，例如传统草药的未确定结构的药物制剂）、A61K35（含有其有不明结构的原材料或其反应产物的医用配制品）、A61K31（含有机有效成分的医药配制品）等方面是山东省生物技术领域的强势研究领域，所属的专利授权数量都超过了 2000 件。

排名前 20 的专利授权量见表 6-11。可以看出，排名前 20 的大部分属于A61（医学或兽医学；卫生学）、C12（生物化学；啤酒；烈性酒；果汁酒；醋；微生物学；酶学；突变或遗传工程）等类别中。

表 6-11 山东省生物技术领域发明专利授权量最多的 IPC 大组（2011～2015 年）

序号	IPC 大组	IPC 含义	授权量 / 件					
			2011 年	2012 年	2013 年	2014 年	2015 年	总计
1	A61K36	含有来自藻类、苔藓、真菌或植物或其派生物，例如传统草药的未确定结构的药物制剂	1 019	966	1 623	1 996	1 961	7 565
2	A61K35	含有其有不明结构的原材料或其反应产物的医用配制品	512	472	628	747	858	3 217
3	A61K31	含有机有效成分的医药配制品	458	392	344	414	491	2 099
4	A61K9	以特殊物理形状为特征的医药配制品	387	334	314	472	483	1 990
5	A61P1	治疗消化道或消化系统疾病的药物	203	247	344	468	505	1 767
6	A61P31	抗感染药，即抗生素、抗菌剂、化疗剂	235	204	296	367	374	1 476
7	A23L1	食品或食料；它们的制备或处理	165	311	280	232	300	1 288
8	A61K33	含无机有效成分的医用配制品	197	157	249	269	229	1 101
9	A61P17	治疗皮肤疾病的药物	147	170	278	287	205	1 087
10	A61P9	治疗心血管系统疾病的药物	161	142	158	215	259	935
11	C12R1	微生物	66	132	254	240	238	930
12	A61P29	非中枢性止痛剂，退热药或抗炎剂，例如抗风湿药；非甾体抗炎药（NSAIDs）	135	124	181	235	252	927
13	A61P15	治疗生殖或性疾病的药物；避孕药	124	95	202	230	232	883
14	A61P11	治疗呼吸系统疾病的药物	116	108	173	228	217	842

续表

序号	IPC 大组	IPC 含义	授权量 / 件					
			2011 年	2012 年	2013 年	2014 年	2015 年	总计
15	A61P19	治疗骨骼疾病的药物	133	121	175	230	179	838
16	A61P35	抗肿瘤药	125	121	147	188	255	836
17	A61P25	治疗神经系统疾病的药物	91	114	163	204	228	800
18	C12N15	突变或遗传工程；遗传工程涉及的 DNA 或 RNA，载体（如质粒）或其分离、制备或纯化；所使用的宿主	57	119	153	167	173	669
19	C02F1	水、废水或污水的处理	77	94	128	135	184	618
20	C12N1	微生物本身，如原生动物；及其组合物；繁殖、维持或保藏微生物或其组合物的方法；制备或分离含有一种微生物的组合物的方法；及其培养基	48	100	149	168	148	613

进一步计算山东省在这些技术领域中的授权专利占全国的比例，表 6-12 中列出了授权量排在前 20 位的技术领域，这些技术领域为山东省的优势技术领域。结果显示，A61K35（含有其有不明结构的原材料或其反应产物的医用配制品）、A61K36（含有来自藻类、苔藓、真菌或植物或其派生物，例如传统草药的未确定结构的药物制剂）、A61K33（含无机有效成分的医用配制品）等领域是山东省的优势研究领域，在全国的占比都超过了 1/4，且占比仍在逐年增加。

表 6-12　山东省生物技术领域发明专利授权量全国占比最高的 IPC 大组（2011～2015 年）

序号	IPC 大组	IPC 含义	占比 / %					
			2011 年	2012 年	2013 年	2014 年	2015 年	总计
1	A61K35	含有其有不明结构的原材料或其反应产物的医用配制品	21.98	23.64	31.94	35.57	39.45	30.44
2	A61K36	含有来自藻类、苔藓、真菌或植物或其派生物，例如传统草药的未确定结构的药物制剂	17.62	18.90	30.85	32.46	35.65	27.21
3	A61K33	含无机有效成分的医用配制品	19.24	19.05	31.68	31.99	29.78	25.94

续表

序号	IPC 大组	IPC 含义	占比 / %					
			2011 年	2012 年	2013 年	2014 年	2015 年	总计
4	A61P15	治疗生殖或性疾病的药物；避孕药	18.29	15.81	28.77	27.95	29.67	24.62
5	A61P1	治疗消化道或消化系统疾病的药物	13.03	15.59	19.82	24.80	26.19	20.33
6	A61P19	治疗骨骼疾病的药物	17.52	15.07	20.40	23.86	21.31	19.84
7	A61P17	治疗皮肤疾病的药物	15.03	16.88	24.89	24.02	17.24	19.81
8	A61P11	治疗呼吸系统疾病的药物	14.55	13.11	19.37	24.86	24.83	19.56
9	A61P29	非中枢性止痛剂，退热药或抗炎剂，例如抗风湿药；非甾体抗炎药（NSAIDs）	14.84	12.07	15.77	17.47	18.61	16.03
10	A61K9	以特殊物理形状为特征的医药配制品	12.56	11.68	12.03	18.19	19.20	14.56
11	A61P31	抗感染药，即抗生素、抗菌剂、化疗剂	14.09	10.32	14.08	16.32	16.43	14.37
12	A61P9	治疗心血管系统疾病的药物	12.06	9.75	11.82	15.48	18.00	13.44
13	A61P25	治疗神经系统疾病的药物	9.32	8.83	13.42	14.75	16.14	12.74
14	A61K31	含有机有效成分的医药配制品	10.93	7.87	7.07	8.39	9.41	8.68
15	A61P35	抗肿瘤药	8.14	6.41	7.16	8.40	10.29	8.20
16	C12R1	微生物	5.16	5.44	8.64	8.81	10.38	7.97
17	A23L1	食品或食料；它们的制备或处理	9.42	7.83	6.50	7.23	7.68	7.51
18	C12N1	微生物本身，如原生动物；及其组合物；繁殖、维持或保藏微生物或其组合物的方法；制备或分离含有一种微生物的组合物的方法；及其培养基	4.26	5.08	6.39	7.87	7.76	6.47
19	C02F1	水、废水或污水的处理	4.68	4.79	6.07	6.24	7.37	5.96
20	C12N15	突变或遗传工程；遗传工程涉及的 DNA 或 RNA，载体（如质粒）或其分离、制备或纯化；所使用的宿主	3.64	4.36	4.40	5.17	5.60	4.75

第七章

山东省生物技术领域专利细分类别分析

IPC 分类号可以依次细分为部、大类、小类、大组或小组的。为了展现山东省生物技术各领域的专利数量和分布特征，本章分别对 A61（生物医学类）、C12（发酵工程类）、A01（生物农业类）和 A23（食品工程类）四个专利分类进行了具体的计量分析。

第一节　技术类别分析

一、申请专利的技术类别分布

分析山东省在生物技术领域的专利申请数据，分别统计各 IPC 大类在 2011～2015 年的专利申请量和在全国的占比，从而在宏观上识别出山东省实力最强的技术类别。

表 7-1 结果显示，2011～2015 年山东省生物技术领域发明专利申请量主要集中在：A61（医学或兽医学；卫生学）、A01（农业；林业；畜牧业；狩猎；诱捕；捕鱼）、A23（其他类不包含的食品或食料；及其处理）、C12（生物化学；啤酒；烈性酒；果汁酒；醋；微生物学；酶学；突变或遗传工程）、C05（肥料；肥料制造）等技术类别下，尤其是排在第一位的 A61 类别，专利申请量高达 44 436 件，远超过其他专利类别。

表 7-1　山东省生物技术领域发明专利申请量最多的技术类别（2011～2015 年）

序号	IPC 大类	大类含义	申请量 / 件					
			2011 年	2012 年	2013 年	2014 年	2015 年	总计
1	A61	化合物或药物制剂的特定治疗活性	3 220	5 998	9 509	11 859	13 850	**44 436**
2	A01	农业；林业；畜牧业；狩猎；诱捕；捕鱼	953	1 611	2 879	3 144	2 743	**11 330**
3	A23	其他类不包含的食品或食料；及其处理	559	1 051	2 221	3 126	2 985	**9 942**
4	C12	生物化学；啤酒；烈性酒；果汁酒；醋；微生物学；酶学；突变或遗传工程	643	904	1 220	1 272	1 435	**5 474**
5	C05	肥料；肥料制造	266	405	978	1 196	1 080	**3 925**
6	C02	水、废水、污水或污泥的处理	309	475	859	1 201	913	**3 757**
7	C07	有机化学	282	344	420	417	697	**2 160**
8	C11	动物或植物油、脂、脂肪物质或蜡；由此制取的脂肪酸；洗涤剂；蜡烛	44	255	358	437	362	**1 456**
9	B01	一般的物理或化学的方法或装置	64	87	218	390	251	**1 010**
10	G01	测量；测试	69	102	133	190	220	**714**
11	C08	有机高分子化合物；其制备或化学加工；以其为基料的组合物	91	103	148	144	223	**709**
12	A47	家具；家庭用的物品或设备；咖啡磨；香料磨；一般吸尘器	23	49	54	68	50	**244**
13	C09	染料；涂料；抛光剂；天然树脂；黏合剂；其他类目不包含的组合物；其他类目不包含的材料的应用	20	22	38	69	52	**201**

续表

序号	IPC 大类	大类含义	申请量/件					
			2011 年	2012 年	2013 年	2014 年	2015 年	总计
14	A21	焙烤；制作或处理面团的设备；焙烤用面团	14	17	22	64	38	155
15	C01	无机化学	22	29	38	27	34	150
16	B09	固体废物的处理；被污染土壤的再生	13	16	16	39	22	106
17	D06	织物等的处理；洗涤；其他类不包括的柔性材料	14	24	22	20	18	98
18	A63	运动；游戏；娱乐活动	23	6	16	18	27	90
19	F24	供热；炉灶；通风	12	11	19	32	16	90
20	G06	计算；推算；计数	13	6	14	25	31	89

表 7-2 列出了排在前五位的技术类别中，申请专利数最多的三个小类。在 A61 医学或医疗制品类别中，排在前三的 IPC 小类分别为 A61P（化合物或药物制剂的特定治疗活性）、A61K（医用、牙科用或梳妆用的配制品）和 A61B（诊断；外科；鉴定）。

在 A01 农林牧副渔领域中，排在前三的 IPC 小类分别为 A01N（人体、动植物体或其局部的保存；杀生剂，例如作为消毒剂，作为农药或作为除草剂；害虫驱避剂或引诱剂；植物生长调节剂）、A01P（化学化合物或制剂的杀生、害虫驱避、害虫引诱或植物生长调节活性）和 A01G（园艺；蔬菜、花卉、稻、果树、葡萄、啤酒花或海菜的栽培；林业；浇水）。

在 A23 食品工程领域中，排在前三的 IPC 小类分别为 A23L（不包含在 A21D 或 A23B 至 A23J 小类中的食品、食料或非酒精饮料；它们的制备或处理，例如烹调、营养品质的改进、物理处理；食品或食料的一般保存）、A23K（专门适用于动物的喂养饲料；其生产方法）、A23G（可可；可可制品，如巧克力；可可或可可制品的代用品；糖食；口香糖；冰淇淋；其制备）。

在 C12 发酵工程领域中，排在前三的 IPC 小类分别为 C12N〔微生物或酶；其组合物（杀生剂、害虫驱避剂或引诱剂，或含有微生物、病毒、微生物真菌、酶、发酵物的植物生长调节剂，或从微生物或动物材料产生或提取制得的物质入 A01N63；药品入 A61K；肥料入 C05F）；繁殖、保藏或维持微生物；变异或遗传工程；培养基〕、C12R（与涉及微生物之 C12C 至 C12Q 小类相关的引得表）和 C12P（发酵或使用酶的方法合成目标化合物或组合物或从外消旋混合物中分离旋光异构体）。

表 7-2　山东省生物技术领域发明专利申请量最多的技术类别及其细分（2011～2015 年）

序号	IPC 大类	大类含义	小类（申请量）	大组（申请量）
1	A61（44 436 件）	医学或兽医学；卫生学	A61P（37 186 件）	A61P1/00（7 664 件）
				A61P31/00（5 321 件）
				A61P17/00（4 465 件）
			A61K（37 126 件）	A61K36/00（32 330 件）
				A61K35/00（13 060 件）
				A61K9/00（6 624 件）
			A61B（2 161 件）	A61B17/00（760 件）
				A61B19/00（270 件）
				A61B1/00（154 件）
2	A01（11 330 件）	农业；林业；畜牧业；狩猎；诱捕；捕鱼	A01N（4 643 件）	A01N43/00（2 248 件）
				A01N65/00（1 486 件）
				A01N47/00（1 142 件）
			A01P（4 454 件）	A01P7/00（1 714 件）
				A01P3/00（1 609 件）
				A01P1/00（1 082 件）
			A01G（3 244 件）	A01G1/00（1 465 件）
				A01G9/00（541 件）
				A01G13/00（487 件）
3	A23（9 942 件）	其他类不包含的食品或食料；及其处理	A23L（8 387 件）	A23L1/00（6 821 件）
				A23L2/00（1 078 件）
				A23L33/00（906 件）
			A23K（807 件）	A23K1/00（716 件）
				A23K10/00（68 件）
				A23K50/00（68 件）
			A23G（434 件）	A23G3/00（284 件）
				A23G9/00（91 件）
				A23G4/00（35 件）

序号	IPC 大类	大类含义	小类（申请量）	大组（申请量）
4	C12（5 474 件）	生物化学；啤酒；烈性酒；果汁酒；醋；微生物学；酶学；突变或遗传工程	C12N（3 041 件）	C12N15/00（1 469 件）
				C12N1/00（1 402 件）
				C12N9/00（538 件）
			C12R（2 202 件）	C12R1/00（2 202 件）
			C12P（1 361 件）	C12P19/00（432 件）
				C12P7/00（354 件）
				C12P21/00（236 件）

　　进一步统计山东省各技术大类的专利在全国的占比，列出占比最高的前20 个优势技术类别，见表 7-3。结果显示，山东省生物技术领域的优势技术主要集中在 A61（医学或兽医学；卫生学）、C11（动物或植物油、脂、脂肪物质或蜡；由此制取的脂肪酸；洗涤剂；蜡烛）、C05（肥料；肥料制造）、A23（其他类不包含的食品或食料；及其处理）、A01（农业；林业；畜牧业；狩猎；诱捕；捕鱼）等类别下，占比都超过了全国总申请量的 10%。

表7-3　山东省生物技术领域发明专利申请量在全国占比最高的技术类别（2011～2015 年）

序号	IPC 大类	大类含义	占比 / %					
			2011 年	2012 年	2013 年	2014 年	2015 年	总计
1	A61	化合物或药物制剂的特定治疗活性	9.48	13.84	17.61	17.89	26.20	17.74
2	C11	动物或植物油、脂、脂肪物质或蜡；由此制取的脂肪酸；洗涤剂；蜡烛	4.18	15.92	17.55	18.68	23.23	16.95
3	C05	肥料；肥料制造	11.53	12.21	18.83	16.82	14.59	15.49
4	A23	其他类不包含的食品或食料；及其处理	6.53	8.72	12.38	12.76	15.07	12.00
5	A01	农业；林业；畜牧业；狩猎；诱捕；捕鱼	8.50	10.39	13.79	12.45	11.93	11.82
6	A63	运动；游戏；娱乐活动	20.00	5.61	10.88	8.74	12.05	11.26
7	A21	焙烤；制作或处理面团的设备；焙烤用面团	8.24	7.30	8.06	11.05	13.57	10.10
8	D06	织物等的处理；洗涤；其他类不包括的柔性材料	6.17	10.81	10.43	11.90	10.84	9.86
9	C08	有机高分子化合物；其制备或化学加工；以其为基料的组合物	7.85	7.04	10.41	9.49	12.33	9.62

序号	IPC大类	大类含义	占比 / %					
			2011 年	2012 年	2013 年	2014 年	2015 年	总计
10	C09	染料；涂料；抛光剂；天然树脂；黏合剂；其他类目不包含的组合物；其他类目不包含的材料的应用	5.21	5.56	7.97	12.26	10.95	8.76
11	A47	家具；家庭用的物品或设备；咖啡磨；香料磨；一般吸尘器	5.05	9.21	9.98	9.07	8.98	8.61
12	B09	固体废物的处理；被污染土壤的再生	6.81	6.58	6.13	12.70	8.56	8.42
13	C02	水、废水、污水或污泥的处理	4.98	5.99	8.98	10.25	7.94	8.01
14	B01	一般的物理或化学的方法或装置	3.86	3.96	8.71	12.01	8.18	7.97
15	F24	供热；炉灶；通风	8.57	6.83	7.14	10.96	5.50	7.83
16	C12	生物化学；啤酒；烈性酒；果汁酒；醋；微生物学；酶学；突变或遗传工程	5.28	6.64	7.77	7.41	9.53	7.42
17	C01	无机化学	6.41	7.02	9.43	4.74	8.27	7.01
18	C07	有机化学	4.30	4.80	5.53	5.13	11.69	6.10
19	G01	测量；测试	2.20	3.10	3.62	5.24	7.99	4.33
20	G06	计算；推算；计数	2.46	1.07	1.89	2.99	5.88	2.79

二、授权量最多的技术类别

2011～2015 年，山东省授权的发明专利最多的技术类别集中在 A61（医学或兽医学；卫生学）、C12（生物化学；啤酒；烈性酒；果汁酒；醋；微生物学；酶学；突变或遗传工程）、A01（农业；林业；畜牧业；狩猎；诱捕；捕鱼）、A23（其他类不包含的食品或食料；及其处理）、C02（水、废水、污水或污泥的处理）等领域，其所属的专利授权量都超过了 1000 件。表 7-4 列出了所有专利授权量排在前 20 的专利技术类别。

表 7-4　山东省生物技术领域发明专利授权量最多的技术类别（2011～2015 年）

序号	IPC 大类	IPC 含义	授权量 / 件					
			2011 年	2012 年	2013 年	2014 年	2015 年	总计
1	A61	医学或兽医学；卫生学	1 474	1 505	2 159	2 588	2 768	10 494

续表

序号	IPC 大类	IPC 含义	授权量／件					
			2011 年	2012 年	2013 年	2014 年	2015 年	总计
2	C12	生物化学；啤酒；烈性酒；果汁酒；醋；微生物学；酶学；突变或遗传工程	245	383	558	540	570	2 296
3	A01	农业；林业；畜牧业；狩猎；诱捕；捕鱼	212	325	452	429	693	2 111
4	A23	其他类不包含的食品或食料；及其处理	192	365	387	327	438	1 709
5	C02	水、废水、污水或污泥的处理	125	184	246	254	349	1 158
6	C07	有机化学	192	183	180	193	289	1 037
7	C05	肥料；肥料制造	99	123	210	204	232	868
8	G01	测量；测试	34	59	63	74	130	360
9	B01	一般的物理或化学的方法或装置	33	35	45	61	88	262
10	C08	有机高分子化合物；其制备或化学加工；以其为基料的组合物	36	39	36	64	82	257
11	C11	动物或植物油、脂、脂肪物质或蜡；由此制取的脂肪酸；洗涤剂；蜡烛	5	17	25	27	34	108
12	C01	无机化学	8	18	18	20	25	89
13	C09	染料；涂料；抛光剂；天然树脂；黏合剂；其他类目不包含的组合物；其他类目不包含的材料的应用	8	6	20	15	19	68
14	A47	家具；家庭用的物品或设备；咖啡磨；香料磨；一般吸尘器	9	14	13	13	16	65
15	D06	织物等的处理；洗涤；其他类不包括的柔性材料	6	15	2	8	16	47
16	B09	固体废物的处理；被污染土壤的再生	2	13	8	10	11	44
17	A24	烟草；雪茄烟；纸烟；吸烟者用品	2	2	2	3	28	37
18	A21	焙烤；食用面团	8	8	6	7	5	34
19	C13	糖工业；	3	3	1	15	7	29
20	C10	石油、煤气及炼焦工业；含一氧化碳的工业气体；燃料；润滑剂；泥煤	3	6	5	6	3	23

表 7-5 列出了排在前四位的技术类别中授权专利数最多的三个小类。在 A61 医学或医疗制品类别中，排在前三位的 IPC 小类分别为 A61P（化合物或药物制剂的特定治疗活性）、A61K（医用、牙科用或梳妆用的配制品）和 A61B（诊断；外科；鉴定）。

在 C12 发酵工程领域中，排在前三位的 IPC 小类分别为 C12N〔微生物或酶；其组合物（杀生剂、害虫驱避剂或引诱剂，或含有微生物、病毒、微生物真菌、酶、发酵物的植物生长调节剂，或从微生物或动物材料产生或提取制得的物质入 A01N63；药品入 A61K；肥料入 C05F）；繁殖、保藏或维持微生物；变异或遗传工程；培养基〕、C12R（与涉及微生物之 C12C 至 C12Q 小类相关的引得表）和 C12P（发酵或使用酶的方法合成目标化合物或组合物或从外消旋混合物中分离旋光异构体）。

在 A01 农林牧副渔领域中，排在前三位的 IPC 小类分别为 A01N（人体、动植物体或其局部的保存；杀生剂，例如作为消毒剂，作为农药或作为除草剂；害虫驱避剂或引诱剂；植物生长调节剂）、A01P（化学化合物或制剂的杀生、害虫驱避、害虫引诱或植物生长调节活性）和 A01G（园艺；蔬菜、花卉、稻、果树、葡萄、啤酒花或海菜的栽培；林业；浇水）。

在 A23 食品工程领域中，排在前三的 IPC 小类分别为 A23L（不包含在 A21D 或 A23B 至 A23J 小类中的食品、食料或非酒精饮料；它们的制备或处理，例如烹调、营养品质的改进、物理处理；食品或食料的一般保存）、A23K（专门适用于动物的喂养饲料；其生产方法）、A23F（咖啡；茶；其代用品；它们的制造、配制或泡制）。

表 7-5　山东省生物技术领域发明专利授权量最多的技术类别（2011～2015 年）

序号	IPC 大类（申请量）	IPC 小类（申请量）	IPC 大组（申请量）
1	A61（10 494 件）医学或兽医学；卫生学	A61P（9 403 件）化合物或药物制剂的特定治疗活性	A61K36/00（7 560 件）、A61K35/00（3 212 件）、A61K31/00（2 094 件）、A61K9/00（1 986 件）、A61P1/00（1 767 件）、A61P31/00（1 476 件）、A61K33/00（1 101 件）、A61P17/00（1 087 件）、A61P9/00（935 件）、A61P29/00（927 件）

续表

序号	IPC 大类（申请量）	IPC 小类（申请量）	IPC 大组（申请量）
1	A61（10 494件）医学或兽医学；卫生学	A61K（9 364件）医用、牙科用或梳妆用的配制品	A61K36/00（7 636件）、A61K35/00（3 243件）、A61K31/00（2 124件）、A61K9/00（2 033件）、A61P1/00（1 759件）、A61P31/00（1 447件）、A61K33/00（1 109件）、A61P17/00（1 086件）、A61P9/00（931件）、A61P29/00（921件）
		A61B（309件）诊断；外科；鉴定	A61B17/00（134件）、A61B5/00（79件）、A61B19/00（44件）、A61B1/00（27件）、A61B6/00（23件）、A61B10/00（15件）、A61B8/00（9件）、A61B16/00（6件）、A61B18/00（5件）、A61B7/00（4件）
2	C12（2 296件）生物化学；啤酒；烈性酒；果汁酒；醋；微生物学；酶学；突变或遗传工程	C12N（1 334件）微生物或酶；其组合物（杀生剂、害虫驱避剂或引诱剂，或含有微生物、病毒、微生物真菌、酶、发酵物的植物生长调节剂，或从微生物或动物材料产生或提取制得的物质入A01N63；药品入A61K；肥料入C05F）；繁殖、保藏或维持微生物；变异或遗传工程；培养基	C12N15/00（669件）、C12N1/00（613件）、C12N9/00（223件）、C12N5/00（145件）、C12N11/00（38件）、C12N7/00（30件）、C12N13/00（16件）、C12N3/00（7件）
		C12R（930件）与涉及微生物之C12C至C12Q小类相关的引得表	C12R1/00（930件）
		C12P（608件）发酵或使用酶的方法合成所需要的化合物或组合物或从外消旋混合物中分离旋光异构体	C12P19/00（234件）、C12P7/00（154件）、C12P21/00（92件）、C12P17/00（52件）、C12P5/00（40件）、C12P13/00（38件）、C12P1/00（25件）、C12P39/00（17件）、C12P23/00（8件）、C12P33/00（8件）
3	A01（2 111件）农业；林业；畜牧业；狩猎；诱捕；捕鱼	A01N（688件）人体、动植物体或其局部的保存；杀生剂，例如作为消毒剂，作为农药或作为除草剂；害虫驱避剂或引诱剂；植物生长调节剂	A01N43/00（311件）、A01N25/00（138件）、A01N47/00（119件）、A01N65/00（100件）、A01N63/00（94件）、A01N37/00（81件）、A01N59/00（59件）、A01N57/00（52件）、A01N53/00（37件）、A01N33/00（28件）
		A01P（664件）化学化合物或制剂的杀生、害虫驱避、害虫引诱或植物生长调节活性	A01P3/00（248件）、A01P7/00（190件）、A01P1/00（164件）、A01P13/00（97件）、A01P21/00（68件）、A01P5/00（35件）、A01P17/00（14件）、A01P19/00（9件）、A01P9/00（3件）、A01P15/00（2件）

序号	IPC 大类（申请量）	IPC 小类（申请量）	IPC 大组（申请量）
3	A01（2 111 件）农业；林业；畜牧业；狩猎；诱捕；捕鱼	A01G（612 件）园艺；蔬菜、花卉、稻、果树、葡萄、啤酒花或海菜的栽培；林业；浇水	A01G1/00（291 件）、A01G13/00（77 件）、A01G9/00（71 件）、A01G7/00（64 件）、A01G33/00（59 件）、A01G31/00（50 件）、A01G17/00（48 件）、A01G25/00（35 件）、A01G3/00（20 件）、A01G23/00（16 件）
4	A23（1 709 件）其他类不包含的食品或食料；及其处理	A23L（1 370 件）饲料	A23L1/00（1 288 件）、A23L2/00（230 件）、A23L3/00（47 件）
		A23K（268 件）专门适用于动物的喂养饲料；其生产方法	A23K1/00（875 件）、A23K3/00（3 件）
		A23F（73 件）咖啡；茶；其代用品；它们的制造、配制或泡制	A23F3/00（214 件）、A23F5/00（6 件）

进一步统计山东省各技术类别大的专利在全国的占比，列出占比最高的前 20 个优势技术类别，见表 7-6。结果显示，山东省生物技术领域的优势技术主要集中在 C13（糖工业）、A24（烟草；雪茄烟；纸烟；吸烟者用品）、C05（肥料；肥料制造）、A61（医学或兽医学；卫生学）、D06（织物等的处理；洗涤；其他类不包括的柔性材料）等领域。总体来看，山东省在烟草、医学或兽医学、肥料、供热、农业和林业等领域具有较高的水平，尤其在 C13（糖工业）领域，占据了该领域专利授权量的 1/4。

表 7-6　山东省生物技术领域发明专利授权量在全国的占比最高的技术类别（2011～2015 年）

序号	IPC 大类	IPC 含义	占比 / %					
			2011 年	2012 年	2013 年	2014 年	2015 年	总计
1	C13	糖工业	18.75	18.75	3.85	42.86	35.00	25.66
2	A24	烟草；雪茄烟；纸烟；吸烟者用品	8.00	4.08	3.57	6.98	32.18	14.23
3	C05	肥料；肥料制造	16.53	12.91	13.47	12.62	13.30	13.41
4	A61	医学或兽医学；卫生学	9.93	8.59	11.70	12.89	11.93	11.15
5	D06	织物等的处理；洗涤；其他类不包括的柔性材料	5.56	9.43	2.17	8.70	13.79	8.29

续表

序号	IPC 大类	IPC 含义	占比 / %					
			2011 年	2012 年	2013 年	2014 年	2015 年	总计
6	A47	家具；家庭用的物品或设备；咖啡磨；香料磨；一般吸尘器	5.63	7.82	8.97	9.63	8.51	8.05
7	C01	无机化学	4.28	7.89	8.14	8.44	10.29	7.97
8	A23	其他类不包含的食品或食料；及其处理	8.62	7.62	7.16	7.86	8.80	7.92
9	A01	农业；林业；畜牧业；狩猎；诱捕；捕鱼	6.03	7.05	6.84	6.56	8.51	7.18
10	C08	有机高分子化合物；其制备或化学加工；以其为基料的组合物	7.29	5.42	4.90	7.82	9.72	7.12
11	A21	焙烤；食用面团	11.27	6.11	5.41	6.80	5.15	6.63
12	B09	固体废物的处理；被污染土壤的再生	1.87	10.74	5.63	7.19	6.88	6.58
13	C12	生物化学；啤酒；烈性酒；果汁酒；醋；微生物学；酶学；突变或遗传工程	5.48	5.10	6.08	6.45	6.97	6.09
14	C02	水、废水、污水或污泥的处理	4.83	5.35	6.19	6.21	7.06	6.08
15	C09	染料；涂料；抛光剂；天然树脂；黏合剂；其他类目不包含的组合物；其他类目不包含的材料的应用	5.76	2.96	8.06	5.62	7.01	6.03
16	C10	石油、煤气及炼焦工业；含一氧化碳的工业气体；燃料；润滑剂；泥煤	5.56	9.09	4.55	5.71	2.86	5.23
17	C07	有机化学	6.38	4.36	4.04	3.86	5.66	4.77
18	B01	一般的物理或化学的方法或装置	4.51	3.60	4.21	4.95	5.64	4.71
19	C11	动物或植物油、脂、脂肪物质或蜡；由此制取的脂肪酸；洗涤剂；蜡烛	1.12	3.12	4.22	4.38	5.54	3.84
20	G01	测量；测试	2.69	3.06	3.04	3.54	5.53	3.71

第二节 A61（生物医学类）专利分析

A61 是指医学或兽医学；卫生学。次级小类包括 A61B（诊断；外科；鉴定）、A61C（牙科；口腔或牙齿卫生的装置或方法）、A61D（兽医用仪器、器械、工具或方法）等 13 个小类。

2011～2015 年间，山东省该技术类别下申请专利 44 436 件，其中 2011 年的申请量为 3220 件，2015 年的申请量就上升到 13 850 件，比 2011 年增长了 3 倍多，增长势头迅猛。申请量最多的 IPC 小类包括 A61P（化合物或药物制剂的特定治疗活性）（37 568 件）、A61K（医用、牙科用或梳妆用的配制品）（37 508 件）、A61B（诊断；外科；鉴定）（2189 件）等。其主要专利权人有山东大学（610 件）、青岛信立德中药技术研究开发有限公司（331 件）、淄博齐鼎立专利信息咨询有限公司（316 件）等。

2011～2015 年间，山东省该技术类别下授权专利 10 494 件，其中 2011 年的授权量为 1474 件，2015 年的授权量上升到 2768 件，比 2011 年上升了 87.8%，增幅较大，很有潜力。授权量最多的 IPC 小类为 A61P（9403 件）、A61K（9364 件）、A61B（309 件）等，与申请量相匹配。其主要专利权人有山东大学（290 件）、山东轩竹医药科技有限公司（159 件）、青岛绿曼生物工程有限公司（150 件）等。

一、专利申请情况分析

在 A61 生物医学技术类别下，山东省的专利申请主要集中在 A61P（化合物或药物制剂的特定治疗活性）、A61K（医用、牙科用或梳妆用的配制品）、A61B（诊断；外科；鉴定）、A61M（将介质输入人体内或输到人体上的器械；为转移人体介质或为从人体内取出介质的器械；用于产生或结束睡眠或昏迷的器械）和A61L（材料或消毒的一般方法或装置；空气的灭菌、消毒或除臭；绷带、敷料、吸收垫或外科用品的化学方面；绷带、敷料、吸收垫或外科用品的材料）等IPC小类中，它们所属的专利申请量都超过到了1000件，其中A61P和A61K的专利申请量更是高达37 500多件，远超过其他IPC小类。表7-7列出了排在前10位的A61下属小类。

表7-7　A61大类下发明专利申请量最多的技术小类（2011~2015年）

序号	IPC 小类	IPC 含义	申请量/件					
			2011年	2012年	2013年	2014年	2015年	总计
1	A61P	化合物或药物制剂的特定治疗活性	2 476	5 112	8 171	10 235	11 574	37 568
2	A61K	医用、牙科用或梳妆用的配制品	2 466	5 106	8 159	10 232	11 545	37 508
3	A61B	诊断；外科；鉴定	186	212	377	542	872	2 189
4	A61M	将介质输入人体内或输到人体上的器械；为转移人体介质或为从人体内取出介质的器械；用于产生或结束睡眠或昏迷的器械	168	209	312	302	620	1 611
5	A61L	材料或消毒的一般方法或装置；空气的灭菌、消毒或除臭；绷带、敷料、吸收垫或外科用品的化学方面；绷带、敷料、吸收垫或外科用品的材料	94	185	263	300	364	1 206
6	A61G	专门适用于病人或残疾人的运输工具、专用运输工具或起居设施；手术台或手术椅子；牙科椅子；丧葬用具	154	75	185	216	329	959
7	A61H	理疗装置，例如用于寻找或刺激体内反射点的装置；人工呼吸；按摩；用于特殊治疗或保健目的或人体特殊部位的洗浴装置	114	127	153	243	292	929
8	A61Q	化妆品或类似梳妆用配制品的特定用途	23	110	280	269	180	862

续表

序号	IPC 小类	IPC 含义	申请量 / 件					
			2011 年	2012 年	2013 年	2014 年	2015 年	总计
9	A61F	可植入血管内的滤器；假体；为人体管状结构提供开口，或防止其塌陷的装置，例如支架（stents）；整形外科、护理或避孕装置；热敷；眼或耳的治疗或保护；绷带、敷料或吸收垫；急救箱	101	126	136	187	198	748
10	A61N	电疗；磁疗；放射疗；超声波疗	27	32	73	86	228	446

进一步统计山东省在全国的发明专利申请量占比情况，得到 A61 类别下各技术领域的占比最高的 20 个技术小类，见表 7-8。可以发现，山东省在 A61P（化合物或药物制剂的特定治疗活性）、A61K（医用、牙科用或梳妆用的配制品）、A61G（专门适用于病人或残疾人的运输工具、专用运输工具或起居设施；手术台或手术椅子；牙科椅子；丧葬用具）、A61Q（化妆品或类似梳妆用配制品的特定用途）、A61H（理疗装置，例如用于寻找或刺激体内反射点的装置；人工呼吸；按摩；用于特殊治疗或保健目的或人体特殊部位的洗浴装置）等技术领域具有较大优势，占比都超过了全国总量的 10%。

表 7-8 A61 大类下发明专利申请量占比最多的技术小类（2011～2015 年）

序号	IPC 小类	IPC 含义	占比 / %					
			2011 年	2012 年	2013 年	2014 年	2015 年	总计
1	A61P	化合物或药物制剂的特定治疗活性	12.80	19.48	25.05	23.71	30.72	23.62
2	A61K	医用、牙科用或梳妆用的配制品	12.27	19.01	24.60	23.46	31.04	23.31
3	A61G	专门适用于病人或残疾人的运输工具、专用运输工具或起居设施；手术台或手术椅子；牙科椅子；丧葬用具	24.80	11.06	17.49	17.90	25.72	19.80
4	A61Q	化妆品或类似梳妆用配制品的特定用途	4.01	12.26	17.18	14.99	10.54	13.06
5	A61H	理疗装置，例如用于寻找或刺激体内反射点的装置；人工呼吸；按摩；用于特殊治疗或保健目的或人体特殊部位的洗浴装置	10.40	9.20	8.04	11.71	13.62	10.80

续表

序号	IPC 小类	IPC 含义	占比 / %					
			2011 年	2012 年	2013 年	2014 年	2015 年	总计
6	A61M	将介质输入人体内或输到人体上的器械；为转移人体介质或为从人体内取出介质的器械；用于产生或结束睡眠或昏迷的器械	6.12	6.48	8.35	7.17	18.27	9.31
7	A61L	材料或消毒的一般方法或装置；空气的灭菌、消毒或除臭；绷带、敷料、吸收垫或外科用品的化学方面；绷带、敷料、吸收垫或外科用品的材料	4.26	7.30	8.01	8.83	10.90	8.17
8	A61N	电疗；磁疗；放射疗；超声波疗	2.54	2.86	5.46	5.36	16.46	6.86
9	A61F	可植入血管内的滤器；假体；为人体管状结构提供开口、或防止其塌陷的装置，例如支架（stents）；整形外科、护理或避孕装置；热敷；眼或耳的治疗或保护；绷带、敷料或吸收垫；急救箱	4.74	5.24	4.76	6.31	8.77	5.93
10	A61B	诊断；外科；鉴定	3.19	3.01	4.23	5.60	11.22	5.58

下面，作者分别选取排在前面的三个技术小类〔A61P（药物制剂）、A61K（医用配制品）和A61G（医用仪器）〕，统计各技术小类的主要申请人、发明人和技术领域情况。

（一）A61P（药物制剂）分析

1.申请人分析

在技术小类 A61P 中，排名的前 10 位的申请人中有 6 位属于公司，此外还包含高校、医院、研究所和个人。其中申请专利最多的 5 位申请人为青岛信立德中药技术研究开发有限公司、山东大学、李承平、淄博齐鼎立专利信息咨询有限公司和青岛市市立医院等，见表 7-9。

表 7-9 小类 A61P 对应申请人分布（2011～2015 年）

序号	申请人	数量/件	占比/%
1	青岛信立德中药技术研究开发有限公司	331	0.88
2	山东大学	321	0.85
3	李承平	312	0.83
4	淄博齐鼎立专利信息咨询有限公司	309	0.82
5	青岛市市立医院	287	0.76
6	青岛华之草医药科技有限公司	284	0.76
7	青岛绿曼生物工程有限公司	221	0.59
8	青岛百草汇中草药研究所	219	0.58
9	严中明	215	0.57
10	济南星懿医药技术有限公司	214	0.57

2. 发明人分析

在技术小类 A61P 中，表 7-10 列出了山东省申请专利最多的前 10 位发明人。其中，李顺光、刘学键、田丽华和李承平的申请专利数量都超过了300 件。李顺光和田丽华主要研究课题均是抗肿瘤药领域，刘学键则聚焦于抗感染药，即抗生素、抗菌剂、化疗剂的研发。

表 7-10 小类 A61P 申请专利对应发明人分布（2011～2015 年）

序号	发明人	数量/件	占比/%
1	李顺光	332	0.88
2	刘学键	331	0.88
3	田丽华	313	0.83
4	李承平	312	0.83
5	郝智慧	284	0.76
6	刘文利	234	0.62
7	周庆福	221	0.59
8	严中明	215	0.57
9	王明刚	208	0.55
10	宋爱民	200	0.53

3. 技术领域分析

在技术小类 A61P 中，山东省的专利申请主要集中在 A61P1（治疗消化道或消化系统疾病的药物）、A61P31（抗感染药，即抗生素、抗菌剂、化疗剂）、A61P17（治疗皮肤疾病的药物）、A61P29〔非中枢性止痛剂，退热药或抗炎剂，例如抗风湿药；非甾体抗炎药（NSAIDs）〕、A61P15（治疗生殖或性疾病的药物）等，专利申请量都超过 3000 件，见表 7-11。

表 7-11　A61P 小类下发明专利申请量最多的 IPC 大组（2011～2015 年）

序号	IPC 大组	申请量 / 件	序号	IPC 小类	申请量 / 件
1	A61P1	7 740	6	A61P9	3 657
2	A61P31	5 369	7	A61P11	3 628
3	A61P17	4 514	8	A61P25	3 361
4	A61P29	3 702	9	A61P35	2 991
5	A61P15	3 699	10	A61P19	2 912

（二）A61K（医用配制品）分析

1. 申请人分析

在技术小类 A61K 中，专利申请人集中在山东大学（332 件）、青岛信立德中药技术研究开发有限公司（331 件）、淄博齐鼎立专利信息咨询有限公司（316 件）、李承平（312 件）和青岛市市立医院（288 件）等，见表 7-12。

表 7-12　小类 A61K 申请专利对应申请人分布（2011～2015 年）

序号	申请人	申请量 / 件	占比 / %
1	山东大学	332	0.89
2	青岛信立德中药技术研究开发有限公司	331	0.88
3	淄博齐鼎立专利信息咨询有限公司	316	0.84
4	李承平	312	0.83
5	青岛市市立医院	288	0.77
6	青岛华之草医药科技有限公司	287	0.77
7	济南康众医药科技开发有限公司	244	0.65
8	青岛农业大学	222	0.59
9	青岛百草汇中草药研究所	221	0.59
10	青岛绿曼生物工程有限公司	221	0.59

2.发明人分析

在技术小类 A61K 中，申请专利较多的发明人主要有李顺光、刘学键、田丽华、李承平和郝智慧等。其中，李顺光和田丽华的主要研究课题均为 A61K36（含有来自藻类、苔藓、真菌或植物或其派生物，例如传统草药的未确定结构的药物制剂）领域；刘学键聚焦于 A61K9（以特殊物理形状为特征的医药配制品）领域，见表 7-13。

表 7-13　小类 A61K 申请专利对应发明人分布（2011～2015 年）

序号	发明人	申请量 / 件	占比 / %
1	李顺光	332	0.89
2	刘学键	332	0.89
3	田丽华	315	0.84
4	李承平	312	0.83
5	郝智慧	290	0.77
6	刘文利	234	0.62
7	周庆福	221	0.59
8	严中明	215	0.57
9	王明刚	213	0.57
10	宋爱民	200	0.53

3.技术领域分析

在技术小类 A61K 中，山东省专利申请主要分布在 A61K36（含有来自藻类、苔藓、真菌或植物或其派生物，例如传统草药的未确定结构的药物制剂）、A61K35（含有其有不明结构的原材料或其反应产物的医用配制品）、A61K9（以特殊物理形状为特征的医药配制品）、A61K31（含有机有效成分的医药配制品）、A61K33（含无机有效成分的医用配制品）等 IPC 大组分支领域，见表 7-14。

表 7-14　A61K 小类下发明专利申请量最多的 IPC 大组（2011～2015 年）

序号	IPC 小类	申请量 / 件	序号	IPC 小类	申请量 / 件
1	A61K36	32 674	6	A61K47	1 343
2	A61K35	13 191	7	A61K8	799
3	A61K9	6 687	8	A61K38	577
4	A61K31	5 978	9	A61K39	312
5	A61K33	4 415	10	A61K48	92

(三) A61G (医用仪器) 分析

1. 申请人分析

在技术小类 A61B 中, 山东省申请专利数最多的申请人包括山东大学 (45 件)、山东省立医院 (27 件)、山东威瑞外科医用制品有限公司 (27 件)、青岛蓝图文化传播有限公司市南分公司 (24 件) 等, 见表 7-15。

表 7-15 小类 A61B 申请专利对应申请人分布 (2011～2015 年)

序号	申请人	申请量 / 件	占比 / %
1	山东大学	45	2.06
2	山东省立医院	27	1.23
3	山东威瑞外科医用制品有限公司	27	1.23
4	青岛蓝图文化传播有限公司市南分公司	24	1.10
5	莱芜钢铁集团有限公司医院	20	0.91
6	山东航维骨科医疗器械股份有限公司	18	0.82
7	青岛永通电梯工程有限公司	16	0.73
8	山东威高集团医用高分子制品股份有限公司	15	0.69
9	青岛华新华义齿技术有限公司	15	0.69
10	青岛大学附属医院	15	0.69

2. 发明人分析

在技术小类 A61B 中, 申请专利数量最多的发明人包括孙德修 (20 件)、姚大强 (19 件)、田海红 (16 件)、牟建民 (15 件)。其中, 孙德修主要研发领域是骨折等固定技术, 山东威瑞外科医用制品有限公司的姚大强聚焦于钉仓组合技术领域, 田海红的发明主要围绕检测身体健康的手环, 见表 7-16。

表 7-16 小类 A61B 申请专利对应发明人分布 (2011～2015 年)

序号	发明人	申请量 / 件	占比 / %
1	孙德修	20	0.91
2	姚大强	19	0.87
3	田海红	16	0.73
4	牟建民	15	0.69
5	马波	13	0.59
6	毕宏政	13	0.59
7	王海伟	13	0.59
8	崔九梅	12	0.55
9	马才	12	0.55
10	牟童	12	0.55

3. 技术领域分析

在技术小类 A61B 下，山东省申请的专利主要分布在 A61B17（外科器械、装置或方法，例如止血带）、A61B19（在 A61B1 至 A61B18 各组中都不包含的手术或诊断用的仪器、器械或附件，例如立体定位术、消毒作业、脱位处理、伤口边缘防护器）、A61B1（用目视或照相检查人体的腔或管的仪器，例如内窥镜）、A61B6（用于放射诊断的仪器，如与放射治疗设备相结合的）、A61B8（用超声波、声波或次声波的诊断）等技术领域，见表 7-17。

表 7-17 小类 A61B 下发明专利申请量最多的 IPC 大组（2011～2015 年）

序号	IPC 小类	申请量 / 件	序号	IPC 小类	申请量 / 件
1	A61B17	776	6	A61B10	106
2	A61B19	271	7	A61B18	48
3	A61B1	156	8	A61B7	34
4	A61B6	150	9	A61B3	29
5	A61B8	114	10	A61B90	23

注：见 https://wenku.baidu.com/view/oesoc32005087632301212do?pn=201

二、专利授权情况分析

在 A61 生物医学类专利中，统计并列出在 2011～2015 年专利授权量排名前 10 位的专利小类。由表 7-18 可以看出，山东省的发明专利授权主要分布在 A61P（化合物或药物制剂的特定治疗活性）、A61K（医用、牙科用或梳妆用的配制品）、A61B（诊断；外科；鉴定）、A61L（材料或消毒的一般方法或装置；空气的灭菌、消毒或除臭；绷带、敷料、吸收垫或外科用品的化学方面；绷带、敷料、吸收垫或外科用品的材料）、A61M（将介质输入人体内或输到人体上的器械；为转移人体介质或为从人体内取出介质的器械；用于产生或结束睡眠或昏迷的器械）等 IPC 小类。

表 7-18 A61 大类下发明专利授权量最多的 IPC 小类（2011～2015 年）

序号	IPC 小类	IPC 含义	授权量 / 件					
			2011 年	2012 年	2013 年	2014 年	2015 年	总计
1	A61P	化合物或药物制剂的特定治疗活性	1343	1304	1942	2369	2445	9403
2	A61K	医用、牙科用或梳妆用的配制品	1338	1298	1940	2358	2430	9364
3	A61B	诊断；外科；鉴定	38	55	42	54	120	309

续表

序号	IPC 小类	IPC 含义	授权量 / 件					
			2011 年	2012 年	2013 年	2014 年	2015 年	总计
4	A61L	材料或消毒的一般方法或装置；空气的灭菌、消毒或除臭；绷带、敷料、吸收垫或外科用品的化学方面；绷带、敷料、吸收垫或外科用品的材料	24	37	53	74	69	257
5	A61M	将介质输入人体内或输到人体上的器械；为转移人体介质或为从人体内取出介质的器械；用于产生或结束睡眠或昏迷的器械	27	29	32	32	58	178
6	A61F	可植入血管内的滤器；假体；为人体管状结构提供开口、防止其塌陷的装置；整形外科、护理或避孕装置；热敷；眼或耳的治疗或保护；绷带、敷料或吸收垫；急救箱	29	35	28	21	62	175
7	A61G	专门适用于病人或残疾人的运输工具、专用运输工具或起居设施；手术台或手术椅子；牙科椅子；丧葬用具	21	45	61	9	27	163
8	A61H	理疗装置，例如用于寻找或刺激体内反射点的装置；人工呼吸；按摩；用于特殊治疗或保健目的或人体特殊部位的洗浴装置	15	34	29	26	34	138
9	A61Q	化妆品或类似梳妆用配制品的特定用途	7	5	15	17	26	70
10	A61N	电疗；磁疗；放射疗；超声波疗	5	5	5	15	13	43

进一步对 IPC 小类下山东省和全国的发明专利申请量进行统计，得到山东省在各技术小类的占比情况，见表 7-19。可以发现，在 A61P（化合物或药物制剂的特定治疗活性）、A61K（医用、牙科用或梳妆用的配制品）、A61G（专门适用于病人或残疾人的运输工具、专用运输工具或起居设施；手术台或手术椅子；牙科椅子；丧葬用具）等技术领域，山东省具有较大优势，占全国总量的 1/6。

表 7-19　A61 大类下发明专利授权量占比全国最多的 IPC 小类（2011～2015 年）

序号	IPC 小类	IPC 含义	占比 / %					
			2011 年	2012 年	2013 年	2014 年	2015 年	总计
1	A61P	化合物或药物制剂的特定治疗活性	18.40	12.03	17.15	19.34	20.12	17.46
2	A61K	医用、牙科用或梳妆用的配制品	17.92	11.54	16.29	18.70	19.48	16.81
3	A61G	专门适用于病人或残疾人的运输工具、专用运输工具或起居设施；手术台或手术椅子；牙科椅子；丧葬用具	12.88	20.27	24.90	6.12	10.55	15.78
4	A61H	理疗装置，例如用于寻找或刺激体内反射点的装置；人工呼吸；按摩；用于特殊治疗或保健目的或人体特殊部位的洗浴装置	5.75	9.50	7.23	5.65	5.56	6.60
5	A61Q	化妆品或类似梳妆用配制品的特定用途	4.93	1.90	3.98	4.94	5.34	4.34
6	A61L	材料或消毒的一般方法或装置；空气的灭菌、消毒或除臭；绷带、敷料、吸收垫或外科用品的化学方面；绷带、敷料、吸收垫或外科用品的材料	4.44	3.39	3.85	4.98	4.38	4.23
7	A61F	可植入血管内的滤器；假体；为人体管状结构提供开口、防止其塌陷的装置，例如支架（stents）；整形外科、护理或避孕装置；热敷；眼或耳的治疗或保护；绷带、敷料及吸收垫；急救箱	5.20	3.36	2.53	1.79	3.45	3.08
8	A61M	将介质输入人体内或输到人体上的器械；为转移人体介质或为从人体内取出介质的器械；用于产生或结束睡眠或昏迷的器械	4.48	2.40	2.52	2.39	3.16	2.85
9	A61N	电疗；磁疗；放射疗；超声波疗	2.15	1.45	1.42	3.82	1.90	2.14
10	A61B	诊断；外科；鉴定	2.02	1.99	1.62	1.70	2.34	1.99

（一）A61P（药物制剂）分析

1.专利权人分析

在技术小类 A61P 中，获得专利授权量最多的前 10 位专利权人分别是山东大学（242 件）、山东轩竹医药科技有限公司（159 件）、青岛绿曼生物工程有限公司（150 件）、青岛正大海尔制药有限公司（118 件）、宋爱民（106 件）、青岛市市立医院（102 件）、鲁南制药集团股份有限公司（85 件）、中国科学院海洋研究所（81 件）等，见表 7-20。

表 7-20　小类 A61P 发明专利的专利权人排名（2011～2015 年）

序号	申请人	授权量 / 件	占比 / %
1	山东大学	242	2.57
2	山东轩竹医药科技有限公司	159	1.69
3	青岛绿曼生物工程有限公司	150	1.60
4	青岛正大海尔制药有限公司	118	1.25
5	宋爱民	106	1.13
6	青岛市市立医院	102	1.08
7	鲁南制药集团股份有限公司	85	0.90
8	中国科学院海洋研究所	81	0.86
9	山东新希望六和集团有限公司	76	0.81
10	青岛农业大学	65	0.69

2. 发明人分析

在 A61P 中，获得专利授权数量最多的前 10 位发明人，分别是周庆福（150 件）、刘文利（150 件）、赵志全（143 件）、黄振华（131 件）、王明刚（119 件）等，见表 7-21。

表 7-21　小类 A61P 专利授权对应发明人分布（2011～2015 年）

序号	发明人	授权量 / 件	占比 / %
1	周庆福	150	1.60
2	刘文利	150	1.60
3	赵志全	143	1.52
4	黄振华	131	1.39
5	王明刚	119	1.27
6	任　莉	118	1.25
7	陈阳生	117	1.24
8	宋爱民	106	1.13
9	孙胜波	97	1.03
10	柳　晖	77	0.82

3.技术领域分析

在 A61P 技术小类中，山东省生物技术领域获得授权的专利主要分布在 A61P1（治疗消化道或消化系统疾病的药物）、A61P31（抗感染药，即抗生素、抗菌剂、化疗剂）、A61P17（治疗皮肤疾病的药物）等 IPC 大组分支领域，见表 7-22。

表 7-22　A61P 小类下发明专利授权量最多的 IPC 大组（2011～2015 年）

序号	IPC 大组	授权量 / 件	序号	IPC 大组	授权量 / 件
1	A61P1	1 767	6	A61P15	883
2	A61P31	1 476	7	A61P11	842
3	A61P17	1 087	8	A61P19	838
4	A61P9	935	9	A61P35	836
5	A61P29	927	10	A61P25	800

（二）A61K（医用配置品）分析

1.专利权人分析

在 A61K 技术小类中，获得专利授权数量最多的专利权人主要为山东大学（256 件）、山东轩竹医药科技有限公司（160 件）、青岛绿曼生物工程有限公司（152 件）、青岛正大海尔制药有限公司（117 件）、宋爱民（106 件）和青岛市市立医院（103 件），见表 7-23。

表 7-23　小类 A61K 发明专利的专利权人排名（2011～2015 年）

序号	申请人	授权量 / 件	占比 / %
1	山东大学	256	2.73
2	山东轩竹医药科技有限公司	160	1.71
3	青岛绿曼生物工程有限公司	152	1.62
4	青岛正大海尔制药有限公司	117	1.25
5	宋爱民	106	1.13
6	青岛市市立医院	103	1.10
7	中国科学院海洋研究所	85	0.91
8	鲁南制药集团股份有限公司	78	0.83
9	山东新希望六和集团有限公司	76	0.81
10	青岛农业大学	70	0.75

2. 发明人分析

在 A61K 技术小类中，排在前 10 位的申请人分别为周庆福、刘文利、赵志全、黄振华、王明刚等，见表 7-24。

表 7-24　小类 A61K 专利授权对应发明人分布（2011～2015 年）

序号	发明人	授权量 / 件	占比 / %
1	周庆福	152	1.62
2	刘文利	152	1.62
3	赵志全	138	1.47
4	黄振华	133	1.42
5	王明刚	118	1.26
6	任　莉	117	1.25
7	陈阳生	116	1.24
8	宋爱民	106	1.13
9	孙胜波	97	1.04
10	柳　晖	77	0.82

3. 技术领域分析

在 A61K 技术小类中，山东省获得授权的专利主要分布在 A61K36（含有来自藻类、苔藓、真菌或植物或其派生物，例如传统草药的未确定结构的药物制剂）、A61K35（含有其有不明结构的原材料或其反应产物的医用配制品）、A61K31（含有机有效成分的医药配制品）、A61K9（以特殊物理形状为特征的医药配制品）等技术领域，见表 7-25。

表 7-25　A61K 小类下发明专利授权量最多的 IPC 大组（2011～2015 年）

序号	IPC 大组	授权量 / 件	序号	IPC 大组	授权量 / 件
1	A61K36	7 636	6	A61K47	603
2	A61K35	3 243	7	A61K38	205
3	A61K31	2 124	8	A61K8	152
4	A61K9	2 033	9	A61K39	142
5	A61K33	1 109	10	A61K49	42

（三）A61B（医用仪器）分析

1.专利权人分析

在 A61B 技术小类下，获得授权数最多的专利权人为山东大学、山东省立医院、青岛理工大学、迟伟林、徐兆万等，见表 7-26。

表 7-26　小类 A61B 发明专利的专利权人排名（2011～2015 年）

序号	申请人	授权量 / 件	占比 / %
1	山东大学	21	6.80
2	山东省立医院	8	2.59
3	青岛理工大学	6	1.94
4	迟伟林	6	1.94
5	徐兆万	5	1.62
6	山东师范大学	5	1.62
7	山东航维骨科医疗器械股份有限公司	4	1.29
8	莱芜钢铁集团有限公司医院	4	1.29
9	海信集团有限公司	4	1.29
10	山东冠龙医疗用品有限公司	4	1.29

2.发明人分析

在 A61B 技术小类中，主要的申请人分别为孙德修、李鹏、刘常春、范晓琛、李长河等。其中孙德修主要研究皮质骨和松质骨通用的锁定金属接骨板装置，李鹏主要研究冠心病风险指数的无损检测装置，刘长春主要研究人体动脉顺应性的检测方法及装置，见表 7-27。

表 7-27　小类 A61B 专利授权对应发明人分布（2011～2015 年）

序号	发明人	授权量 / 件	占比 / %
1	孙德修	7	2.27
2	李 鹏	6	1.94
3	刘常春	6	1.94
4	范晓琛	6	1.94
5	李长河	6	1.94

续表

序号	发明人	授权量 / 件	占比 / %
6	迟伟林	6	1.94
7	王禄科	6	1.94
8	杨 静	6	1.94
9	徐兆万	5	1.62
10	杨 磊	5	1.62

3. 技术领域分析

在A61B技术小类中，山东省获得授权的专利主要分布在A61B17（外科器械、装置或方法，例如止血带）、A61B5（用于诊断目的的测量）、A61B19（在A61B1至A61B18各组中都不包含的手术或诊断用的仪器、器械或附件例如立体定位术、消毒作业、脱位处理、伤口边缘防护器）、A61B1（用目视或照相检查人体的腔或管的仪器，例如内窥镜）、A61B6（用于放射诊断的仪器，如与放射治疗设备相结合的）等技术领域，见表7-28。

表 7-28　A61B 小类下发明专利授权量最多的 IPC 大组（2011～2015 年）

序号	IPC 大组	授权量 / 件	序号	IPC 大组	授权量 / 件
1	A61B17	134	6	A61B10	15
2	A61B5	79	7	A61B8	9
3	A61B19	44	8	A61B16	6
4	A61B1	27	9	A61B18	5
5	A61B6	23	10	A61B7	4

第三节　C12（发酵工程类）专利分析

C12是指生物化学；啤酒；烈性酒；果汁酒；醋；微生物学；酶学；突变或遗传工程。次级小类包括C12C（啤酒的酿造）、C12F（发酵溶液副产品的回收；酒精的变性或变性酒精）、C12G（果汁酒；其他含酒精饮料；其制备）等11个小类。

2011～2015年间，山东省该技术类别下申请专利5474件，其中2011年申请量为643件，2015年申请量就上升到1435件，比2011年增长了一倍多，增长势头迅猛。申请量最多的IPC小类包括C12N（微生物或酶；其组合物；繁殖、保藏或维持微生物；变异或遗传工程；培养基）（3602件）、C12R（与涉及微生物之C12C至C12Q小类相关的引得表〔3〕）（2218件）、C12P（发酵或使用酶的方法合成目标化合物或组合物或从外消旋混合物中分离旋光异构体〔3〕）（1377件）等。其主要专利权人有山东大学（304件）、山东农业大学（232件）、中国海洋大学（231件）等。

2011～2015年间，山东省该技术类别下授权专利2296件，其中2011年的授权量为245件，2015年的授权量上升到570件，比2011年上升了132.65%，增幅很大，与授权量增长基本相当。授权量最多的IPC小类为C12N（1334件）、C12R（930件）、C12P（608件）等，与申请量相匹配。其主要专利权人有山东大学（201件）、中国海洋大学（117件）、山东农业大学（110件）等。

一、专利申请情况分析

在C12发酵工程类别下，山东省的专利申请主要集中在C12N〔微生物或酶；其组合物（杀生剂、害虫驱避剂或引诱剂，或含有微生物、病毒、微生物真菌、酶、发酵物的植物生长调节剂，或从微生物或动物材料产生或提取制得的物质入A01N63；药品入A61K；肥料入C05F）；繁殖、保藏或维持微生物；变异或遗传工程；培养基〕、C12R（与涉及微生物之C12C至C12Q小类相关的引得表）、C12P（发酵或使用酶的方法合成目标化合物或组合物或从外消旋混合物中分离旋光异构体）、C12Q（包含酶或微生物的测定或检验方法；其所用的组合物或试纸；这种组合物的制备方法；在微生物学方法或酶学方法中的条件反应控制）、C12G（果汁酒；其他含酒精饮料；其制备）等方面，见表7-29。申请专利最多的单位主要有山东大学、中国科学院青岛生物能源与过程研究所和中国科学院海洋研究所等。

表 7-29　C12 大类下发明专利申请量最多的 IPC 小类（2011～2015 年）

序号	IPC 小类	含义	申请量 / 件					
			2011 年	2012 年	2013 年	2014 年	2015 年	总计
1	C12N	微生物或酶；其组合物（杀生剂、害虫驱避剂或引诱剂，或含有微生物、病毒、微生物真菌、酶、发酵物的植物生长调节剂，或从微生物或动物材料产生或提取制得的物质入 A01N63；药品入 A61K；肥料入 C05F）；繁殖、保藏或维持微生物；变异或遗传工程；培养基	357	525	684	711	785	3 062
2	C12R	与涉及微生物之 C12C 至 C12Q 小类相关的引得表	277	362	527	508	544	2 218
3	C12P	发酵或使用酶的方法合成目标化合物或组合物或从外消旋混合物中分离旋光异构体	189	243	298	315	332	1 377
4	C12Q	包含酶或微生物的测定或检验方法；其所用的组合物或试纸；这种组合物的制备方法；在微生物学方法或酶学方法中的条件反应控制	114	183	260	239	329	1 125
5	C12G	果汁酒；其他含酒精饮料；其制备	42	52	111	114	154	473
6	C12M	酶学或微生物学装置	31	59	66	85	92	333
7	C12J	醋；其制备	3	5	14	17	11	50
8	C12C	啤酒的酿造	2	3	4	9	3	21
9	C12S	使用酶或微生物以释放、分离或纯化已有化合物或组合物的方法；使用酶或微生物处理组织物或清除材料的固体表面的方法	18	3	0	0	0	21
10	C12H	酒精饮料的巴氏灭菌、杀菌、保藏、纯化、澄清、陈酿或其中酒精的去除	1	1	3	3	3	11

　　进一步统计山东省各类专利的申请量在全国的占比，统计并列出了山东省占比最高的技术，主要有 C12H（酒精饮料的巴氏灭菌、杀菌、保藏、纯化、澄清、陈酿或其中酒精的去除）、C12C（啤酒的酿造）、C12R（与涉及微生物之 C12C 至 C12Q 小类相关的引得表）、C12P（发酵或使用酶的方法合

成目标化合物或组合物或从外消旋混合物中分离旋光异构体)、C12S(使用酶或微生物以释放、分离或纯化已有化合物或组合物的方法);使用酶或微生物处理组织物或清除材料的固体表面的方法,见表 7-30。在这些领域内,山东大学、青岛啤酒股份有限公司、中国科学院青岛生物能源与过程研究所是主要的研究单位,申请并获得大量的相关专利。

表 7-30 C12 大类下发明专利申请量占比全国最多的 IPC 小类(2011~2015 年)

序号	IPC 小类	含义	占比 / %					
			2011 年	2012 年	2013 年	2014 年	2015 年	总计
1	C12H	酒精饮料的巴氏灭菌、杀菌、保藏、纯化、澄清、陈酿或其中酒精的去除	9.09	6.25	17.65	12.50	9.68	11.11
2	C12C	啤酒的酿造	5.71	10.00	8.51	15.79	7.50	10.05
3	C12R	与涉及微生物之 C12C 至 C12Q 小类相关的引得表	7.82	8.76	11.00	9.87	11.36	9.90
4	C12P	发酵或使用酶的方法合成目标化合物或组合物或从外消旋混合物中分离旋光异构体	7.73	8.65	9.88	9.63	11.14	9.48
5	C12S	使用酶或微生物以释放、分离或纯化已有化合物或组合物的方法;使用酶或微生物处理组织物或清除材料固体表面的方法	11.11	3.90	0.00	0.00	0.00	8.79
6	C12G	果汁酒;其他含酒精饮料;其制备	5.53	6.74	10.90	7.07	10.01	8.30
7	C12N	微生物或酶;其组合物(杀生剂、害虫驱避剂或引诱剂,或含有微生物、病毒、微生物真菌、酶、发酵物的植物生长调节剂,或从微生物或动物材料产生或提取制得的物质入 A01N63;药品入 A61K;肥料入 C05F);繁殖、保藏或维持微生物;变异或遗传工程;培养基	4.85	6.18	6.94	6.98	8.11	6.72
8	C12J	醋;其制备	2.97	5.56	10.69	8.90	4.60	6.65
9	C12Q	包含酶或微生物的测定或检验方法;其所用的组合物或试纸;这种组合物的制备方法;在微生物学方法或酶学方法中的条件反应控制	3.73	5.34	6.81	5.53	7.91	5.99
10	C12M	酶学或微生物学装置	3.51	5.74	5.79	6.41	6.88	5.83

（一）C12N（微生物和酶）分析

1. 申请人分析

在 C12N 技术小类中，申请专利最多的申请人包括山东大学、山东农业大学、中国海洋大学和青岛农业大学等。依托高校在基础科学中的优势和条件，高校在该领域的研发展现出了雄厚的实力，见表 7-31。

表 7-31　小类 C12N 申请专利对应申请人分布（2011～2015 年）

序号	申请人	申请量 / 件	占比 / %
1	山东大学	226	7.38
2	山东农业大学	196	6.40
3	中国海洋大学	133	4.34
4	青岛农业大学	132	4.31
5	青岛蔚蓝生物股份有限公司	128	4.18
6	中国科学院海洋研究所	108	3.53
7	中国科学院青岛生物能源与过程研究所	101	3.30
8	中国水产科学研究院黄海水产研究所	73	2.38
9	山东出入境检验检疫局检验检疫技术中心	57	1.86
10	青岛康原药业有限公司	53	1.73

2. 发明人分析

在 C12N 技术小类中，申请专利最多的发明人包括王华明、黄亦钧、刘乃山、王培磊等。其中，王华明是青岛蔚蓝生物集团有限公司首席科学家，长期从事分子生物学研究；刘乃山是青岛康原药业有限公司董事长；王培磊是临沂大学生命科学学院副教授，兼任烟台海融生物技术有限公司技术顾问，主要研究方向为海洋微藻，见表 7-32。

表 7-32　小类 C12N 申请专利对应发明人分布（2011～2015 年）

序号	发明人	申请量 / 件	占比 / %
1	王华明	69	2.25
2	黄亦钧	52	1.70
3	刘乃山	46	1.50
4	王培磊	46	1.50
5	刘翠珍	43	1.40

序号	发明人	申请量 / 件	占比 / %
6	咸 漠	37	1.21
7	孙 黎	36	1.18
8	王晓丽	32	1.05
9	张 浩	32	1.05
10	夏 伟	30	0.98

3. 技术领域分析

在 C12N 技术小类中，申请专利主要围绕 C12N15〔突变或遗传工程；遗传工程涉及的 DNA 或 RNA，载体（如质粒）或其分离、制备或纯化；所使用的宿主〕、C12N1（微生物本身，如原生动物；及其组合物；繁殖、维持或保藏微生物或其组合物的方法；制备或分离含有一种微生物的组合物的方法；及其培养基）、C12N9（酶，如连接酶；酶原；其组合物；制备、活化、抑制、分离或纯化酶的方法）等技术领域，见表 7-33。

表 7-33　C12N 小类下发明专利申请量最多的技术领域（2011～2015 年）

序号	IPC 小类	申请量 / 件	序号	IPC 小类	申请量 / 件
1	C12N15	1 478	5	C12N11	90
2	C12N1	1 408	6	C12N7	85
3	C12N9	541	7	C12N13	35
4	C12N5	273	8	C12N3	19

（二）C12R（细菌和病毒）分析

1. 申请人分析

在 C12R 技术小类中，申请专利最多的机构包括山东大学、中国海洋大学、青岛蔚蓝生物集团有限公司、青岛科技大学和中国科学院青岛生物能源与过程研究所等，见表 7-34。

表 7-34　小类 C12R 申请专利对应申请人分布（2011～2015 年）

序号	申请人	申请量 / 件	占比 / %
1	山东大学	131	5.91
2	中国海洋大学	112	5.05
3	青岛蔚蓝生物集团有限公司	112	5.05
4	青岛科技大学	87	3.92
5	中国科学院青岛生物能源与过程研究所	82	3.70
6	山东农业大学	76	3.43
7	青岛农业大学	63	2.84
8	临沂大学	41	1.85
9	中国科学院海洋研究所	36	1.62
10	中国科学院烟台海岸带研究所	36	1.62

2. 发明人分析

在 C12R 技术小类中，申请专利最多的发明人包括刘均洪、王华明、黄亦钧、王培磊等。其中，刘均洪为青岛科技大学化工学院教授，主要的研究方向为生物制药、酶工程等；黄亦钧为青岛蔚蓝生物股份有限公司微生物育种与分子生物研究室主任，见表 7-35。

表 7-35　小类 C12R 申请专利对应发明人分布（2011～2015 年）

序号	发明人	申请量 / 件	占比 / %
1	刘均洪	78	3.52
2	王华明	63	2.84
3	黄亦钧	47	2.12
4	王培磊	46	2.07
5	咸 漠	34	1.53
6	张媛媛	32	1.44
7	刘汉斌	29	1.31
8	王长云	29	1.31
9	邵长伦	29	1.31
10	张 浩	27	1.22

3. 技术领域分析

在 C12R 技术小类中。申请专利主要为 C12R1（微生物），山东省共申请 2202 件专利，分布较集中，其他小类没有分布。

（三）C12P（发酵合成化合物）分析

1. 申请人分析

在 C12P 技术小类中，山东大学、中国海洋大学、青岛科技大学、中国科学院青岛生物能源与过程研究所是申请专利数量最多的机构，见表 7-36。

表 7-36　小类 C12P 申请专利对应申请人分布（2011～2015 年）

序号	申请人	申请量 / 件	占比 / %
1	山东大学	109	7.92
2	中国海洋大学	97	7.04
3	青岛科技大学	90	6.54
4	中国科学院青岛生物能源与过程研究所	75	5.45
5	齐鲁工业大学	29	2.11
6	中国科学院海洋研究所	27	1.96
7	保龄宝生物股份有限公司	25	1.82
8	济南圣泉集团股份有限公司	24	1.74
9	山东百龙创园生物科技有限公司	24	1.74
10	青岛嘉能节能环保技术有限公司	24	1.74

2. 发明人分析

在 C12P 技术小类中，申请专利最多的发明人包括刘均洪、咸漠、张媛媛、王长云等。其中，咸漠是中国科学院青岛生物能源与过程研究所研究员、生物材料中心主任、多碳化学品团队负责人，研究方向为生物基材料及化学品的生物合成；张媛媛是青岛科技大学化工学院制药工程系副教授，主要研究方向为生物制药、药物合成、生物催化、土壤植物修复等，见表 7-37。

表 7-37　小类 C12P 申请专利对应发明人分布（2011～2015 年）

序号	发明人	申请量 / 件	占比 / %
1	刘均洪	86	6.25
2	咸漠	36	2.61
3	张媛媛	35	2.54
4	王长云	29	2.11
5	邵长伦	29	2.11
6	刘宗利	25	1.82
7	王乃强	25	1.82
8	江成真	24	1.74
9	高绍丰	24	1.74
10	唐一林	23	1.67

3. 技术领域分析

在 C12P 技术分类下，申请专利主要分布在 C12P19（含有糖残基的化合物的制备）、C12P7（含氧有机化合物的制备）、C12P21（肽或蛋白质的制备）、C12P17（仅有 O、N、S、Se 或 Te 作为杂环原子的杂环碳化合物的制备）、C12P13（含氮有机化合物的制备）等领域，见表 7-38。

表 7-38　小类 C12P 下发明专利申请量最多的 IPC 大组（2011～2015 年）

序号	IPC 小类	申请量 / 件	序号	IPC 小类	申请量 / 件
1	C12P19	436	6	C12P5	76
2	C12P7	357	7	C12P1	48
3	C12P21	241	8	C12P39	32
4	C12P17	131	9	C12P23	26
5	C12P13	97	10	C12P33	18

二、专利授权情况分析

统计山东省在 C12 专利类别下的专利授权情况，可以发现山东省在2011～2015 年所获专利主要分布在 C12N〔微生物或酶；其组合物（杀生剂、害虫驱避剂或引诱剂，或含有微生物、病毒、微生物真菌、酶、发酵物的植物生长调节剂，或从微生物或动物材料产生或提取制得的物质入 A01N63；药品入 A61K；肥料入 C05F）；繁殖、保藏或维持微生物；变异或遗传工程；

培养基〕、C12R（与涉及微生物之 C12C 至 C12Q 小类相关的引得表）、C12P
（发酵或使用酶的方法合成所需要的化合物或组合物或从外消旋混合物中分
离旋光异构体）、C12Q（包含酶或微生物的测定或检验方法；其所用的组合
物或试纸；这种组合物的制备方法；在微生物学方法或酶学方法中的条件反
应控制）等技术小类中，见表 7-39。

表 7-39　C12 大类下发明专利授权量最多的 IPC 小类（2011～2015 年）

序号	IPC 小类	IPC 含义	授权量 / 件					
			2011 年	2012 年	2013 年	2014 年	2015 年	总计
1	C12N	微生物或酶；其组合物（杀生剂、害虫驱避剂或引诱剂，或含有微生物、病毒、微生物真菌、酶、发酵物的植物生长调节剂，或从微生物或动物材料产生或提取制得的物质入 A01N63；药品入 A61K；肥料入 C05F）；繁殖、保藏或维持微生物；变异或遗传工程；培养基	115	220	315	346	338	1 334
2	C12R	与涉及微生物之 C12C 至 C12Q 小类相关的引得表	66	132	254	240	238	930
3	C12P	发酵或使用酶的方法合成目标化合物或组合物或从外消旋混合物中分离旋光异构体	60	87	171	137	153	608
4	C12Q	包含酶或微生物的测定或检验方法；其所用的组合物或试纸；这种组合物的制备方法；在微生物学方法或酶学方法中的条件反应控制	60	72	115	112	121	480
5	C12G	果汁酒；其他含酒精饮料；其制备	23	34	24	28	41	150
6	C12M	酶学或微生物学装置	12	19	33	31	28	123
7	C12S	使用酶或微生物以释放、分离或纯化已有化合物或组合物的方法；使用酶或微生物处理组织物或清除材料的固体表面的方法	5	10	0	0	0	15
8	C12J	醋；其制备	0	4	4	0	6	14
9	C12C	啤酒的酿造	0	3	4	0	1	8
10	C12H	酒精饮料的巴氏灭菌、杀菌、保藏、纯化、澄清、陈酿或其中酒精的去除	0	2	0	1	2	5

进一步统计 C12 类别下全国的专利数量，并统计山东省在各技术小类的占比情况，可以看出山东省的发明专利授权在 C12G（果汁酒；其他含酒精饮料；其制备）、C12H（酒精饮料的巴氏灭菌、杀菌、保藏、纯化、澄清、陈酿或其中酒精的去除）、C12S（使用酶或微生物以释放、分离或纯化已有化合物或组合物的方法；使用酶或微生物处理组织物或清除材料的固体表面的方法）、C12R（与涉及微生物之 C12C 至 C12Q 小类相关的引得表）、C12P（发酵或使用酶的方法合成所需要的化合物或组合物或从外消旋混合物中分离旋光异构体）等小类占比最高，属于山东省优势领域，见表 7-40。

表 7-40　C12 大类下发明专利授权量占比全国最多的 IPC 小类（2011～2015 年）

序号	IPC 小类	IPC 含义	占比 / %					
			2011 年	2012 年	2013 年	2014 年	2015 年	总计
1	C12G	果汁酒；其他含酒精饮料；其制备	17.83	8.76	8.14	11.48	13.95	11.11
2	C12H	酒精饮料的巴氏灭菌、杀菌、保藏、纯化、澄清、陈酿或其中酒精的去除	0.00	16.67	0.00	14.29	33.33	9.26
3	C12S	使用酶或微生物以释放、分离或纯化已有化合物或组合物的方法；使用酶或微生物处理组织物或清除材料的固体表面的方法	8.93	8.93	0.00	0.00	0.00	8.88
4	C12R	与涉及微生物之 C12C 至 C12Q 小类相关的引得表	6.90	5.44	8.64	8.81	10.38	8.20
5	C12P	发酵或使用酶的方法合成目标化合物或组合物或从外消旋混合物中分离旋光异构体	7.51	5.51	9.08	7.37	9.36	7.84
6	C12C	啤酒的酿造	0.00	7.14	11.11	0.00	4.76	5.67
7	C12N	微生物或酶；其组合物（杀生剂、害虫驱避剂或引诱剂，或含有微生物、病毒、微生物真菌、酶、发酵物的植物生长调节剂，或从微生物或动物材料产生或提取制得的物质入 A01N63；药品入 A61K；肥料入 C05F）；繁殖、保藏或维持微生物；变异或遗传工程；培养基	5.52	4.61	5.22	6.40	6.34	5.64
8	C12J	醋；其制备	0.00	5.63	5.71	0.00	11.76	5.34

续表

序号	IPC 小类	IPC 含义	占比 / %					
			2011 年	2012 年	2013 年	2014 年	2015 年	总计
9	C12Q	包含酶或微生物的测定或检验方法；其所用的组合物或试纸；这种组合物的制备方法；在微生物学方法或酶学方法中的条件反应控制	7.19	4.01	5.12	5.17	5.44	5.18
10	C12M	酶学或微生物学装置	5.61	4.87	4.91	4.75	4.15	4.73

（一）C12N（微生物和酶）分析

1. 专利权人分析

在 C12N 技术小类中，获得发明专利授权最多的专利权人主要有山东大学、山东农业大学、中国海洋大学、中国科学院海洋研究所、青岛蔚蓝生物集团有限公司等机构。其中山东大学的申请数量为 159 件，排名第一，远高于其他各专利权人，见表 7-41。

表 7-41　小类 C12N 发明专利的专利权人排名（2011～2015 年）

序号	申请人	授权量 / 件	占比 / %
1	山东大学	159	11.92
2	山东农业大学	94	7.05
3	中国海洋大学	79	5.92
4	中国科学院海洋研究所	79	5.92
5	青岛蔚蓝生物集团有限公司	54	4.05
6	中国水产科学研究院黄海水产研究所	52	3.90
7	青岛农业大学	45	3.37
8	中国科学院青岛生物能源与过程研究所	27	2.02
9	山东出入境检验检疫局检验检疫技术中心	25	1.87
10	山东省农业科学院高新技术研究中心	21	1.57

2. 发明人分析

在 C12N 技术小类中，山东省的主要发明人有孙黎、王华明、黄亦钧、张修国、黄倢等。孙黎和王华明各以 30 件发明排名并列第一，孙黎主要涉及分子免疫学领域，王华明主要是涉及泌型外源蛋白表达量的方法，黄亦钧主要是涉及重组基因表达，见表 7-42。

表 7-42　小类 C12N 专利授权对应发明人分布（2011～2015 年）

序号	发明人	授权量 / 件	占比 / %
1	孙　黎	30	2.25
2	王华明	30	2.25
3	黄亦钧	24	1.80
4	张修国	22	1.65
5	黄　健	18	1.35
6	牛赡光	17	1.27
7	夏光敏	15	1.12
8	毕玉平	14	1.05
9	咸　漠	14	1.05
10	许　平	14	1.05

3. 技术领域分析

在 C12N 技术小类下，山东省的主要技术领域集中在 C12N15〔突变或遗传工程；遗传工程涉及的 DNA 或 RNA，载体（如质粒）或其分离、制备或纯化；所使用的宿主〕、C12N1（微生物本身，如原生动物；及其组合物；繁殖维持或保藏微生物或其组合物的方法；制备或分离含有一种微生物的组合物的方法；及其培养基）、C12N9（酶，如连接酶；酶原；其组合物；制备、活化、抑制、分离或纯化酶的方法），尤其是前面四个，所获专利数相对较高，见表 7-43。

表 7-43　C12N 小类下发明专利授权量最多的 IPC 大组（2011～2015 年）

序号	IPC 大组	授权量 / 件	序号	IPC 大组	授权量 / 件
1	C12N15	669	5	C12N11	38
2	C12N1	613	6	C12N7	30
3	C12N9	223	7	C12N13	16
4	C12N5	145	8	C12N3	7

（二）C12R（细菌和病毒）分析

1. 专利权人分析

在 C12R 技术小类中，主要专利权人有山东大学、山东农业大学、青岛蔚蓝生物集团有限公司、中国海洋大学、中国科学院海洋研究所等机构。其中山东大学的申请数量为 99 件，排名第一，占据绝对优势，见表 7-44。

表 7-44 小类 C12R 发明专利的专利权人排名（2011～2015 年）

序号	申请人	授权量 / 件	占比 / %
1	山东大学	99	10.65
2	山东农业大学	43	4.62
3	青岛蔚蓝生物集团有限公司	42	4.52
4	中国海洋大学	40	4.30
5	中国科学院海洋研究所	29	3.12
6	中国科学院烟台海岸带研究所	29	3.12
7	中国科学院青岛生物能源与过程研究所	25	2.69
8	中国水产科学研究院黄海水产研究所	25	2.69
9	山东轻工业学院	23	2.47
10	青岛农业大学	19	2.04

2. 发明人分析

在 C12R 技术领域中，主要发明人主要有王华明、黄亦钧、许平、秦松、牛赡光、江成真等。其中，王华明以 26 件专利数量排名第一，见表 7-45。

表 7-45 小类 C12R 专利授权对应发明人分布（2011～2015 年）

序号	发明人	授权量 / 件	占比 / %
1	王华明	26	2.80
2	黄亦钧	20	2.15
3	许 平	18	1.94
4	秦 松	17	1.83
5	牛赡光	17	1.83
6	江成真	16	1.72

序号	发明人	授权量 / 件	占比 / %
7	马翠卿	16	1.72
8	高绍丰	16	1.72
9	唐一林	16	1.72
10	马军强	14	1.51

3. 技术领域分析

在 IPC 小类 C12R 下只有一个小类 C12R1，山东省在该技术领域获得的专利授权量为 930 件。

（三）C12P（发酵合成化合物）分析

1. 专利权人分析

在 C12P 技术类别下，获得发明专利最多的专利权人主要是山东大学、中国海洋大学、济南圣泉集团股份有限公司、中国科学院青岛生物能源与过程研究所、中国科学院海洋研究所等。其中，山东大学以 73 件专利申请数量遥遥领先于其他机构，见表 7-46。

表 7-46　小类 C12P 发明专利的专利权人排名（2011～2015 年）

序号	申请人	授权量 / 件	占比 / %
1	山东大学	73	12.01
2	中国海洋大学	43	7.07
3	济南圣泉集团股份有限公司	23	3.78
4	中国科学院青岛生物能源与过程研究所	23	3.78
5	中国科学院海洋研究所	20	3.29
6	中国科学院烟台海岸带研究所	19	3.13
7	山东轻工业学院	19	3.13
8	保龄宝生物股份有限公司	17	2.80
9	青岛农业大学	11	1.81
10	山东龙力生物科技股份有限公司	10	1.64

2. 发明人分析

在 C12P 领域，获得专利授权最多的发明人有江成真、高绍丰、唐一林、马军强、张恩选等。江成真和高绍丰各以 26 件专利数量排名第一，见表 7-47。

表 7-47　小类 C12P 专利授权对应发明人分布（2011～2015 年）

序号	发明人	授权量 / 件	占比 / %
1	江成真	26	4.28
2	高绍丰	26	4.28
3	唐一林	26	4.28
4	马军强	24	3.95
5	张恩选	22	3.62
6	栗昭争	18	2.96
7	刘宗利	17	2.80
8	王乃强	17	2.80
9	崔建丽	16	2.63
10	咸　漠	16	2.63

3. 技术领域分析

山东省在 C12P 的强势领域主集中在 C12P19（含有糖残基的化合物的制备）、C12P7（含氧有机化合物的制备）、C12P21（肽或蛋白质的制备）等，见表 7-48。

表 7-48　C12P 小类下发明专利授权量最多的 IPC 大组（2011～2015 年）

序号	IPC 大组	授权量 / 件	序号	IPC 大组	授权量 / 件
1	C12P19	234	6	C12P13	38
2	C12P7	154	7	C12P1	25
3	C12P21	92	8	C12P39	17
4	C12P17	52	9	C12P23	8
5	C12P5	40	10	C12P33	8

第四节　A01（生物农业类）专利分析

A01 是指农业；林业；畜牧业；狩猎；诱捕；捕鱼。次级小类包括 A01B（农业或林业的整地；一般农业机械或农具的部件、零件或附件）、A01C（种植；播种；施肥）、A01D（收获；割草）等 12 个小类。

2011～2015 年间，山东省该技术类别下申请专利 11 330 件，其中 2011 年的申请量为 953 件，2015 年的申请量就上升到 2743 件，比 2011 年增长了约两倍，增长势头迅猛。申请量最多的 IPC 小类包括 A01N（人体、动植物体或其局部的保存）（4710 件）、A01P（化学化合物或制剂的杀生、害虫驱避、害虫引诱或植物生长调节活性）（4512 件）、A01G（园艺；蔬菜、花卉、稻、果树、葡萄、啤酒花或海菜的栽培；林业；浇水）（3284 件）等。其中主要专利权人有海利尔药业集团股份有限公司（312 件）、青岛农业大学（268 件）、山东农业大学（256 件）等。

2011～2015 年间，山东省该技术类别下授权专利 2111 件，其中 2011 年的申请量为 212 件，2015 年的申请量就上升到 693 件，比 2011 年增长了两倍之多，增长势头迅猛。授权量最多的 IPC 小类包括 A01N（688 件）、A01P（664 件）、A01G（612 件）等，与申请量相匹配。其中主要专利权人有中国水产科学研究院黄海水产研究所（102 件）、青岛农业大学（89 件）、山东农业大学（88 件）等。

一、专利申请情况分析

2011～2015 年，山东省在 A01 生物农业类别下申请的专利主要集中在

A01N（人体、动植物体或其局部的保存；杀生剂，例如作为消毒剂，作为农药或作为除草剂；害虫驱避剂或引诱剂；植物生长调节剂）、A01P（化学化合物或制剂的杀生、害虫驱避、害虫引诱或植物生长调节活性）、A01G（园艺；蔬菜、花卉、稻、果树、葡萄、啤酒花或海菜的栽培；林业；浇水）等类别，所属专利数量都超过到了 3000 件，见表 7-49。

表 7-49　A01 大类下发明专利申请量最多的 IPC 小类（2011～2015 年）

序号	IPC 小类	含义	申请量 / 件					
			2011 年	2012 年	2013 年	2014 年	2015 年	总计
1	A01N	人体、动植物体或其局部的保存；杀生剂，例如作为消毒剂，作为农药或作为除草剂；害虫驱避剂或引诱剂；植物生长调节剂	349	716	1 121	1 382	1 142	4710
2	A01P	化学化合物或制剂的杀生、害虫驱避、害虫引诱或植物生长调节活性	346	692	1081	1259	1134	4512
3	A01G	园艺；蔬菜、花卉、稻、果树、葡萄、啤酒花或海菜的栽培；林业；浇水	275	377	846	956	830	3284
4	A01K	畜牧业；禽类、鱼类、昆虫的管理；捕鱼；饲养或养殖其他类不包含的动物；动物的新品种	196	360	674	559	436	2225
5	A01C	种植；播种；施肥	97	137	289	303	373	1199
6	A01H	新植物或获得新植物的方法；通过组织培养技术的植物再生	83	72	111	97	165	528
7	A01B	农业或林业的整地；一般农业机械或农具的部件、零件或附件	7	13	23	35	73	151
8	A01M	动物的捕捉、诱捕或惊吓；消灭有害动物或有害植物用的装置	9	17	14	28	33	101
9	A01D	收获；割草	1	0	3	3	3	10
10	A01F	脱粒；禾秆、干草或类似物的打捆；将禾秆、干草或类似物形成捆或打捆的固定装置或手动工具；禾秆、干草或类似物的切碎；农业或园艺产品的储藏	0	1	0	0	3	4

统计各专利小类中山东省在全国的占比，可以看出山东省的优势技术主要集中在 A01P（化学化合物或制剂的杀生、害虫驱避、害虫引诱或植物生长

调节活性）、A01N（人体、动植物体或其局部的保存；杀生剂，例如作为消毒剂，作为农药或作为除草剂；害虫驱避剂或引诱剂；植物生长调节剂）、A01C（种植；播种；施肥）、A01K（畜牧业；禽类、鱼类、昆虫的管理；捕鱼；饲养或养殖其他类不包含的动物；动物的新品种）等小类中，见表 7-50。

表 7-50　A01 大类下发明专利申请量占比全国最多的 IPC 小类（2011～2015 年）

序号	IPC 小类	含义	占比 / %					
			2011 年	2012 年	2013 年	2014 年	2015 年	总计
1	A01P	化学化合物或制剂的杀生、害虫驱避、害虫引诱或植物生长调节活性	10.87	16.52	21.82	20.98	19.58	18.71
2	A01N	人体、动植物体或其局部的保存；杀生剂，例如作为消毒剂，作为农药或作为除草剂；害虫驱避剂或引诱剂；植物生长调节剂	9.16	14.95	20.19	20.79	18.82	17.53
3	A01C	种植；播种；施肥	9.19	9.19	13.83	10.66	11.91	11.30
4	A01K	畜牧业；禽类、鱼类、昆虫的管理；捕鱼；饲养或养殖其他类不包含的动物；动物的新品种	9.68	11.01	15.00	10.36	8.89	11.08
5	A01B	农业或林业的整地；一般农业机械或农具的部件、零件或附件	4.67	5.86	10.45	11.33	13.85	10.57
6	A01M	动物的捕捉、诱捕或惊吓；消灭有害动物或有害植物用的装置	8.91	11.18	6.76	12.96	11.00	10.35
7	A01G	园艺；蔬菜、花卉、稻、果树、葡萄、啤酒花或海菜的栽培；林业；浇水	7.61	7.26	10.66	9.68	7.47	8.70
8	A01H	新植物或获得新植物的方法；通过组织培养技术的植物再生	5.80	4.25	5.35	4.53	7.57	5.54
9	A01D	收获；割草	3.33	0.00	5.00	0.00	4.05	5.24
10	A01F	脱粒；禾秆、干草或类似物的打捆；将禾秆、干草或类似物形成捆或打捆的固定装置或手动工具；禾秆、干草或类似物的切碎；农业或园艺产品的储藏	0.00	3.33	0.00	0.00	10.34	4.40

（一）A01N（农药除草剂）分析

1. 申请人分析

在 A01N 技术小类中，2011～2015 年申请专利最多的申请人主要有海利尔药业集团股份有限公司、青岛艾华隆生物科技有限公司、青岛东生药业有限公司等，见表 7-51。

表 7-51　小类 A01N 申请专利对应申请人分布（2011～2015 年）

序号	申请人	申请量 / 件	占比 / %
1	海利尔药业集团股份有限公司	311	6.60
2	青岛艾华隆生物科技有限公司	145	3.08
3	青岛东生药业有限公司	115	2.44
4	青岛好利特生物农药有限公司	86	1.83
5	济南凯因生物科技有限公司	85	1.80
6	青岛茂丰有机蔬菜有限公司	77	1.63
7	青岛农业大学	74	1.57
8	济南舜昊生物科技有限公司	72	1.53
9	青岛道易净水设备制造有限公司	72	1.53
10	青岛奥迪斯生物科技有限公司	63	1.34

2. 发明人分析

在 A01N 技术小类中，申请专利最多的发明人包括葛尧伦、陈鹏、韩先正等。其中，葛尧伦是海利尔药业集团股份有限公司董事长，中国农药工业协会常务理事、山东省农药工业协会副理事长，主要研究领域有含有杂环化合物的杀生剂、害虫驱避剂或引诱剂、植物生长调节剂、杀菌剂、含有不属于环原子并且不键合到碳或氢原子的碳原子，有机化合物的杀生剂、杀节肢动物剂等。陈鹏、韩先正均为海利尔药业集团股份有限公司的研发人员，两人均从事化学化合物或制剂的杀生、害虫驱避、害虫引诱或植物生长调节活性等研究工作，见表 7-52。

表 7-52　小类 A01N 申请专利对应发明人分布

序号	发明人	申请量 / 件	占比 / %
1	葛尧伦	250	5.31
2	陈　鹏	241	5.12

续表

序号	发明人	申请量 / 件	占比 / %
3	韩先正	169	3.59
4	李　波	145	3.08
5	荆晓丽	137	2.91
6	葛大鹏	118	2.51
7	吴本林	113	2.40
8	贾玉林	89	1.89
9	迟宗磊	85	1.80
10	杨波涛	82	1.74

3. 技术领域分析

在 A01N 技术小类中，2011～2015 年所申请的专利主要集中在 A01N43（含有杂环化合物的杀生剂、害虫驱避剂或引诱剂，或植物生长调节剂）、A01N65（含有藻类、地衣、苔藓、多细胞真菌或植物材料，或其提取物的杀生剂、害虫驱避剂或引诱剂或植物生长调节剂）、A01N47（含有不属于环原子并且不键合到碳或氢原子的碳原子，有机化合物的杀生剂、害虫驱避剂或引诱剂，或植物生长调节剂，例如碳酸的衍生物）等技术领域，见表 7-53。

表 7-53　小类 A01N 下发明专利申请量最多的 IPC 大组（2011～2015 年）

序号	IPC 小类	申请量 / 件	序号	IPC 小类	申请量 / 件
1	A01N43	2 287	6	A01N59	549
2	A01N65	1 507	7	A01N63	447
3	A01N47	1 149	8	A01N57	446
4	A01N25	774	9	A01N53	275
5	A01N37	738	10	A01N51	209

（二）A01P（杀虫剂）分析

1. 申请人分析

在 A01P 技术小类中，主要申请人包括海利尔药业集团股份有限公司、青岛艾华隆生物科技有限公司、青岛东生药业有限公司等，与 A01N 中主要申请人基本一致，见表7-54。

表7-54　小类A01P申请专利对应申请人分布（2011～2015年）

序号	申请人	申请量/件	占比/%
1	海利尔药业集团股份有限公司	311	6.89
2	青岛艾华隆生物科技有限公司	128	2.84
3	青岛东生药业有限公司	115	2.55
4	青岛农业大学	88	1.95
5	青岛好利特生物农药有限公司	86	1.91
6	济南凯因生物科技有限公司	85	1.88
7	青岛茂丰有机蔬菜有限公司	77	1.71
8	济南舜昊生物科技有限公司	72	1.60
9	青岛奥迪斯生物科技有限公司	63	1.40
10	青岛叁鼎卫生制品有限公司	61	1.35

2. 发明人分析

在A01P领域，申请专利较多的发明人主要包括葛尧伦、陈鹏、韩先正等，见表7-55。

表7-55　小类A01P申请专利对应发明人分布（2011～2015年）

序号	发明人	申请量/件	占比/%
1	葛尧伦	250	5.54
2	陈　鹏	241	5.34
3	韩先正	169	3.75
4	李　波	145	3.21
5	荆晓丽	120	2.66
6	葛大鹏	118	2.62
7	吴本林	113	2.50
8	贾玉林	89	1.97
9	迟宗磊	85	1.88
10	司国栋	82	1.82

3. 技术领域分析

在A01P技术小类下，山东省的申请专利主要围绕A01P7（杀节肢动物

剂）、A01P3（杀菌剂）、A01P1（消毒剂；抗微生物化合物或其组合物）等
技术领域，见表 7-56。

表 7-56 小类 A01P 下发明专利申请量最多的 IPC 大组（2011～2015 年）

序号	IPC 小类	申请量 / 件	序号	IPC 小类	申请量 / 件
1	A01P7	1 747	6	A01P5	146
2	A01P3	1 627	7	A01P17	119
3	A01P1	1 092	8	A01P19	55
4	A01P13	568	9	A01P11	6
5	A01P21	333	10	A01P9	6

（三）A01G（栽培技术）分析

1. 申请人分析

在 A01G 栽培技术小类中，专利申请数量最多的申请人包括潍坊友容实
业有限公司、山东农业大学、青岛诚一知识产权服务有限公司、青岛农业大
学、青岛鑫润土苗木专业合作社等，见表 7-57。其中，潍坊友容实业有限公
司申请的专利集中在 A01G1（园艺；蔬菜的栽培）以及 A01G17（啤酒花、
葡萄、果树或类似树木的栽培）等技术领域。

表 7-57 小类 A01G 申请专利对应申请人分布（2011～2015 年）

序号	申请人	申请量 / 件	占比 / %
1	潍坊友容实业有限公司	135	4.11
2	山东农业大学	110	3.35
3	青岛诚一知识产权服务有限公司	89	2.71
4	青岛农业大学	87	2.65
5	青岛鑫润土苗木专业合作社	62	1.89
6	李元刚	42	1.28
7	山东省潍坊市农业科学院	42	1.28
8	青岛东颐锦禾农业科技有限公司	38	1.16
9	韩浩良	37	1.13
10	于 辉	34	1.04

2. 发明人分析

在 A01G 技术小类中，申请专利最多的发明人主要有王胜、苗增春、刘泽华等，见表 7-58。其中王胜的发明专利主要聚焦在 A01G1（园艺；蔬菜的栽培）以及 A01G17（啤酒花、葡萄、果树或类似树木的栽培）及 A01G13（植物保护）等技术领域。

表 7-58 小类 A01G 申请专利对应发明人分布（2011～2015 年）

序号	发明人	申请量 / 件	占比 / %
1	王　胜	140	4.26
2	不公告发明人	88	2.68
3	苗增春	82	2.50
4	刘泽华	68	2.07
5	胡永军	53	1.61
6	李元刚	42	1.28
7	李学勇	38	1.16
8	韩浩良	37	1.13
9	于　辉	34	1.04
10	吴爱峰	32	0.97

3. 技术领域分析

在 A01G 技术小类下，申请专利主要集中在 A01G1（园艺；蔬菜的栽培）、A01G9（在容器、促成温床或温室里栽培花卉、蔬菜或稻）、A01G13（植物保护）等技术领域，见表 7-59。

表 7-59 小类 A01G 下发明专利申请量最多的 IPC 大组（2011～2015 年）

序号	IPC 小类	申请量 / 件	序号	IPC 小类	申请量 / 件
1	A01G1	1 489	6	A01G7	285
2	A01G9	546	7	A01G25	202
3	A01G13	494	8	A01G33	103
4	A01G31	309	9	A01G27	99
5	A01G17	304	10	A01G3	88

二、专利授权情况分析

2011~2015 年，山东省已经获得授权的专利主要分布在 A01N（人体、动植物体或其局部的保存；杀生剂，例如作为消毒剂，作为农药或作为除草剂；害虫驱避剂或引诱剂；植物生长调节剂）、A01P（化学化合物或制剂的杀生、害虫驱避、害虫引诱或植物生长调节活性）、A01G（园艺；蔬菜、花卉、稻、果树、葡萄、啤酒花或海菜的栽培；林业；浇水）专利小类等专利小类，见表 7-60。在这些领域中，青岛农业大学、山东农业大学是主要的研究单位，获得的发明专利授权最多。

表 7-60　A01 大类下发明专利授权量最多的 IPC 小类（2011~2015 年）

序号	IPC 小类	IPC 含义	授权量 / 件					
			2011 年	2012 年	2013 年	2014 年	2015 年	总计
1	A01N	人体、动植物体或其局部的保存；杀生剂，例如作为消毒剂，作为农药或作为除草剂；害虫驱避剂或引诱剂；植物生长调节剂	42	88	175	151	232	688
2	A01P	化学化合物或制剂的杀生、害虫驱避、害虫引诱或植物生长调节活性	41	80	162	147	234	664
3	A01G	园艺；蔬菜、花卉、稻、果树、葡萄、啤酒花或海菜的栽培；林业；浇水	78	95	110	123	206	612
4	A01K	畜牧业；禽类、鱼类、昆虫的管理；捕鱼；饲养或养殖其他类不包含的动物；动物的新品种	54	89	114	86	168	511
5	A01C	种植；播种；施肥	40	44	45	43	93	265
6	A01H	新植物或获得新植物的方法；通过组织培养技术的植物再生	18	38	36	37	36	165
7	A01B	农业或林业的整地；一般农业机械或农具的部件、零件或附件	6	4	6	4	9	29
8	A01M	动物的捕捉、诱捕或惊吓；消灭有害动物或有害植物用的装置	3	4	4	3	9	23
9	A01D	收获；割草	3	0	0	0	3	6

序号	IPC 小类	IPC 含义	授权量 / 件					
			2011 年	2012 年	2013 年	2014 年	2015 年	总计
10	A01F	脱粒；禾秆、干草或类似物的打捆；将禾秆、干草或类似物形成捆或打捆的固定装置或手动工具；禾秆、干草或类似物的切碎；农业或园艺产品的储藏	1	0	0	0	0	1

从山东省在全国的占比来看，在生物农业类别下的山东省优势技术主要集中在 A01K（畜牧业；禽类、鱼类、昆虫的管理；捕鱼；饲养或养殖其他类不包含的动物；动物的新品种）、A01C（种植；播种；施肥）、A01P（化学化合物或制剂的杀生、害虫驱避、害虫引诱或植物生长调节活性）、A01M（动物的捕捉、诱捕或惊吓；消灭有害动物或有害植物用的装置）等领域，占比较高，见表 7-61。

表 7-61　A01 大类下发明专利授权量占比全国最多的 IPC 小类（2011～2015 年）

序号	IPC 小类	IPC 含义	占比 / %					
			2011 年	2012 年	2013 年	2014 年	2015 年	总计
1	A01K	畜牧业；禽类、鱼类、昆虫的管理；捕鱼；饲养或养殖其他类不包含的动物；动物的新品种	7.95	10.60	10.95	7.22	10.40	9.52
2	A01C	种植；播种；施肥	10.23	10.60	7.99	7.25	9.10	8.88
3	A01P	化学化合物或制剂的杀生、害虫驱避、害虫引诱或植物生长调节活性	6.00	6.77	7.06	7.10	11.00	7.94
4	A01M	动物的捕捉、诱捕或惊吓；消灭有害动物或有害植物用的装置	6.82	11.76	6.06	4.35	8.91	7.32
5	A01G	园艺；蔬菜、花卉、稻、果树、葡萄、啤酒花或海菜的栽培；林业；浇水	7.83	7.12	6.28	6.91	7.72	7.17

续表

序号	IPC 小类	IPC 含义	占比 / %					
			2011 年	2012 年	2013 年	2014 年	2015 年	总计
6	A01B	农业或林业的整地；一般农业机械或农具的部件、零件或附件	9.23	6.25	6.19	5.63	7.96	7.07
7	A01N	人体、动植物体或其局部的保存；杀生剂，例如作为消毒剂，作为农药或作为除草剂；害虫驱避剂或引诱剂；植物生长调节剂	4.98	6.02	6.55	6.20	9.47	6.97
8	A01D	收获；割草	17.65	0.00	0.00	0.00	15.79	6.67
9	A01F	脱粒；禾秆、干草或类似物的打捆；将禾秆、干草或类似物形成捆或打捆的固定装置或手动工具；禾秆、干草或类似物的切碎；农业或园艺产品的储藏	20.00	0.00	0.00	0.00	0.00	4.17
10	A01H	新植物或获得新植物的方法；通过组织培养技术的植物再生	5.04	4.25	3.36	3.94	3.84	3.93

（一）A01N（农药除草剂）分析

1. 专利权人分析

在 A01N 领域，山东省在 2011～2015 年获得发明专利授权最多的专利权人包括青岛科技大学、山东农业大学、海利尔药业集团股份有限公司等，见表 7-62。

表 7-62　小类 A01N 发明专利的专利权人排名（2011～2015 年）

序号	申请人	授权量 / 件	占比 / %
1	青岛科技大学	26	3.78
2	山东农业大学	25	3.63
3	海利尔药业集团股份有限公司	24	3.49
4	中国科学院海洋研究所	20	2.91
5	山东滨农科技有限公司	19	2.76

序号	申请人	授权量 / 件	占比 / %
6	山东大学	18	2.62
7	徐茂航	18	2.62
8	青岛农业大学	18	2.62
9	山东潍坊润丰化工股份有限公司	15	2.18
10	青岛星牌作物科学有限公司	15	2.18

2. 发明人分析

在 A01N 技术小类下，获得发明专利授权最多得发明人有葛尧伦、许良忠、王明慧等。其中，许良忠和王明慧是青岛科技大学化学与分子工程学院的研究生导师，主要从事新农药创制、农药制剂及剂型、农药助剂、植物化控及高档叶面肥等技术研究，见表 7-63。

表 7-63 小类 A01N 专利授权对应发明人分布（2011～2015 年）

序号	发明人	授权量 / 件	占比 / %
1	葛尧伦	26	3.78
2	许良忠	22	3.20
3	王明慧	20	2.91
4	孙国庆	20	2.91
5	侯永生	20	2.91
6	黄延昌	19	2.76
7	吴 勇	18	2.62
8	韩先正	18	2.62
9	徐茂航	17	2.47
10	牛赡光	16	2.33

3. 技术领域分析

在 A01N 技术小类下，山东省已经获得授权的发明专利主要集中在 A01N43（含有杂环化合物的杀生剂、害虫驱避剂或引诱剂，或植物生长调节剂）、A01N25（以其形态，以其非有效成分、以其使用方法为特征的杀生剂、害虫驱避剂或引诱剂，或植物生长调节剂；用以减低有效成分对害虫以外的生物体的有害影响的物质）、A01N47（含有不属于环原子并且不键合到碳或氢原子的碳原子，有机化合物的杀生剂、害虫驱避剂或引诱剂，或植物生长调节剂，例如碳酸的衍生物）等技术领域，见表 7-64。

表 7-64　小类 A01N 下发明专利授权量最多的 IPC 大组（2011～2015 年）

序号	IPC 大组	授权量 / 件	序号	IPC 大组	授权量 / 件
1	A01N43	311	6	A01N37	81
2	A01N25	138	7	A01N59	59
3	A01N47	119	8	A01N57	52
4	A01N65	100	9	A01N53	37
5	A01N63	94	10	A01N33	28

（二）A01P（杀虫剂）分析

1. 专利权人分析

在 A01P 技术小类中，获得发明专利授权最多的专利权人主要有青岛科技大学、海利尔药业集团股份有限公司、山东农业大学等，见表 7-65。

表 7-65　小类 A01P 发明专利的专利权人排名（2011～2015 年）

序号	申请人	授权量 / 件	占比 / %
1	青岛科技大学	26	3.92
2	海利尔药业集团股份有限公司	24	3.61
3	山东农业大学	24	3.61
4	青岛农业大学	22	3.31
5	中国科学院海洋研究所	21	3.16
6	山东滨农科技有限公司	19	2.86
7	徐茂航	18	2.71
8	山东大学	15	2.26
9	青岛瀚生生物科技股份有限公司	15	2.26
10	山东潍坊润丰化工股份有限公司	14	2.11

2. 发明人分析

在 A01P 专利小类下，山东省获得授权最多的专利发明人包括葛尧伦、许良忠、王明慧等，见表 7-66。

表 7-66　小类 A01P 专利授权对应发明人分布（2011～2015 年）

序号	发明人	授权量 / 件	占比 / %
1	葛尧伦	26	3.92
2	许良忠	22	3.31
3	王明慧	20	3.01
4	孙国庆	19	2.86
5	黄延昌	19	2.86
6	侯永生	19	2.86
7	韩先正	18	2.71
8	吴　勇	17	2.56
9	徐茂航	17	2.56
10	牛赡光	16	2.41

3. 技术领域分析

在 A01P 技术小类中，山东省已经获得发明专利授权的专利主要集中在 A01P3（杀菌剂）、A01P7（杀节肢动物剂）、A01P1（消毒剂；抗微生物化合物或其组合物）等技术领域，见表 7-67。

表 7-67　小类 A01P 下发明专利授权量最多的 IPC 大组（2011～2015 年）

序号	IPC 大组	授权量 / 件	序号	IPC 大组	授权量 / 件
1	A01P3	248	6	A01P5	35
2	A01P7	190	7	A01P17	14
3	A01P1	164	8	A01P19	9
4	A01P13	97	9	A01P9	3
5	A01P21	68	10	A01P15	2

（三）A01G（栽培技术）分析

1. 专利权人分析

在 A01G 小类中，山东省已获专利最多的专利权人包括山东农业大学、青岛农业大学、山东省农业科学院农业资源与环境研究所等，见表 7-68。

表 7-68　小类 A01G 发明专利的专利人排名（2011～2015 年）

序号	申请人	授权量 / 件	占比 / %
1	山东农业大学	40	6.54
2	青岛农业大学	34	5.56
3	山东省农业科学院农业资源与环境研究所	18	2.94
4	山东省寿光蔬菜产业集团有限公司	12	1.96
5	中国水产科学研究院黄海水产研究所	12	1.96
6	山东省花生研究所	12	1.96
7	中国科学院海洋研究所	11	1.80
8	山东省海水养殖研究所	10	1.63
9	鲁东大学	10	1.63
10	中国海洋大学	9	1.47

2. 发明人分析

在 A01G 小类中，山东省已获专利的主要发明人主要有寿光市新世纪种苗有限公司的胡永军、田素波、潘子龙、江丽华等，见表 7-69，其发明专利主要聚焦在培育彩椒抗病苗、防止番茄果实裂果、控制番茄根结线虫、富硒丝瓜的种植等方面。

表 7-69　小类 A01G 专利授权对应发明人分布（2011～2015 年）

序号	发明人	授权量 / 件	占比 / %
1	胡永军	21	3.43
2	田素波	19	3.10
3	潘子龙	19	3.10
4	江丽华	16	2.61
5	刘兆辉	15	2.45
6	谭德水	13	2.12
7	杨庆利	11	1.80
8	徐　钰	11	1.80
9	李小刚	9	1.47
10	朱　慧	9	1.47

3. 技术领域分析

在 A01G 技术小类中，山东省已经获得发明专利授权的专利主要集中在 A01G1（园艺；蔬菜的栽培）、A01G13（植物保护）、A01G9（在容器、促成温床或温室里栽培花卉、蔬菜或稻）等技术领域，见表 7-70。

表 7-70　小类 A01G 下发明专利授权量最多的 IPC 大组（2011～2015 年）

序号	IPC 大组	授权量 / 件	序号	IPC 大组	授权量 / 件
1	A01G1	291	6	A01G31	50
2	A01G13	77	7	A01G17	48
3	A01G9	71	8	A01G25	35
4	A01G7	64	9	A01G3	20
5	A01G33	59	10	A01G23	16

第五节　A23（食品工程类）专利分析

A23 是其他类不包含的食品或食料；及其处理。次级小类包括 A23B（保存，如用罐头贮存肉、鱼、蛋、水果、蔬菜、食用种籽；水果或蔬菜的化学催熟；保存、催熟或罐装产品）、A23C（乳制品，如奶、黄油、干酪；奶或干酪的代用品；其制备）、A23D（食用油或脂肪，例如人造奶油、松酥油脂、烹饪用油）等 10 个小类。

2011～2015 年间，山东省该技术类别下申请专利 9942 件，其中 2011 年的申请量为 559 件，2015 年的申请量就上升到 2985 件，比 2011 年增长了 4 倍之多，增长势头迅猛。申请量最多的 IPC 小类包括 A23L（不包含在 A21D 或 A23B 至 A23J 小类中的食品、食料或非酒精饮料；它们的制备或处理，例如烹调、营养品质的改进、物理处理；食品或食料的一般保存）（8501 件）、A23K（专门适用于动物的喂养饲料；其生产方法）（809 件）、A23G（可可；

可可制品，例如巧克力；可可或可可制品的代用品；糖食；口香糖；冰淇淋；其制备〔1，8〕）（439 件）等。其中主要专利权人有青岛金佳慧食品有限公司（195 件）、刘韶娜（195 件）、青岛休闲食品有限公司（182 件）、青岛正能量食品有限公司（164 件）等。

2011～2015 年间，山东省该技术类别下授权专利 1709 件，其中 2011 年授权量为 192 件，2015 年授权量上升到 438 件，比 2011 年上升了 128.12%，增幅很大，与授权量增长基本相当。授权量最多的 IPC 小类为 A23L（1370件）、A23K（268 件）、A23F（咖啡；茶；其代用品；它们的制造、配制或泡制）（73 件）等，与申请量相匹配。其中主要专利权人有山东新希望六和集团有限公司（46 件）、中国海洋大学（44 件）、山东省农业科学院农产品研究所（39 件）等。

一、专利申请情况分析

2011～2015 年，山东省在 A23 专利类别下共申请专利 9942 件，主要集中在 A23L（不包含在 A21D 或 A23B 至 A23J 小类中的食品、食料或非酒精饮料；它们的制备或处理，例如烹调、营养品质的改进、物理处理；食品或食料的一般保存）、A23K（专门适用于动物的喂养饲料；其生产方法）、A23G（可可；可可制品，例如巧克力；可可或可可制品的代用品；糖食；口香糖；冰淇淋；其制备）、A23F（咖啡；茶；其代用品；它们的制造、配制或泡制）、A23P（未被其他单一小类所完全包含的食料成型或加工）等小类中。其中，仅在A23L 领域，申请专利就高达 8501 件，远多于其他专利小类，见表 7-71。

表 7-71　A23 大类下发明专利申请量最多的 IPC 小类（2011～2015 年）

序号	IPC 小类	含义	申请量/件					
			2011 年	2012 年	2013 年	2014 年	2015 年	总计
1	A23L	不包含在 A21D 或 A23B 至 A23J 小类中的食品、食料或非酒精饮料；它们的制备或处理，例如烹调、营养品质的改进、物理处理；食品或食料的一般保存	473	907	1 890	2 646	2 585	8 501

序号	IPC 小类	含义	申请量 / 件					
			2011 年	2012 年	2013 年	2014 年	2015 年	总计
2	A23K	专门适用于动物的喂养饲料；其生产方法	76	104	176	280	205	809
3	A23G	可可；可可制品，例如巧克力；可可或可可制品的代用品；糖食；口香糖；冰淇淋；其制备〔1，8〕	18	29	90	97	173	439
4	A23F	咖啡；茶；其代用品；它们的制造、配制或泡制	4	25	76	122	92	319
5	A23P	未被其他单一小类所完全包含的食料成型或加工	5	19	74	52	74	224
6	A23C	乳制品，如奶、黄油、干酪；奶或干酪的代用品；其制备	6	6	8	23	32	75
7	A23B	保存，如用罐头贮存肉、鱼、蛋、水果、蔬菜、食用种籽；水果或蔬菜的化学催熟；保存、催熟或罐装产品	1	11	13	24	22	71
8	A23N	其他类不包含的处理大量收获的水果、蔬菜或花球茎的机械或装置；大量蔬菜或水果的去皮；制备牲畜饲料装置	4	5	14	10	7	40
9	A23J	食用蛋白质组合物；食用蛋白质的加工；食用磷脂组合物	1	5	6	7	6	25
10	A23D	食用油或脂肪，例如人造奶油、松酥油脂、烹饪用油	2	0	7	4	2	15

　　从在全国的占比来看，山东省在国内占比最高处于优势地位的专利主要集中在 A23K（专门适用于动物的喂养饲料；其生产方法）、A23N（其他类不包含的处理大量收获的水果、蔬菜或花球茎的机械或装置；大量蔬菜或水果的去皮；制备牲畜饲料装置）、A23F（咖啡；茶；其代用品；它们的制造、配制或泡制）、A23L（不包含在 A21D 或 A23B 至 A23J 小类中的食品、食料或非酒精饮料；它们的制备或处理，例如烹调、营养品质的改进、物理处理；食品或食料的一般保存）、A23P（未被其他单一小类所完全包含的食料成型或加工）等小类中，见表 7-72。

表 7-72　**A23 大类下发明专利申请量占比全国最多的 IPC 小类**（2011～2015 年）

序号	IPC 小类	含义	占比 / %					
			2011 年	2012 年	2013 年	2014 年	2015 年	总计
1	A23K	专门适用于动物的喂养饲料；其生产方法	12.77	12.70	17.05	19.14	14.03	15.07
2	A23N	其他类不包含的处理大量收获的水果、蔬菜或花球茎的机械或装置；大量蔬菜或水果的去皮；制备牲畜饲料装置	10.81	11.11	23.73	10.75	11.67	13.61
3	A23F	咖啡；茶；其代用品；它们的制造、配制或泡制	3.05	5.13	19.34	13.69	14.31	12.53
4	A23L	不包含在 A21D 或 A23B 至 A23J 小类中的食品、食料或非酒精饮料；它们的制备或处理，例如烹调、营养品质的改进、物理处理；食品或食料的一般保存	6.39	8.87	12.15	12.42	14.09	11.67
5	A23P	未被其他单一小类所完全包含的食料成型或加工	3.13	6.48	10.88	10.95	13.81	10.45
6	A23G	可可；可可制品，例如巧克力；可可或可可制品的代用品；糖食；口香糖；冰淇淋；其制备	2.93	3.56	7.67	8.02	12.26	8.41
7	A23B	保存，如用罐头贮存肉、鱼、蛋、水果、蔬菜、食用种籽；水果或蔬菜的化学催熟；保存、催熟或罐装产品	1.52	8.87	8.23	10.26	6.88	7.87
8	A23J	食用蛋白质组合物；食用蛋白质的加工；食用磷脂组合物	1.92	6.85	8.22	6.48	8.70	6.67
9	A23C	乳制品，如奶、黄油、干酪；奶或干酪的代用品；其制备	3.09	3.13	4.30	6.46	11.35	6.20
10	A23D	食用油或脂肪，例如人造奶油、松酥油脂、烹饪用油	3.33	0.00	10.29	5.33	3.23	4.49

（一）A23L（其他食品类）分析

1. 申请人分析

在 A23L 技术小类中，山东省申请专利最多的申请人包括青岛金佳慧食品有限公司、刘韶娜、青岛休闲食品有限公司、青岛正能量食品有限公司等。它们的主要技术领域包括各种营养保健食品、各种营养调味酱的制作方法、各种保健饮料的制备方法等，见表 7-73。

表 7-73　小类 A23L 申请专利对应申请人分布（2011～2015 年）

序号	申请人	申请量 / 件	占比 / %
1	青岛金佳慧食品有限公司	195	2.29
2	刘韶娜	188	2.21
3	青岛休闲食品有限公司	174	2.05
4	青岛正能量食品有限公司	148	1.74
5	张爱丽	127	1.49
6	刘　毅	126	1.48
7	山东省农业科学院农产品研究所	99	1.16
8	张美丽	96	1.13
9	青岛首泰农业科技有限公司	93	1.09
10	青岛海发利粮油机械有限公司	89	1.05

2. 发明人分析

在 A23L 技术小类中，申请专利最多的发明人包括刘毅、郭志强、刘韶娜、郝永明、张爱丽等。其中，刘毅主要在各种食品的加工制造方面申请多项专利，郭志强则在速冻、保健食品方面申请多项专利，见表 7-74。

表 7-74　小类 A23L 申请专利对应发明人分布（2011～2015 年）

序号	发明人	申请量 / 件	占比 / %
1	刘　毅	205	2.41
2	郭志强	195	2.29
3	刘韶娜	182	2.14
4	郝永明	174	2.05
5	张爱丽	127	1.49

序号	发明人	申请量 / 件	占比 / %
6	张旭东	116	1.36
7	张　晶	104	1.22
8	张美丽	96	1.13
9	李宝聪	89	1.05
10	汪　静	86	1.01

3. 技术领域分析

在 A23L 技术小类中，山东省的专利申请主要集中在 A23L1（食品或食料；它们的制备或处理）、A23L2（非酒精饮料；其干组合物或浓缩物；它们的制备）、A23L33（食品或食料的一般保存，例如专门适用于食品或食料的巴氏法灭菌、杀菌）等技术小类，见表 7-75。

表 7-75　小类 **A23L** 下发明专利申请量最多的 **IPC** 大组（2011～2015 年）

序号	IPC 小类	申请量 / 件	序号	IPC 小类	申请量 / 件
1	A23L1	6 927	6	A23L3	253
2	A23L2	1 095	7	A23L13	184
3	A23L33	907	8	A23L17	173
4	A23L7	358	9	A23L11	108
5	A23L19	294	10	A23L27	106

（二）A23K（动物饲料类）分析

1. 申请人分析

在 A23K 技术小类中，山东省在 2011～2015 年申请专利最多的机构或个人包括山东新希望六和集团有限公司、青岛悦邦达机械有限公司、青岛众泰禽业专业合作社、青岛田瑞生态科技有限公司等，见表 7-76。

表 7-76　小类 **A23K** 申请专利对应申请人分布（2011～2015 年）

序号	申请人	申请量 / 件	占比 / %
1	山东新希望六和集团有限公司	272	33.62
2	青岛悦邦达机械有限公司	188	23.24
3	青岛众泰禽业专业合作社	147	18.17

序号	申请人	申请量 / 件	占比 / %
4	青岛田瑞生态科技有限公司	139	17.18
5	青岛德润电池材料有限公司	137	16.93
6	张爱丽	127	15.70
7	张勇健	120	14.83
8	张旭东	109	13.47
9	青岛田瑞牧业科技有限公司	108	13.35
10	青岛钰兴石墨制品有限公司	107	13.23

2. 发明人分析

在 A23K 技术小类中，山东省申请专利最多的发明人包括曲田桂、黄河、李鑫等，见表 7-77。其中，曲田桂是青岛田瑞牧业科技有限公司董事长、中国畜牧工程学会理事、山东省畜牧工程学会副主任、山东省畜牧协会常务理事，发明专利主要涉及动物新品种的饲养、动物饲料等。

表 7-77 小类 A23K 申请专利对应发明人分布（2011～2015 年）

序号	发明人	申请量 / 件	占比 / %
1	曲田桂	96	11.87
2	黄 河	47	5.81
3	李 鑫	42	5.20
4	申玉军	30	3.71
5	郝智慧	23	2.84
6	于瀚学	22	2.72
7	孙振洲	22	2.72
8	燕 磊	20	2.47
9	邵 杰	19	2.35
10	吴希恩	18	2.22

3. 技术领域分析

在 A23K 小类下，山东省专利申请主要集中在 A23K1（动物饲料）技术领域，见表 7-78。

表 7-78　小类 A23K 下发明专利申请量最多的 IPC 大组（2011～2015 年）

序号	IPC 小类	申请量 / 件
1	A23K1	718
2	A23K10	68
3	A23K50	68
4	A23K20	59
5	A23K3	4
6	A23K30	2
7	A23K40	1

（三）A23G（可可制品类）分析

1. 申请人分析

在 A23G 小类中，山东省申请专利最多的主要有青岛正能量食品有限公司、展彩娜、张立涛等，见表 7-79。其中，青岛正能量食品有限公司主要经营果蔬冷藏。

表 7-79　小类 A23G 申请专利对应申请人分布（2011～2015 年）

序号	申请人	申请量 / 件	占比 / %
1	青岛正能量食品有限公司	17	3.87
2	展彩娜	17	3.87
3	张立涛	16	3.64
4	刘书元	15	3.42
5	张美丽	15	3.42
6	青岛宝泉花生制品有限公司	11	2.51
7	威海新异生物科技有限公司	10	2.28
8	青岛高哲思服饰有限公司	10	2.28
9	苏红红	10	2.28
10	青岛休闲食品有限公司	9	2.05

2. 发明人分析

在 A23G 小类中，山东省申请专利最多的发明人主要有张旭东、于晶晶、展彩娜等，见表 7-80。

表 7-80 小类 A23G 申请专利对应发明人分布（2011～2015 年）

序号	发明人	申请量 / 件	占比 / %
1	张旭东	21	4.78
2	于晶晶	18	4.10
3	展彩娜	17	3.87
4	张立涛	16	3.64
5	刘书元	15	3.42
6	张美丽	15	3.42
7	刘 毅	12	2.73
8	苏红红	10	2.28
9	王金玲	10	2.28
10	方 华	10	2.28

3. 技术领域分析

在 A23G 小类中，山东省专利申请主要集中在 A23G3（糖果蜜饯；糖食；杏仁酥糖；涂层或夹心制品）、A23G9（冰冻甜食，例如冰糖食、冰淇淋；它们的混合物）、A3G4（口香糖）等技术领域，见表 7-81。

表 7-81 小类 A23G 下发明专利申请量最多的 IPC 大组（2011～2015 年）

序号	IPC 小类	申请量 / 件
1	A23G3	289
2	A23G9	91
3	A23G4	35
4	A23G1	26

二、专利授权情况分析

2011～2015 年，山东省在食品工程领域已经获得的发明专利授权有 1709 件，主要集中在 A23L（不包含在 A21D 或 A23B 至 A23J 小类中的食品、食料或非酒精饮料；它们的制备或处理，例如烹调、营养品质的改进、物理处理；食品或食料的一般保存）、A23K（专门适用于动物的喂养饲料；其生产方法）、A23F（咖啡；茶；其代用品；它们的制造、配制或泡制）、A23G（可可；可可制品，例如巧克力；可可或可可制品的代用品；糖食；口香糖；

冰淇淋；其制备）等专利类别中。其中，A23L 领域获得的专利授权数量最多，高达 1370 项，见表 7-82。

表 7-82　A23 大类下发明专利授权量最多的 IPC 小类（2011～2015 年）

序号	IPC 小类	IPC 含义	授权量/件					
			2011 年	2012 年	2013 年	2014 年	2015 年	总计
1	A23L	不包含在 A21D 或 A23B 至 A23J 小类中的食品、食料或非酒精饮料；它们的制备或处理，例如烹调、营养品质的改进、物理处理；食品或食料的一般保存	170	321	301	254	324	1 370
2	A23K	专门适用于动物的喂养饲料；其生产方法	25	38	68	55	82	268
3	A23F	咖啡；茶；其代用品；它们的制造、配制或泡制	20	10	8	13	22	73
4	A23G	可可；可可制品，例如巧克力；可可或可可制品的代用品；糖食；口香糖；冰淇淋；其制备	7	8	11	7	16	49
5	A23C	乳制品，如奶、黄油、干酪；奶或干酪的代用品；其制备	13	19	2	7	0	41
6	A23P	未被其他单一小类所完全包含的食料成型或加工	4	3	3	16	15	41
7	A23B	保存，如用罐头贮存肉、鱼、蛋、水果、蔬菜、食用种籽；水果或蔬菜的化学催熟；保存、催熟或罐装产品	11	8	7	2	2	30
8	A23J	食用蛋白质组合物；食用蛋白质的加工；食用磷脂组合物	7	5	0	2	4	18
9	A23N	其他类不包含的处理大量收获的水果、蔬菜或花球茎的机械或装置；大量蔬菜或水果的去皮；制备牲畜饲料装置	0	4	3	3	3	13
10	A23D	食用油或脂肪，例如人造奶油、松酥油脂、烹饪用油	1	1	4	1	1	8

　　分别检索各专利小类下全国的专利数量，统计并列出山东省占比最高、优势最突出的领域，见表 7-83。可以看出，山东省的已经获得专利授权主要集中在 A23K（专门适用于动物的喂养饲料；其生产方法）、A23N（其他类不包含的处理大量收获的水果、蔬菜或花球茎的机械或装置；大量蔬菜或水果的去皮；制备牲畜饲料装置）、A23F（咖啡；茶；其代用品；它们的制造、

配制或泡制）、A23B（保存，如用罐头贮存肉、鱼、蛋、水果、蔬菜、食用种籽；水果或蔬菜的化学催熟；保存、催熟或罐装产品）等技术领域中。

表 7-83　A23 大类下发明专利授权量占比全国最多的 IPC 小类（2011～2015 年）

序号	IPC 小类	IPC 含义	占比 / %					
			2011 年	2012 年	2013 年	2014 年	2015 年	总计
1	A23K	专门适用于动物的喂养饲料；其生产方法	10.82	10.44	13.63	12.06	17.19	13.22
2	A23N	其他类不包含的处理大量收获的水果、蔬菜或花球茎的机械或装置；大量蔬菜或水果的去皮；制备牲畜饲料装置	0.00	19.05	8.57	21.43	13.64	12.62
3	A23F	咖啡；茶；其代用品；它们的制造、配制或泡制	20.41	5.32	6.96	11.71	17.60	11.46
4	A23B	保存，如用罐头贮存肉、鱼、蛋、水果、蔬菜、食用种籽；水果或蔬菜的化学催熟；保存、催熟或罐装产品	18.33	9.09	9.86	3.51	2.94	8.72
5	A23L	不包含在 A21D 或 A23B 至 A23J 小类中的食品、食料或非酒精饮料；它们的制备或处理，例如烹调、营养品质的改进、物理处理；食品或食料的一般保存	10.73	7.57	6.56	7.32	7.73	7.58
6	A23J	食用蛋白质组合物；食用蛋白质的加工；食用磷脂组合物	23.33	7.35	0.00	3.45	8.89	6.92
7	A23C	乳制品，如奶、黄油、干酪；奶或干酪的代用品；其制备	11.02	9.18	1.32	7.07	0.00	6.17
8	A23P	未被其他单一小类所完全包含的食料成型或加工	4.88	2.88	2.27	11.03	6.52	5.92
9	A23D	食用油或脂肪，例如人造奶油、松酥油脂、烹饪用油	2.70	2.63	6.15	3.03	3.45	3.96
10	A23G	可可；可可制品，例如巧克力；可可或可可制品的代用品；糖食；口香糖；冰淇淋；其制备	5.69	3.11	3.06	2.99	5.93	3.94

（一）A23L（其他食品类）分析

1. 专利权人分析

在 A23L 小类中，山东省已经获得专利授权数量最多的专利权人包括中国海洋大学、山东省农业科学院农产品研究所、山东好当家海洋发展股份有限公司等，见表 7-84。

表 7-84　小类 A23L 发明专利的专利权人排名（2011～2015 年）

序号	申请人	授权量 / 件	占比 / %
1	中国海洋大学	41	2.99
2	山东省农业科学院农产品研究所	37	2.70
3	山东好当家海洋发展股份有限公司	37	2.70
4	山东省科学院生物研究所	29	2.12
5	蓬莱京鲁渔业有限公司	21	1.53
6	九阳股份有限公司	19	1.39
7	山东大学	18	1.31
8	山东农业大学	18	1.31
9	环翠楼红参生物科技股份有限公司	16	1.17
10	青岛波尼亚食品有限公司	15	1.09

2. 发明人分析

在 A23L 小类中，山东省获得发明专利授权最多的发明人有刘昌衡（山东省科学院生物研究所）、袁文鹏（山东省科学院生物研究所）、胡炜（山东好当家海洋发展股份有限公司）等，见表 7-85，其申请的专利主要涉及海参肠香精、发酵牡蛎调味酱、海蜇营养液及其制备、海参阿胶多肽营养制品及其制备等方面。

表 7-85　小类 A23L 专利授权对应发明人分布（2011～2015 年）

序号	发明人	授权量 / 件	占比 / %
1	刘昌衡	34	2.48
2	袁文鹏	34	2.48
3	胡　炜	34	2.48
4	孙永军	34	2.48
5	孟秀梅	33	2.41

续表

序号	发明人	授权量 / 件	占比 / %
6	夏雪奎	29	2.12
7	张绵松	29	2.12
8	张崇禧	27	1.97
9	王小军	26	1.90
10	牟伟丽	23	1.68

3. 技术领域分析

在 A23L 小类下，仅有的三个技术领域为 A23L1（食品或食料；它们的制备或处理）、A23L2（非酒精饮料；其干组合物或浓缩物；它们的制备）、A23L3（食品或食料的一般保存，例如专门适用于食品或食料的巴氏法灭菌、杀菌），山东省在该三个大组的专利授权量分别是 1288 件、230 件、47 件。

（二）A23K（动物饲料类）分析

1. 专利权人分析

在 A23K 小类下，山东省主要的申请人为山东新希望六和集团有限公司、青岛农业大学、中国海洋大学、滨州市正元畜牧发展有限公司、中国水产科学研究院黄海水产研究所等，见表 7-86。

表 7-86 小类 A23K 发明专利的专利权人排名（2011～2015 年）

序号	申请人	授权量 / 件	占比 / %
1	山东新希望六和集团有限公司	190	70.90
2	青岛农业大学	27	10.07
3	中国海洋大学	22	8.21
4	滨州市正元畜牧发展有限公司	21	7.84
5	中国水产科学研究院黄海水产研究所	20	7.46
6	山东大学（威海）	17	6.34
7	山东省农业科学院畜牧兽医研究所	16	5.97
8	中国科学院海洋研究所	15	5.60
9	青岛蔚蓝生物集团有限公司	15	5.60
10	徐茂航	15	5.60

2. 发明人分析

在 A23K 小类中，山东省获得专利授权最多的发明人包括山东新希望六和集团有限公司的黄河以及吕明斌、李鑫、燕磊等，见表 7-87。

表 7-87　小类 A23K 专利授权对应发明人分布（2011～2015 年）

序号	发明人	授权量 / 件	占比 / %
1	黄　河	105	39.18
2	吕明斌	77	28.73
3	李　鑫	69	25.75
4	燕　磊	59	22.01
5	刘方波	38	14.18
6	黄晓辉	34	12.69
7	唐婷婷	23	8.58
8	吴希恩	22	8.21
9	张华荣	21	7.84
10	陈秀坤	17	6.34

3. 技术领域分析

在小类 A23K 下只有两个 IPC 大组，分别是 A23K1（动物饲料）、A23K3（专门适用于生产动物饲料原料的保存方法）。山东省在该大组领域获得专利授权量分别为 875 件、3 件。

（三）A23F（咖啡与茶类）分析

1. 专利权人分析

在 A23F 小类下，山东省专利申请主要有青岛崂好人海洋生物技术股份有限公司、张绪伟、青岛华仁技术孵化器有限公司、青岛恒波仪器有限公司等。其中，青岛崂好人海洋生物技术股份有限公司主要从事海洋生物制品和海洋生物技术的研发及技术咨询等，见表 7-88。

表 7-88　小类 A23F 发明专利的专利人排名（2011～2015 年）

序号	申请人	授权量 / 件	占比 / %
1	青岛崂好人海洋生物技术股份有限公司	10	13.70
2	张绪伟	8	10.96
3	青岛华仁技术孵化器有限公司	8	10.96
4	青岛恒波仪器有限公司	7	9.59
5	山东华夏茶联茶业有限公司	7	9.59
6	马玉峰	6	8.22
7	山东华夏茶联信息科技有限公司	6	8.22
8	青岛大学	5	6.85
9	青岛嘉瑞生物技术有限公司	5	6.85
10	青岛长丰园海产品专业合作社	5	6.85

2. 发明人分析

在 A23F 小类中，山东省获得专利授权最多的发明人主要有王鑫、马玉峰、吴冠军、侯文燕等，见表 7-89。其中，王鑫来自青岛崂好人海洋生物技术股份有限公司，马玉峰来自山东华夏茶联信息科技有限公司，吴冠军来自山东华夏茶联茶业有限公司，授权专利包括茶、茶代用品及其配置品。

表 7-89　小类 A23F 专利授权对应发明人分布（2011～2015 年）

序号	发明人	授权量 / 件	占比 / %
1	王　鑫	15	20.55
2	马玉峰	13	17.81
3	吴冠军	8	10.96
4	侯文燕	5	6.85
5	董书阁	5	6.85
6	董静静	5	6.85
7	于希萌	5	6.85
8	刘晶晶	5	6.85
9	陈总发	4	5.48
10	王宏岩	4	5.48

　3. 技术领域分析

　　在 A23F 小类中只有两个 IPC 大组，分别是 A23F3（茶；茶代用品；其配制品）、A23F5（咖啡；咖啡代用品；其配制品）。山东省在该大组领域获得专利授权量分别为 214 件、6 件。

第八章

山东省生物技术领域专利地图分析

第一节　专利地图的绘制

专利地图，又称为专利主题图谱，是通过可视化的方法和工具展现一组专利的主题分布的一种技术。相对于传统的词频统计和计量研究，专利主题图谱可以更直观、更生动地展现热点主题及主题之间的关系。专利数据没有关键词，只能从标题中提取主题进行分析。在本书中，作者选取了全部17 262件授权专利的标题，对其进行文本分析。

采用的工具是由莱顿大学的科学技术研究中心（Center for Science and Technology Studies，CWTS）开发的可视化工具 VOSviewer。VOSviewer 既可以基于文献数据来绘制文献共被引、合作网络、共词网络等，也支持面向纯文本的主题图谱构建。不过，1.6.5 版的 VOSviewer 还只支持英文文本，为此，作者借助（谷歌翻译）网站的中英互译功能将专利的中文标题转换成英文，然后将转换好的英文文本导入到 VOSviewer 中构建专利主题图谱，最终得到山东省生物技术领域的专利网络地图和热点地图如图 8-1 和图 8-2 所示。

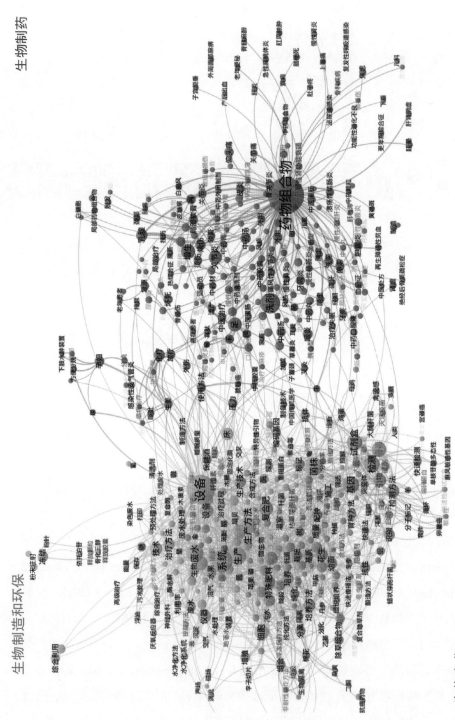

图 8-1　山东省生物技术领域的专利网络地图

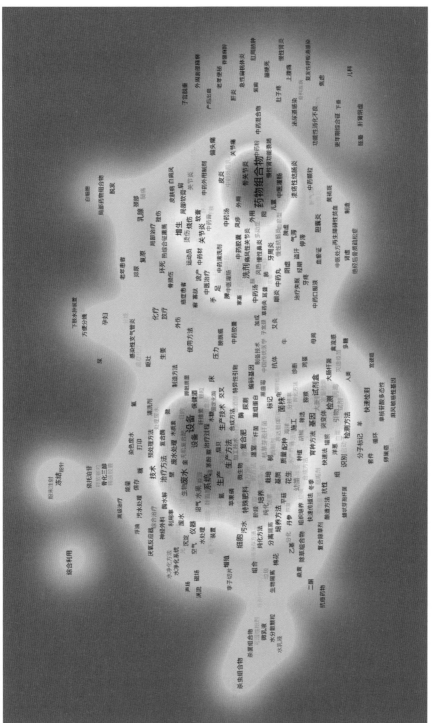

图 8-2　山东省生物技术领域的专利热点地图

图 8-1 和图 8-2 中共抽取了 17 262 个专利标题中出现频次最高的 569 个主题词。每个主题词用一个节点表示，节点大小代表主题词的词频，节点之间的连线代表主题词之间的共现关系，节点的颜色代表主题词所属的聚类，是 VOSviewer 通过调用基于图聚类的算法并根据主题词之间的共现强度的划分得到的。

最终，569 个主题词共形成了三个主要的聚类，分别是：①生物制造与环保聚类，包括微生物发酵技术和废水处理技术；②生物农业聚类，关于幼苗培养技术和各种杀虫除草剂的制备等；③生物制药聚类，包括各种药物和洗剂的制备方法。三个聚类之间相互关联，尤其是"生物制造与环保"和"生物农业"两个聚类之间相互交叉。

第二节　生物制造与环保领域

在生物制造与环保领域，山东省主要围绕微生物发酵技术和废水处理技术两个领域进行专利布局。其中，微生物发酵技术是生物制造的主要组成部分，也是发展最早的生物制造技术，主要是指从淀粉等农副产品获得菌体及各种代谢产物，进行大规模生产发酵产品的技术。发酵的概念来源于酿酒过程，随着分子生物学和细胞生物学的快速发展，传统发酵技术与 DNA 重组技术相互结合，现代发酵技术应运而生。

图 8-3 是在图 8-1 左上角的生物制造聚类局部图的基础上，再经过二次聚类得到的专利主题图谱。在图 8-3 中，生物环保领域进一步细分为三个子聚类。其中，下方红色的为微生物发酵技术聚类。涉及的专利主题词包括菌株（163 件）、细胞（93 件）、酶（31 件）、杆菌（16 件）等。相关专利包括鲁东大学获得授权的名为"一种主产纤维素酶饲用益生菌制剂的液态发酵生产方法"的专利，山东中德发酵技术有限公司获得授权的名为"工农业生产

废渣生物发酵、烘干方法及专用的一体化系统"的专利，山东每美生物科技有限公司获得授权的名为"一种发酵污水循环利用装置"的专利等。

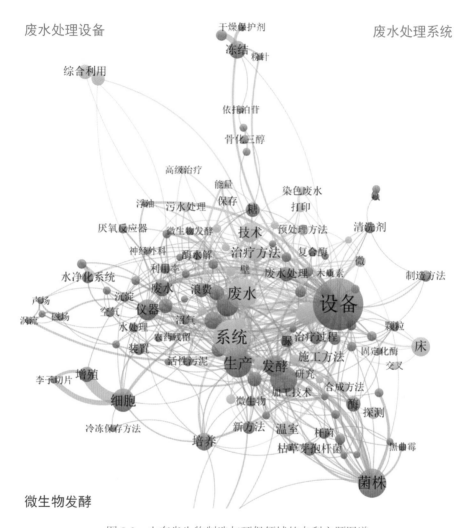

图 8-3　山东省生物制造与环保领域的专利主题图谱

与生物制造领域紧密相关的是生物环保领域。生物环保是指通过开发环保生物新技术及相关设备等生物技术手段，进行环境污染及生态环境退化等方面的治理，如污水废水处理、固体垃圾处理、土壤修复等。伴随着生物制造产业和其他经济活动，各种环境问题开始凸显。山东省是环境问题的重灾区，尤其是在水环境质量方面，山东省整体低于国家平均水平，与国家考核要求有较大差距。近年来,山东省环保部门通过创新投入机制,引导社会和企业人才参与到环保领域的技术创新中,形成了一大批与废水污水处理和水净化有关的专利。

图 8-3 中上方蓝色和绿色的为废水处理聚类,涉及的专利主题词包括:①产品类型,设备(668 件)、系统(287 件)、仪器(71 件);②处理对象,废水(167 件)、大气(10 件)、地下水(7 件)。相关专利包括山东大学获得授权的名为"一种降低温室气体排放的污水处理系统及方法"的专利,济南大学获得授权的名为"一种向上流电生物耦合净水系统及净水方法"的专利,中国水产科学研究院黄海水产研究所获得授权的名为"基于人工湿地的工厂化海水养殖外排水循环利用系统与方法"的专利等。

第三节 生物农业领域

生物农业主要是指利用现代生物技术从事农业良种、水产养殖的培育等农副产品改良的技术,包括农业良种育种、林业新品种育种、绿色农用生物制品、海洋生物资源开发利用等。山东省是传统农业大省,是全国粮食、棉花、花生、蔬菜、水果的主要产区之一,产量和质量均名列全国前茅。山东省的肉、蛋、奶等畜牧产品产量高,品种资源丰富。此外,拥有全国近 1/6 的海岸线,山东省的水产品生物资源丰富,海水产品行销全球。

图 8-4 是对生物农业领域专利图谱进一步细分后的专利主题图谱。图 8-4 中红色的子聚类为育种技术领域,主要包括农副产品的栽培(40 件)、配种(37 件)、育种(36 件)、除草(36 件)、杀虫(26 件)等。代表性专利有:山东省农业科学院获得授权的名为"一种直根系作物土壤水分平稳供应的栽培槽"的专利,山东省花生研究所获得授权的名为"一种盐碱地花生高产栽培方法"的专利,山东省农业科学院玉米研究所获得授权的名为"一种玉米

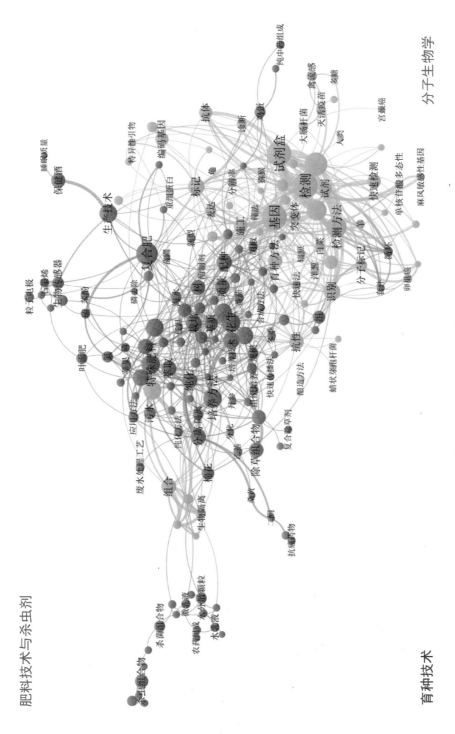

图 8-4　山东省生物农业领域的专利主题图谱

盆栽栽培基质及栽培方法"的专利等。

图 8-4 中蓝色的子聚类为肥料技术领域，主要通过复合肥来实现农作物的增产增收。这里涉及的农作物主要包括花生（59 件）、黄瓜（46 件）、小麦（36 件）、棉花（22 件）、玉米（17 件）等。相关专利有：青岛深蓝肥业有限公司获得授权的名为"花生专用复合微生物菌肥及其生产方法"的专利，史丹利农业集团股份有限公司获得授权的名为"一种硫基复合肥及其生产方法"的专利，齐鲁工业大学获得授权的名为"一种玉米专用抗病复合微生物菌肥及其制备方法"的专利等。

图 8-4 中绿色的子聚类为分子生物学技术领域。分子生物学是 21 世纪生物学的前沿与生长点，可以为定向培育动物、植物和微生物良种以及有效地控制和治疗一些人类遗传性疾病提供根本性的解决途径。自 1996 年首例转基因农作物产业化应用以来，全球转基因技术研究与产业应用快速发展。山东省也积极在这一领域进行开拓。主要热点主题词包括：① 检测内容，基因（139 件）、病毒（100 件）、标记（42 件）、抗体（28 件）、大肠杆菌（13 件）；② 检测工具，试剂盒（118 件）、试剂（27 件）、快速检测试剂盒（7 件）。代表性专利有：青岛农业大学获得授权的名为"一对特异识别绵羊 DKK1 基因的 sgRNA 及其编码 DNA 和应用"的专利，山东大学获得授权的名为"小麦甲硫氨酸亚砜还原酶基因 TaMsrB3.1 及其应用"的专利，济南市儿童医院获得授权的名为"一种检测 CPT-Ⅱ基因突变的引物及试剂盒"的专利等。

第四节　生物医药领域

生物医药是指运用微生物学、生物学、医学、生物化学等的研究成果，以天然的生物材料为主，包括微生物、人体、动物、植物、海洋生物等为原料，制造用于预防、治疗和诊断的药品或洗剂。作为我国七大战略新兴产业之一，生物医药产业已成为制药领域争夺市场的制高点。山东省是生物制药产业大省，具有国内领先的新药研发和产业化资源优势，行业产值、利税多年位居全国前列。

山东省生物医药领域又可以继续细分为两个子领域（图 8-5），分别是上方绿色子聚类所代表的外科类疾病和下方红色子聚类所代表的内科类疾病。前者主要包括如关节炎（75 件）、烧伤（41 件）、皮炎（26 件）等，后者主要包括乳腺增生（49 件）、咽炎（34 件）、胆囊炎（29 件）、手口足病（21 件）等。

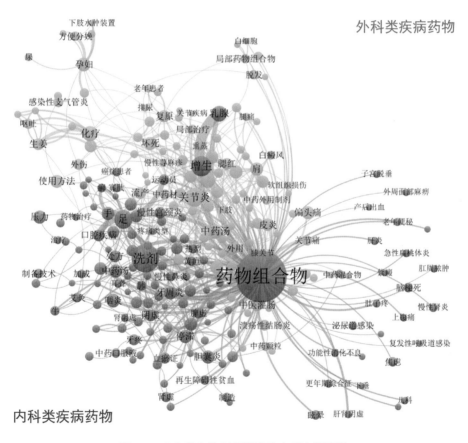

图 8-5　山东省生物制药领域的专利主题图谱

　　中药的研发是山东省生物医药领域的重点，包括中药组合物（1251 件）、中药洗剂（229 件）、中药汤剂（66 件）等。我国作为中草药大国，但截至 2014 年有 900 多种中草药项目已被外国公司申请专利，因此近年来国家和各省市加大了中药制剂的专利授权力度，山东省中药研发以中药制剂的制备、老药改剂型方法为主，而关于活性成分的提取方法、质量控制方法的专利偏少；专利申请人也以个人为主，企事业单位的专利较少。相关专利有：山东大学齐鲁医院获得授权的名为"一种治疗下焦阳微导致小便不利的中药组合物"的专利，鲁东大学获得授权的名为"一种治疗肺脓肿的药物组合物及其应用"的专利，王亚明获得授权的名为"一种治疗急性结膜炎的中药洗剂及其制备方法"的专利，李媛春获得授权的名为"一种治疗风湿性关节炎的中药汤剂"的专利等。

第九章

山东省生物技术的优势分析和政策建议

第一节　山东省生物技术的优势领域

2011～2015 年，山东省生物技术领域发明专利申请量占全国专利申请总量的比例分别为 7.94%、11.22%、14.64%、14.67%、16.16%，授权专利占全国专利授权总量的比例分别为 8.40%、7.46%、8.98%、9.82%、9.99%，专利申请量和授权量基本呈稳步上升的态势。山东省生物技术的优势领域主要集中在五个方面：A61（生物医学类）；A01（生物农业类）；A23（食品工程类）；C12（发酵工程类）；C05（生物肥料类）。

一、A61（生物医学类）

山东省在该领域的优势主要集中在 A61P（化合物或药物制剂的特定治疗活性）、A61K（医用、牙科用或梳妆用的配制品）、A61B（诊断；外科；鉴定）方向的研究具有较强的优势。其中山东大学、青岛农业大学、济南星懿医药技术有限公司、鲁南制药集团股份有限公司是主要研发单位。

二、A01（生物农业类）

山东省在该领域的优势主要集中在 A01N（人体、动植物体或其局部的保存；杀生剂，例如作为消毒剂，作为农药或作为除草剂；害虫驱避剂或引诱剂；植物生长调节剂）、A01P（化学化合物或制剂的杀生、害虫驱避、害虫引诱或植物生长调节活性）、A01G（园艺；蔬菜、花卉、稻、果树、葡萄、啤酒花或海菜的栽培；林业；浇水）三个方面，其中青岛农业大学、中国科学院海洋研究所、山东农业大学是该领域的主要科研机构。

三、A23（食品工程类）

山东省在该领域的优势主要集中在 A23L（不包含在 A21D 或 A23B 至 A23J 小类中的食品、食料或非酒精饮料；它们的制备或处理，例如烹调、营养品质的改进、物理处理；食品或食料的一般保存）、A23K（专门适用于动物的喂养饲料；其生产方法）、A23G（可可；可可制品，例如巧克力；可可或可可制品的代用品；糖食；口香糖；冰淇淋；其制备）三个方面，其中青岛农业大学、中国海洋大学、青岛市市立医院是主要的研发单位。

四、C12（发酵工程类）

山东省该领域的优势主要集中在 C12N〔微生物或酶；其组合物（杀生剂、害虫驱避剂或引诱剂，或含有微生物、病毒、微生物真菌、酶、发酵物的植物生长调节剂，或从微生物或动物材料产生或提取制得的物质入 A01N63；药品入 A61K；肥料入 C05F）；繁殖、保藏或维持微生物；变异或遗传工程；培养基〕、C12R（与涉及微生物之 C12C 至 C12Q 小类相关的引得表）、C12P（发酵或使用酶的方法合成目标化合物或组合物或从外消旋混合物中分离旋光异构体）三个方面，其中中国科学院海洋研究所、山东大学、山东农业大学是主要的研发机构。

五、C05（生物肥料类）

山东省在该领域的优势主要集中在 C05G（分属于 C05 大类下各小类中肥料的混合物；由一种或多种肥料与无特殊肥效的物质，例如农药、土壤调理剂、润湿剂所组成的混合物）、C05F（不包含在 C05B、C05C 小类中的有机肥料，如用废物或垃圾制成的肥料）、C05D（不包含在 C05B、C05C 小类中的无机肥料；产生二氧化碳的肥料）三个方面，其中海利尔药业集团股份有限公司、山东省农业科学院、金正大生态工程股份有限公司是主要的研发机构。

另外，从全国范围看，山东省在 A61K35（含有其有不明结构的原材料或其反应产物的医用配制品）、A61K33（含无机有效成分的医用配置品）、A61K36（含有来自藻类、苔藓、真菌或植物或其派生物，例如传统草药的未确定结构的药物制剂）、A61P15（治疗生殖或性疾病的药物）、A01N65（含有藻类、地衣、苔藓、多细胞真菌或植物材料，或其提取物的杀生剂、害虫驱避剂或引诱剂或植物生长调节剂）等技术细分领域具有较大优势。

第二节　山东省生物技术发展的政策建议

自 2010 年 9 月《国务院关于加快培育和发展战略性新兴产业的决定》出台以来，我国战略性新兴产业走过 8 年的高速发展期。作为七大战略性新兴产业之一，生物产业的进步和发展可谓有目共睹，有利的产业发展环境将促进山东省生物产业的进一步发展和壮大。未来几年，山东省如何敏锐的把握生物技术发展前沿，建成一批各具特色的生物产业优势领域呢？

1. 结合本省优势，找准方向有的放矢

生物产业包罗万象，国内生物产业与欧美等发达国家和地区相比存在一定的差距，因此产业规划和设计时找准方向、扬长避短、有的放矢便十分重要。其一，发挥基因组学、生物治疗的现行优势，培育产业新引擎。坚持大科学引领、大数据支撑、大产业发展、大健康服务，建设国际领先的科研合作基地，聚集全球创新资源，实施生命健康大科学计划，支持和推动生命前沿探索，加速推进优质生命信息资源向优势生物产业的转化，促进科学发展、技术发明、产业发展、普惠民生的协同联动，打造具有国际竞争力的生物产业体系。其二，下力气将生命健康产业培育成新增长点。进一步巩固和加强生物医药、生物农业发展优势的同时，加快培育和发展生命健康服务业。

2. 更加积极地促进产业转型发展，发挥生物技术与纳米技术融合优势

随着纳米技术的不断发展，全球纳米和生物技术在近10多年快速增长的发展势头，代表着纳米与生物技术不断融合的发展趋势，引领了纳米和生物会聚技术的发展潮流。在未来一段时间，我国应不断加强纳米与生物两个技术领域的合作，推动纳米和生物会聚技术的快速发展。值得注意的是，在科学研究和技术研发领域，需要从以往泾渭分明的专业化分工逐渐走向整合，迈向科学统一与技术会聚；从国家科学技术发展规划的制定、研发项目的启动、研发经费的投入、科技人力资源的配置等多个方面，共同关注纳米和生物会聚技术的发展。拓展纳米与生物技术的合作领域和合作主题，有必要推翻纳米技术领域与生物技术领域的学科专业壁垒，在人才培养上可以开设一些彼此交叉的课程；在研发活动上可以进行一些合作研发项目；鼓励不同学科领域人才流动。推动跨学科的研究，鼓励那些多学科参与、具有创新思想的项目，特别是集中力量进行跨学科重大研究项目的技术攻关，将有利于山东省生物技术的突破性发展。

3. 企业向产业基地集聚

目前山东省生物技术专利在全国具有比较优势，但多数专利均是在高校

中申请和授权的。专利的价值不是体现在专利的所有权上，而是体现在专利的实施、转化等运作所带来的商业价值上。如果仅仅获得了专利的所有权而不去转化、实施，则无疑是对专利资产的一种浪费。一方面，专利的生产过程要消耗大量的社会资源，被创造出的各种专利成果如果不能转化并获得利润回报则会降低发明主体的创新积极性和能动性；另一方面，专利转化实施不畅使创新成果不能得到转化使用还会引起产业技术升级停滞，这也会对经济发展产生不利的影响。因此，专利转化实施不畅将成为制约山东省生物产业自主创新和产业升级的一个重要障碍。在这一背景下，加快山东省生物技术专利成果向企业转化，向产业聚集，同时设立针对高技术产业化的专项资金，建立国家高技术产业基地公共服务平台专项、国际认证专项，同时借鉴贷款贴息或无偿资助等不同的资金扶持方式，促进科技成果转化，为山东省实现有质量的稳定增长、可持续的全面发展提供新的强劲动力。

R 参考文献
eferences

陈超美 . 2014. 科学前沿图谱：知识可视化探索 . 陈悦，王贤文，胡志刚，侯海燕，译 . 北京：
科学出版社 .

陈悦，陈超美，胡志刚，等 . 2014. 引文空间分析原理与应用：CiteSpace 实用指南 . 北京：
科学出版社 .

陈悦，陈超美，刘则渊，等 . 2015.CiteSpace 知识图谱的方法论功能 . 科学学研究，33(2)：
242-253.

陈悦，刘则渊 . 2005. 悄然兴起的科学知识图谱 . 科学学研究，23(2)：149-154.

国家发展和改革委员会高技术产业司，中国生物工程学会编 . 2017. 中国生物产业发展报告
2016. 北京：化学工业出版社 .

国家自然科学基金委员会，中国科学院 . 2012. 未来 10 年中国学科发展战略：生物学 . 北京：
科学出版社 .

侯海燕 . 2008. 科学计量学知识图谱 . 大连：大连理工大学出版社 .

侯海燕，刘则渊，栾春娟 . 2009. 基于知识图谱的国际科学计量学研究前沿计量分析 . 科研
管理，30(1)：164-170.

侯海燕，赵楠楠，胡志刚，等 . 2014. 国际知识产权研究的学科交叉特征分析——基于期刊
学科分类的视角 . 中国科技期刊研究，25(3)：416-426.

侯剑华，胡志刚 . 2013.CiteSpace 软件应用研究的回顾与展望 . 现代情报，33(4)：99-103.

胡波 . 2008. 专利法的伦理基础——以生物技术专利问题为例证 . 法制与社会发展，02：109-
122.

胡俊 . 2011. 基于本体的共词分析技术在生物医学文献研究热点中的应用研究 . 复旦大学 . 硕士学位论文 .

胡志刚 . 2016. 全文引文分析：理论、方法与应用 . 北京：科学出版社 .

胡志刚，林歌歌，孙太安，等 . 2017. 基于 VOSviewer 的我国各省市科研热点领域分析 . 科学与管理，37(4)：44-52.

胡志刚，孙太安，王贤文 .2017. 引用语境中的线索词分析——以 Journal of Informetrics 为例 . 图书情报工作，61(23)：25-33.

科技部社会发展科技司，中国生物技术发展中心 . 2017.2017 中国生命科学与生物技术发展报告 . 北京：科学出版社 .

莱因哈德·伦内贝格，达嘉·苏斯比尔 . 2009. 生物技术入门 . 杨毅，陈慧，王健美译 . 北京：科学出版社 .

刘则渊，陈悦，侯海燕，等 . 2008. 科学知识图谱：方法与应用 . 北京：人民出版社 .

栾春娟 . 2012. 专利计量与专利战略 . 大连：大连理工大学出版社 .

栾春娟，侯海燕 . 2009. 世界生物技术领域专利计量研究（2007）. 科技管理研究，29（09）：338-339，359.

诺伊 . 2012. 蜘蛛：社会网络分析技术 . 北京：世界图书出版公司北京公司 .

邱均平 . 1988. 文献计量学 . 北京：科学技术文献出版社 .

邱均平 . 2007. 信息计量学 . 武汉：武汉大学出版社 .

邱均平，陈敬全 . 2001. 网络信息计量学及其应用研究 . 情报理论与实践，24(3)：161-163.

邱均平，赵蓉英，董克，等 . 2016. 科学计量学 . 北京：科学出版社 .

山东省人民政府 .2016. 山东省国民经济和社会发展第十三个五年规划纲要 . http：//www.shandong.gov.cn/art/2016/3/31/art_2522_4719.html[2016-3-31].

山东省人民政府 .2017. 山东省"十三五"战略性新兴产业发展规划 . http：//www.shandong.gov.cn/art/2017/4/21/art_2522_8125.html [2017-4-21].

山东省人民政府 . 2018. 山东省新旧动能转换重大工程实施规划 .http：//www.shandong.gov.cn/art/2018/3/16/art_2522_11096.html[2018-3-16].

沈浩，刘登义 . 2001. 遗传多样性概述 . 生物学杂志，18(3)：5-7.

石家惠，杜艳艳．2013. 基于专利数据的中国农业生物技术发展现状研究．情报杂志, 32(09)：57-61，67.

石维忱．2011. 生物制造产业"十二五"时期发展展望．食品科学技术学报, 29(5)：1-5.

王伟，吴信岚．2011. 基于 Web of Science 的我国生物技术文献的计量研究．现代情报, 31(11)：109-115.

王贤文，徐申萌，彭恋，等．2013. 基于专利共类分析的技术网络结构研究：1971~2010. 情报学报，32(2)：198-205.

王小梅，韩涛，王俊，等．2017. 科学结构地图 2015. 北京：科学出版社．

王旭，崔韶晖．2015. 生物技术药物发展现状及我国的对策分析．科技视界，(19)：115.

熊进军．2003. 生物技术专利研究．湘潭大学．硕士学位论文．

许露，刘志伟，江洪．2016，基于专利生产力与影响力的全球生物技术发展现状研究．现代情报，36(05)：149-157.

杨玉珍，刘开华．2012. 现代生物技术概论．武汉：华中科技大学出版社．

杨中楷．2008. 专利计量与专利制度．大连：大连理工大学出版社．

姚远，宋伟．2011. 生物技术产业专利联盟运行机制比较研究．中国科技论坛, 07：45-49.

余翔，黎薇．2007 美国生物技术企业的专利战略研究及其启示．科研管理, 04：9-15.

张珊珊，侯海燕，胡志刚．2015. 知识图谱方法在未来导向技术分析领域的应用．科学与管理，35(6)：31-40.

Beuzekom B V，Arundel A. 2006. OECD Biotechnology Statistics 2006.

Chen C M.2006.CiteSpace II：Detecting and visualizing emerging trends and transient patterns in scientific literature. Journal of the Association for Information Science and Technology, 57(3)：359-377.

Frazzetto G. 2003.White biotechnology：the application of biotechnology to industrial production holds many promises for sustainable development，but many products still have to pass the test of economic viability. EMBO Reports，4(9)：835-837.

Hu Z G，Guo F Q，Hou H Y. 2017.Mapping research spotlights for different regions in China. Scientometrics，110(2)：779-790.

Hu Z G, Lin G G, Sun T A, et al. 2017.Understanding multiply mentioned references. Journal of Informetrics, 11(4): 948-958.

Miller H I.1996.Biotechnology and the UN: new challenges, new failures. Nature Biotechnology, 14(7): 831.

Organisation for Economic Co-operation and Development. 2005. A Framework for Biotechnology Statistics.

Rothberg J, Merriman B, Higgs G. 2012.Bioinformatics Introduction. Yale Journal of Biology & Medicine, 85(3): 305.

Springham D G, Moses V, Cape R E.1999.Biotechnology - The science and the business. Boca Raton: CRC Press.

Thieman W J, Palladino M A. 2014.Introduction to biotechnology, 3rd edition[M]. Cambridge: Pearson Publishing.

Van Beuzekom B, Arundel A. 2009.OECD Biotechnology Statistics. Report.

Van Eck N J, Waltman L. 2009.Vosviewer: A computer program for bibliometric mapping. Social Science Electronic Publishing, 84(2): 523-538.

Van Eck N J, Waltman L. 2011.Text mining and visualization using VOSviewer. Eprint Arxiv.